高 等 学 校 规 划 教 材

化学制药工艺学

孙国香　汪艺宁　主编

化学工业出版社

·北京·

《化学制药工艺学》以化学制药为教学内容，以有机合成化学为基础，结合了与制药工业相关的法律法规和行业发展的新理论、新实例，对化学制药工艺进行了较为详细和全面的阐述。

全书共分十三章。第一章为绪论，主要介绍了世界医药行业和我国医药行业的发展概况，以及化学制药工艺学的相关研究内容和法律法规；第二章至第五章主要针对化学制药工艺研究时需要注意和掌握的一些基本概念、规律和要点进行了阐述；第六章介绍了化学制药工艺中的部分"危险工艺"，以加强读者对安全的重视和在发生事故时能正确应对；第七章介绍了作为化学药物中一类重要和特殊的药物——手性药物及其相应的工艺开发方法；第八章结合制药工业理念的发展，导入了"质量源于设计"这一新兴理念。第九章至第十三章摘选了氯霉素、奥美拉唑、紫杉醇、头孢菌素类抗生素以及地塞米松五类具有代表性的化学药物，并对其生产工艺的开发进行了详细的描述，以进一步加深读者对前八章内容的认知和理解。

《化学制药工艺学》可作为高等院校制药工程、化学工程与工艺专业本科生教材，也可作为医药科研、生产等相关领域技术人员的参考资料。

图书在版编目（CIP）数据

化学制药工艺学／孙国香，汪艺宁主编．—北京：
化学工业出版社，2018.8（2020.8重印）
高等学校规划教材
ISBN 978-7-122-32518-1

Ⅰ.①化⋯　Ⅱ.①孙⋯②汪　Ⅲ.①药物—生产工艺—高等学校—教材　Ⅳ.①TQ460.6

中国版本图书馆CIP数据核字（2018）第136784号

责任编辑：杜进祥　马泽林
责任校对：边　涛　　　　　　　　　　　　装帧设计：韩　飞

出版发行：化学工业出版社（北京市东城区青年湖南街13号　邮政编码100011）
印　　装：涿州市京南印刷厂
787mm×1092mm　1/16　印张15¾　字数403千字　2020年8月北京第1版第2次印刷

购书咨询：010-64518888　　售后服务：010-64518899
网　　址：http://www.cip.com.cn
凡购买本书，如有缺损质量问题，本社销售中心负责调换。

定　　价：39.00元　　　　　　　　　　　　版权所有　违者必究

▶ 前　言

制药工程是化学、药学、生物学和工程学等交叉融合的一门新兴学科，制药工艺是其中一个重要的研究方向，旨在解决如何按照相关法律法规对药品的生产进行工艺开发、控制、实施以及相应"三废"处理等规范化操作。

当前，化学制药仍是世界制药工业的主要领域。为适应我国高等工科类院校制药工程、化学工程等专业的教学需求，同时为进一步满足我国制药行业对高层次人才的需求，特编写了《化学制药工艺学》一书。本书以化学制药为教学内容，以有机合成化学为基础，结合了与制药工业相关的法律法规和行业发展的新理论、新实例，对化学制药工艺进行了较详细、全面的阐述。

本书共分十三章，前八章主要针对化学制药工艺研究过程中一些基本内容、基本规律以及注意要点进行了阐述，分别为绪论、化学药物合成工艺路线的设计与选择、化学药物工艺路线的研究与优化、中试放大与生产工艺规程、化学制药与环境保护、化学制药中的"危险工艺"、化学手性制药工艺和质量源于设计；后五章摘选了部分具有代表性的化学药物，包括氯霉素、奥美拉唑、紫杉醇、头孢菌素类抗生素以及地塞米松，并对其生产工艺的开发进行了详细的描述，以加深读者对前八章的基本内容的认知和理解。

本书由盐城工学院孙国香、汪艺宁主编，具体分工为：孙国香编写第一章、第九章至第十三章，汪艺宁编写第二章至第八章。蔡照胜、祁刚、鞠志宇、王鹏等也参加了编写工作。全书由孙国香负责制订编写大纲、统稿和定稿。

在编写过程中，编者参考了有关书籍、政府文件、期刊文献和新闻报道等资料，并得到了盐城工学院教材出版基金的资助，在此一并表示衷心感谢！

由于编者水平有限，书中难免存在疏漏之处，敬请专家、同行和读者批评指正。

编者
2018 年 3 月于盐城

目录

第一章

绪 论

药物是对疾病具有预防、治疗、缓解和诊断作用，或用以调节机体生理机能的一种物质，是一种关系到人类生命与健康的特殊商品。按照药物的来源，可分为化学药、植物药（如我国中药）和生物药。制药工业则是以药物的研究与开发为基础，以包括原料药和制剂在内的药物生产和销售为核心的制造业，其中以化学制药工业为主体。随着人们物质文化和生活水平的不断提高，人们对于生命和健康越来越重视，对于生活质量的追求也愈加迫切。目前，诸如肿瘤、心血管疾病等直接威胁人类寿命的严重疾病尚未找到有显著疗效的治疗药物；糖尿病、关节炎等虽不直接威胁人类寿命但严重影响生活质量的常见病，虽有药物可减轻症状却无法治愈；一些新出现的疾病尚无治疗药物。因此，人们对药物的需求是目前的新药研发能力所远远无法满足的，新药的研发在可预测的未来仍将处于高速发展阶段，潜力巨大。

第一节　世界医药行业的现状及发展趋势

一、世界医药行业的现状

作为全球最具发展前景的高新技术行业之一，医药行业一直保持着较快的增长态势。随着世界经济的发展、人口总量的增加、社会老龄化程度的提高以及居民保健意识的增强，全球对药品的需求旺盛，尤其是新兴市场的快速增长带动了全球医药市场的持续增长。根据国际权威医药咨询机构艾美仕市场研究公司（IMS Health）统计，近年来全球医药产业销售额增速超过全球 GDP 增速。IMS 统计数据显示：2002 年世界医药工业销售额首次突破4000 亿美元，达 4006 亿美元，其中药品销售额达 2700 亿美元。2006～2013 年间，全球医药市场规模由 6910 亿美元上升至 9676 亿美元，年平均增长率 4.93%。抗肿瘤药自从 2007年超越降血脂药后，一直是全球医药市场的领头羊。美、欧、日等发达国家市场仍居全球药品消费的主导地位；新兴医药市场预计将以 8%～11% 的速度增长，成为拉动全球药品消费增长的主要力量。

经过多年的快速增长，世界医药行业呈现如下特征。

1

1. 与其他行业相比，医药行业受世界经济的影响较小

近年来世界 GDP 的增长在 1%～2% 左右，而医药市场远远高于此增长速度。由于药品需求弹性较小，因此受宏观经济的影响较小。

2. 美、欧、日等国家和地区控制全球市场，新兴国家市场快速增长

北美、欧盟、日本是全球最大的 3 个药品市场，根据 IMS 统计数据显示，2006～2011 年间，全球医药市场规模由 7020 亿美元增长到 9420 亿美元，年平均增长率为 6.06%。虽然全球药品销售在 2011 年继续增长，但增长率已经从 2003 年的 9.1% 减慢到 5.1%。其中发达国家医药市场的增幅仅为 2%～5% 左右，新兴医药市场的增幅在 12%～13% 之间，中国医药市场的销售额在新兴国家中名列前茅。

3. 产品更新换代速度较快

由于长期使用一种药品会产生抗性，从而要求药品不断更新换代。另外，随着科学技术水平的提高，新的疾病不断被诊断和发现，也要求新的治疗药品的发展跟上步伐，如 1981 年首次报道艾滋病，从 20 世纪 90 年代至今，艾滋病药物的开发和研究工作仍然方兴未艾。

4. 新药的研发费用大，研发成功与否对医药企业影响巨大

目前，开发一个新药品种所需费用已从 20 世纪 90 年代的 2 亿美元左右，上升到 10 亿美元。从开始研发一个药品到临床研究结束，一般需要 10～15 年时间。因此，医药行业的准入门槛非常高。虽然新药开发费用高，但一旦开发成功一种有特效的药物，即所谓的"重磅炸弹"药物，会极大地改变企业发展前景。如瑞典阿斯特拉（Astra）公司开发出具有里程碑意义的治疗消化性胃溃疡药物——奥美拉唑（Omeprazole）后，从一家小型公司迅速成长为国际知名医药企业。

5. 行业研发费用大，利润率高

医药属于知识和技术密集型行业，其行业的研发费用占行业总销售额的 10%～20%，比其他行业都高。对于患者使用的药物本身而言，通常其所含的药物活性成分（Active Pharmaceutical Ingredient，API）含量较低，且药用辅料等材料的成本也非常有限，但一个药物的成功上市凝结着科研人员的智慧结晶和企业的大量投入。

如前所述，一个新药品种的研发费用高、周期长，且存在巨大的风险，不少新药品种的研发进展到Ⅲ期临床时由于难以克服的毒副作用而宣告失败，导致所花费的人力、物力、财力和时间付诸东流，给企业造成巨大的损失。但是，一旦新药品种的研制获得成功，其不仅可以享有专利保护期内所带来的巨大收益，在一些国家还会享有新药的行政保护，以确保企业的收益和鼓励企业、个人等对于新药的研制。

除了新药品种的研制，许多医药企业也会对一些已上市的药物品种进行仿制，并进行大量的投入，其原因主要在于：首先，规避已上市的药物品种的专利保护；其次，确保所仿制的药物与原研药物具有一致的疗效；第三，争取时间，抢在其他仿制企业之前完成仿制药品注册所需的一切材料。因此，虽然对已上市药物品种进行仿制所需的时间、费用等不如研制新药高昂，但仍需投入相当的人力、物力、财力成本，而一旦企业仿制的药物品种能够先于其他仿制企业上市，将极大有利于企业占领该药物品种的市场，并持续获得稳定的回报。

6. 医药行业受各国医药政策影响很大

美国和加拿大一直是世界最大的医药市场，而且保持较高的增长率。国家对药品限制的相关政策少，企业可以自由定价，广告促销。在欧洲，特别是西欧和北欧等一些发达国家，由于是福利国家，其医药费用由国家支付，因此，国家对医疗保健和保险方面的支出严格控制，市场增长率下降。在日本，国家强制药品价格每两年比原来价格有所下降，也抑制了医药销售额的增长。在我国，由于现行制度包括公费医疗和医疗保险制度，对进口药和昂贵药品也有限制，从某种程度上抑制了医药市场的增长和国外药品进入国内市场的步伐。

综合以上特征，世界医药行业将保持快速增长，没有周期性，受宏观经济影响较小，为高投入高回报的产业，产业集中度较高，准入门槛高。

二、世界医药行业的发展趋势

医药行业是按国际标准划分的 15 类国际化产业之一，被称为"永不衰落的朝阳产业"。

1. 医药行业成为国际竞争的战略制高点之一

药品关系着人类的生活及生命的存续，加速制药产业的发展已成为各国的战略需求。随着世界各国经济的发展，特别是新兴市场经济的发展以及人民生活水平的提高，全球医疗支出不断增加，有力地促进了制药产业的发展。新的医疗技术、医疗器械、医药产品层出不穷，医药行业市场规模日益扩大。

2. 化学药物仍是市场主体，但生物技术药物发展迅猛

以基因工程、细胞工程、酶工程、发酵工程为代表的现代生物技术近 20 年来发展迅猛，并日益影响和改变着人们的生产和生活方式。从美国食品药品监督管理局（FDA）审批的新药技术分类来看，新化学实体（New Chemical Entities，NCE）代表的化学药历年占比都在 50% 以上，依然占据主体地位。但近年来，生物制品的占比节节攀升。艾美仕市场研究公司统计表明，2014 年全球生物制药市场规模已达到 2140 亿美金，市场占有份额也从 2001 年的 10.5% 增长至 2014 年的 21.3%，以高于全球制药市场增长的良好态势蓬勃发展。近几年来，技术方面的突破也会加速生物技术在制药领域的应用和新药的研发。在这样的背景下，全球制药巨头都瞄准了生物制药这一新兴的领域，争相开发生物医药市场。

3. 仿制药行业快速发展，原研药专利集中到期

由于仿制药的品质不逊于原研药，但价格低廉，故在第三世界国家备受推崇，发达国家也通过各种形式扶持仿制药产业，以提高药品的可及性并降低公众医疗和社保体系的支出。2014～2020 年七年内，有近 2590 亿美元销售额的原研药专利到期，随着专利药的大量到期，尤其是许多"重磅炸弹"专利药物的到期，全球仿制药市场将迎来快速发展。2005年，全球医药市场中仿制药的市场份额仅为 20%；2014 年，这一数字已经提高到 39%，并且将继续保持增长的趋势。仿制药行业的快速增长将增加相关特色原料药和医药中间体的市场需求，并对原料药企业的研发、创新能力提出更高的要求。

4. 国际化分工协作的外包市场正在形成与发展

越来越多的国际医药集团在经济全球化发展的前提下，充分利用外部的优势资源，重新定位、配置企业的内部资源。为了节省药品研发支出，提高效率，降低风险，推动本土

化发展，跨国制药企业将研发网络进一步扩大到临床资源丰富、科研基础较好的发展中国家，研发外包（Contract Research Organization，CRO）比重不断提高。由于发达国家环保费用高，传统的原料药已无生产优势，导致跨国制药企业逐步退出一些成熟的原料药领域，转移到环保要求较低的发展中国家。而中国、印度等发展中国家由于具有较好原料药和中间体的技术基础，成为承接全球原料药转移的重点地区。在过去的 15 年间，CRO 服务扩展到了涉及药品开发过程的各个方面。合作研发外包在全部医药研发中占有较高的比重，而且研发外包的规模保持了高速的增长。

5. 技术创新日新月异、合作研发蓬勃发展

制药企业的扩张和活动以及产业的演变和升级都将越来越多地体现出全球化的特点，合作研发也将越来越普遍。随着研发领域的不断细分，即使是大型制药企业也很难单独完成全部的研发工作。尽管大型制药企业的组织性较好，人力和财力也较充足，但其灵活性要相对差一些，因此经营成本较高，适合大军团运作，如大规模进行药物的后期临床开发等；而小型制药企业虽然具有较好的灵活性，却往往苦于资金不足，因此适合做早期的研究。基于此，借助强强联合或研发外包等形式，不但能够分散研发风险，而且能迅速提高创新能力。

6. 并购浪潮风起云涌、资源整合加速推进

通过上百年的发展，发达国家的巨型制药企业逐渐增多，它们通过兼并，壮大其经济实力和开发研究能力，占领市场，力求进入最佳规模。如美国的医药巨头辉瑞公司（Pfizer）在其发展历史中，不断上演着大型的企业并购。20 世纪末，辉瑞（Pfizer）斥资近千亿美元收购华纳-兰博特（Warner-Lambert），第一次成为全球最大的制药企业。在随后的 10 年内，它又分别以 600 亿美元和 680 亿美元收购了法玛西亚（Pharmacia）和惠氏（Wyeth），巩固了它在行业中的头名状元地位。在收购和兼并的同时，大企业也通过剥离一些非核心产业，以集中资金和人力资源于核心业务。如 2012 年，辉瑞公司（Pfizer）将旗下营养品业务出售给雀巢（Nestlé），2013 年又将原动物保健业务部门独立成为一家新公司，名为 Zoetis，这也成为辉瑞（Pfizer）专注于其核心生物制药优势的长期战略的重要一步。

7. 药品知识产权保护日趋全球化和严密化

制药企业的发展更多地依靠发明创造和专利保护，这是制药工业突出的课题，加强药品的知识产权保护是制药企业获取市场利益的关键措施和手段。因此，各大制药企业都非常重视对自身研发产品的知识产权保护，其保护范围不仅局限于本国，而且面向世界范围，以期其产品能覆盖国际市场。不仅如此，各大制药企业通过申请化合物、晶型、工艺、制剂等一系列相关专利形成专利延伸，从而拓展专利内容覆盖范围来延长和扩大产品的保护时间和范围，以期获得更多的利润。

第二节　我国医药行业的现状及发展趋势

一、我国医药行业的现状

在我国，医药行业是指七大子行业的总和，其中包括：化学原料药制造、化学药品制

剂制造、中药饮片加工、中成药制造、生物药品制造、卫生材料及医药用品制造、医疗仪器设备及器械制造。改革开放以来，随着我国生活水平的不断提高，国内老龄化的不断加重，人们对医疗保健的需求不断增长，医药行业越来越受到公众和政府的关注。目前，我国的医药行业已形成比较完备的医药工业体系和医药流通网络，根据国家食品药品监督管理总局（CFDA）的统计，截至 2016 年 11 月底，全国共有原料药和制剂生产企业 4176 家，共有《药品经营许可证》持证企业 46 万余家，零售连锁企业 5609 家，零售连锁企业门店 22 万余家，零售单体药店 22.6 万余家，基本满足了 13 亿人民防病、治病、康复保健以及应对抗洪、抗震、突发疫情的需要。

作为关系国计民生的战略型产业，医药行业在我国国民经济中所占比重逐年上升，成为国民经济发展中的重要组成部分。2001 年，我国医药工业总产值为 2 千亿元人民币左右，仅约占当年国内生产总值（GDP）1.7%；2014 年，我国医药工业总产值已达 2.58 万亿元人民币，占当年国内生产总值 4%。同时，相比于其他行业，我国的医药行业发展快速。从 1984～2004 年，整个医药行业生产年均增长速度为 17.7%，高于同期全国工业年均增长速度（4.4%），同时比世界发达国家中主要制药国家近 30 年来的平均发展速度高出 13.8%，成为当今世界上发展最快的医药市场之一。特别是进入 20 世纪 90 年代，制药产业的增长速度更是高达 20% 左右。近年来，随着世界及中国经济发展速度的减缓，我国医药工业的整体发展速度也有所回落（表 1-1），但仍以两位数继续增长，远高于同期我国国内生产总值的增长速度。

表 1-1　2010～2014 年全国医药工业总产值及比上年增幅

年份	2010	2011	2012	2013	2014
工业总产值/亿元	12350	15624	18770	22297	25798
比上年增幅/%	24.16	26.50	20.10	18.79	15.70

目前，我国医药行业形成了以化学制药为主、中药制药为辅、生物制药为补充的产业结构，化学制药是我国医药工业的重要组成部分，其产值约占我国医药工业总产值的 50%，化学制药能否长远可持续发展关系到整个医药行业的发展。在药品生产方面，我国是全球最大的化学原料药生产国和出口国之一，可生产 1500 多种化学原料药产品，产能在 200 万～300 万吨，大约占世界产量的 20%，抗生素、维生素、解热镇痛药物等传统优势品种市场份额较大，他汀类、普利类、沙坦类等特色原料药已成为新的出口优势产品，具有国际市场主导权的品种日益增多。在药品注册申请方面，根据国家食品药品监督管理总局药品审评中心的数据，2016 年完成审评的注册申请共 1.2 万余件，接收新注册申请 3779 件。完成审评的注册申请中，化学药注册申请为 10060 件，约占全部完成量的 83%（图 1-1）。

目前，我国医药行业面临的主要问题如下。

1. 我国药品生产企业存在"一小二多三低"的现象

"一小"指大多数生产企业规模小。根据 2015 年度中国医药工业百强榜，2014 年百强企业整体主营业务收入首次突破 6000 亿元，达到 6131 亿元，同比增长 5.3%。其中，规模超过百亿的百强企业达到了 16 个，与 2014 年相比增加了 5 个；规模在 30 亿～100 亿元的百强企业数量减少 2 个，百强企业的最低门槛达到了 21 亿元。居于榜单首位的扬子江药业集团有限公司 2015 年累计实现产值 502 亿元、销售额 501 亿元。虽然通过快速发展，我国

图 1-1 2013～2016 年药品注册申请完成审评数量情况

医药企业的规模在不断壮大，但与跨国制药企业相比，无论是规模还是利润仍然存在非常大的差距。根据福布斯全球企业排名，美国强生以 2757 亿美元的市值领跑医药行业，其 2014 年销售额达到 742 亿美元，利润 163 亿美元。"二多"指企业数量多，产品重复多。2016 年，我国原料药和制剂生产企业虽然较往年有所减少，但这是因为生产企业许可证换证期间，一些企业由于未通过 GMP 认证，暂不具备换证条件而暂缓换证。在我国 4700 多家医药生产企业中，大部分企业名牌产品少，品种雷同现象普遍。"三低"指大部分生产企业产品技术含量低，新药研究开发能力低，管理能力及经济效益低。

2. 我国医药企业研发投入少，创新能力不足

我国医药企业与国际跨国药企规模的巨大差距同样体现在研发投入和新药开发能力上。2016 年度，全球制药 50 强企业继续维持高额地投入研发。其中，默沙东（MSD）虽然年销售额以 355.6 亿美元仅排名全球第四，但以 97.60 亿美元的研发支出跃居研发投入榜首。瑞士的罗氏制药（Roche）与诺华制药（Novartis）以 87.17 亿美元和 79.16 亿美元位居研发投入的第二、三位；辉瑞（Pfizer）的研发投入继续回升，以 78.41 亿美元排名第四；强生（Johnson & Johnson）以 69.67 亿美元排名第五；赛诺菲（Sanofi）、阿斯利康（AstraZeneca）的研发投入均超过 50 亿美元；礼来（Eli Lilly）、百时美施贵宝（Bristol-Myers Squibb）、葛兰素史克（GSK）、艾伯维（AbbVie）超过 40 亿美元。反观国内，50 家上市药企 2015 年研发费用总额为 113.2 亿元，江苏恒瑞以 8.9 亿元人民币的研发投入排名全国第一。巨大的研发投入差距也影响着企业的创新能力。目前，我国制剂企业主要生产仿制药，国内市场以仿制药为主。出口的主要是原料药和低价低档仿制药，在国际市场中处于低端领域。"仿创结合、以仿为主"是我国医药企业目前主要的药品开发方式。

3. 我国医药企业的制剂开发能力亟待提高

我国已是国际上的原料药生产大国，但对药物制剂技术开发研究不够，制剂水平低、质量不高，难以进入国际市场。2014 年中国医药产品实现出口 550 亿美元，其中原料药出口 258.57 亿美元，制剂出口 29.4 亿美元；制剂进口 127.8 亿美元。由此可见，我国医药行业主要通过出口高污染、附加值低的原料药参与国际分工，而在医药附加值比较高的制剂产业，进口远大于出口。

二、我国医药行业的发展趋势

我国人口基数大，随着我国人均寿命的不断延长、人口老龄化的不断加剧，人口的自然增长成为了促进我国医药市场扩大的基本因素，而随着人民生活水平的不断提高，人们对于健康和生命的重视愈加强烈，进一步决定了我国的制药工业将继续成为关系国计民生的一个重要支柱。

1. 仿制为主，仿创结合

虽然我国的医药行业已经取得了快速的发展和长足的进步，但与国际跨国药企相比，规模小、技术水平不高。医药是一个技术密集型产业，具有高投入、长周期、高风险、高收益等特点，我国医药企业的现状决定了难以做到以新药、专利药创制为主要发展路径，而在今后较长一段时间内，仍将维持以仿制为主、创新与仿制并存的状况，但最终会朝着创新的方向发展，通过提升自己的研发能力，积极创造出新的药品。印度与我国国情相近，其发展医药产业的过程中，与我国的制药工业差不多同时起步，发展阶段和产业结构与我国也大体类似，甚至在某些方面还比我国的医药产业落后。但在 20 世纪 90 年代末，印度的制药业抓住国际仿制药快速发展的契机，通过提高技术水平、挑战专利等手段仿中有创，加上印度低廉的劳动力、原材料成本，培育出一批如 Dr. Reddy's Lab 和 Ranbaxy Laboratories Limited 等具有国际竞争力的大型制药企业，其在国际化程度、研发水平等方面已超越我国。作为全球最大的仿制药企业，以色列的梯瓦制药工业有限公司（Teva Pharmaceutical Industries Limited）在以开发仿制药为主的同时，通过实力积累，早已进军原研药领域，从而进一步提升了自身在医药领域的地位，在 2015 年度全球医药企业 50 强排名中，梯瓦制药（Teva）超过了拜耳（Bayer）、礼来（Eli Lilly）、百时美施贵宝（Bristol-Myers Squibb）等著名原研药生产企业。这些企业的发展充分说明"以仿为主、仿创结合"的发展模式不仅符合我国医药企业的实际情况，也是提升我国医药行业的有效手段。

2. 我国医药行业进行产业结构调整、资源整合势在必行

长期以来，我国的医药行业存在企业多、规模小、效益低、产品低端重复等顽疾，医药产业市场集中度较低，市场结构分散，制药企业低端竞争激烈，从而导致我国整个医药行业盈利能力较弱，制约了行业的发展。因此，对我国医药行业进行产业结构调整、资源整合势在必行。从国家政策上看，设立了如"重大新药创制"等一批重点扶持基础研究领域和关键项目的科技政策，开始对优秀企业和项目进行有针对性的重点投入。同时，我国进一步制定和完善了一系列法律法规，涵盖医药研发、临床试验申报、新药注册、药品生产和经营、药品质量标准、药品定价等各个环节。如卫生部于 2011 年颁布并实行了新版《药品生产质量管理规范（2010 年修订）》（GMP）认证，国务院办公厅于 2016 年印发了《国务院办公厅关于开展仿制药质量和疗效一致性评价的意见》等，这些监管体系的不断完善和监管力度的加强将淘汰一批不符合监管要求的小型医药企业，促进行业内部的资源整合和健康发展。同时，受行业经济的影响、产业政策的规范，通过市场竞争的优胜劣汰，不少中小企业的发展举步维艰，而一些优势企业通过联合、兼并、重组等方式扩大经营规模、提高技术实力、丰富原有产品线，完成产业链布局，逐步成为具有一定国际竞争力的医药集团。根据南方医药经济研究所数据显示，2015 年我国药企延续了并购势头，2015 年 1～10 月的并购金额达到 1000 亿元人民币，同比增长约 80%，公告的并购案例数达 260 起。

3. 我国的医药企业在国内快速发展的同时，正逐步迈向国际化

制药业是研发全球化程度最高的产业之一，国外许多成功的制药企业都是通过在全球各地设立研发分支机构进行技术寻求，获取新技术，增强研发能力。我国的制药企业如果

要进一步加快发展，需要走出国门，积极开展国际合作，追踪世界先进的药物研发技术，掌握新药研发的最新动态，通过研发全球化进行技术突破。如今，恒瑞医药、华海药业、昆药集团等国内知名药企已走出国门，相继在海外设立了研发机构，借助海外的技术创新环境，助力企业在创新药物研究的发展。在技术国际化的同时，我国药企走向国际化更重要的标志是高端产品的国际化。虽然我国的医药市场发展迅速，但全球主要的医药市场仍然在以美国为代表的发达国家和地区，而我国长期以来向国际市场出口的多为医药中间体、原料药、医用材料等附加值低、环境污染严重、能源消耗大的低端产品。近年来，随着原料药对出口增长推动作用的减弱，以及国内的相关政策，促使我国医药企业进行产业结构调整和整合，通过提高制剂等中高端产品的研发与出口来增强企业的实力和国际竞争力。随着我国医药企业技术水平与 GMP 管理水平的不断提高，越来越多的企业紧盯海外市场，加快了欧美 GMP 认证步伐。目前，我国已有 40 多家企业的制剂车间通过了欧盟 GMP 认证，近 20 家企业通过美国 GMP 认证，且有不少企业同时拥有多张欧美日及澳大利亚的 GMP 认证证书。如作为我国制剂国际化的典型代表——华海药业，目前已有 22 个制剂产品获得简略新药申请（Abbreviated New Drug Application，ANDA）文号，其中 16 个产品已在美国上市，12 个产品在欧盟的 24 个国家获批上市，拉莫三嗪缓释片等重点产品在美国市场的占有率超过了 50%。此外，资本的国际化也是我国医药企业走向世界的重要手段。国外知名药企的发展，很大程度上是借助并购实现的，其中很大一部分是跨国并购。通过并购，企业收入、利润率、每股收益等指标可以得到优化，规模、实力也可以实现跨越式增长。目前，虽然国内药企的规模和金额与跨国药企的并购差距很大，越来越多的国内药企开始选择海外并购来实现企业的全球化战略布局。2015 年 12 月，绿叶医疗集团以 6.88 亿美元收购澳大利亚最大的私立医院运营商之一的 Healthe Care，成为迄今为止中国药企海外并购金额最大的案例。

第三节　化学制药工艺学的研究内容及过程

一、化学制药工艺学的研究内容

目前，生物制药随着现代生物技术的进步发展迅速，但化学制药在全球制药领域依然占据着主体地位。化学制药工艺学是化学合成类药物研发和生产过程中的重要组成部分，它主要是针对化学类药物从最初的合成的研究、设计到采用最经济、最有效、最安全、最清洁的生产途径进行产业化的系统研究，是研究工艺原理和工业生产过程，制定生产工艺规程，实现化学制药生产过程最优化的一门学科。化学制药包括化学原料药（Active Pharmaceutical Ingredient，API）和化学药物制剂的制造，本书将主要讲解化学原料药的制药工艺学。

化学制药工业是一个知识密集、理工兼备的高科技行业，随着新药的研发和已有药物的合成及生产工艺的不断优化，化学制药工艺学成为了在化学制药行业从业人员必备的基础。化学制药工艺学综合了有机化学、分析化学、物理化学、药物化学、精细化工等多门类学科。同时，由于化学药品不同于普通化学品，因此化学药品除了具有普通化学品的特性和特质外，它的生产和品质还受到许多相关法律法规的限制和规定，如原国家食品药品监督管理总局新药评审中心颁布的《新药审批办法》、卫生部颁布的《药品生产质量管理规范》(2010 年版)、《中国药典》(2015 年版)(以下简称药典)等。因此，在化学制药工艺研究的过程中，必须参照相关的法律法规予以实施。

二、化学制药工艺学的研究途径

从化学药物的合成设计到生产工艺研究的角度，化学制药工艺学的研究过程可分为实验室工艺研究、中试放大研究及工业生产工艺研究。

实验室工艺研究（又称小试工艺研究或小试）包括：化学药物合成路线的选择、合成工艺条件的确定、设备与材质的要求、安全防护的要求、"三废"的防治与处理、原辅材料消耗及成本估算等。本阶段研究要求通过对化学药物合成过程中所涉及的各反应单元进行实验室工艺研究，找出符合生产条件的合成方法，并对各步反应单元实现收率及合成条件的最优化，同时完成各反应条件数据的采集、整理、归纳，为下一步中试放大研究做好基础。

中试放大研究（又称中试放大或中试）是连接化学药物实验室研究和产业化生产的重要环节，其目的是验证、复审和完善实验室工艺研究所得到的工艺路线和工艺条件，及研究选定的工业化生产设备的结构、材质、安装和车间布置等，为正式生产提供客观可靠的数据。国家食品药品监督管理局药品审评中心于 2005 年颁布的《化学药物原料药制备和结构确证研究技术指导原则》中明确指出："原料药制备工艺优化与中试的主要任务是：(1) 考核实验室提供的工艺在工艺条件、设备、原材料等方面是否有特殊的要求，是否适合工业化生产；(2) 确定所用起始原料、试剂及有机溶剂的规格或标准；(3) 验证实验室工艺是否成熟合理，主要经济指标是否接近生产要求；(4) 进一步考核和完善工艺条件，对每一步反应和单元操作均应取得基本稳定的数据；(5) 根据中试研究资料制订或修订中间体和成品的分析方法、质量标准；(6) 根据原材料、动力消耗和工时等进行初步的技术经济指标核算；(7) 提出'三废'的处理方案；(8) 提出整个合成路线的工艺流程，各个单元操作的工艺规程。一般来说，中试所采用的原料、试剂的规格应与工业化生产时一致。"

工业生产工艺研究是中试放大研究的升级，它是结合实际的各种生产条件，对化学药物实际生产过程中工艺的不断完善，从而实现对药物最经济、最有效、最安全、最清洁的生产。

第四节 化学制药工艺研究中相关法律法规

化学药品不同于普通的化学品，其研究、注册、生产和品质保证必须遵照国家相关的法律法规的规定与限制进行，因此在进行化学制药工艺研究的过程中，对药品相关的法律法规进行了解和掌握就显得尤为必要。从 20 世纪 80 年代至今，经过近 30 余年的法制建设，我国已经建立了一个由法律、行政法规、部门规章以及其他规范性文件构成的相对完整的药品管理法律体系。

1984 年 9 月 20 日，第六届全国人民代表大会常务委员会第七次会议通过了我国首部药品管理法律，即《中华人民共和国药品管理法》，于 1985 年 7 月 1 日起施行，并于 2001 年、2013 年和 2015 年分别进行了三次修订。《中华人民共和国药品管理法》是我国药品领域的基本法律，对药品生产企业管理、药品经营企业管理、医疗机构的药剂管理、药品管理、药品包装管理、药品价格和广告管理、药品监督、法律责任等进行了原则性的规定。

2002 年 9 月 15 日，国务院施行了《中华人民共和国药品管理法实施条例》（国务院令第 360 号），对《中华人民共和国药品管理法》的规定进行了详细、具体的解释和补充，成为药品管理法律体系中最重要的行政法规。此外，与药品相关的行政法规还包括：1988 年12 月 27 日施行的《医疗用毒性药品管理办法》、1989 年 1 月 13 日施行的《放射性药品管理办法》、1992 年 12 月 19 日施行的《药品行政保护条例》、1993 年 1 月 1 日施行的《中药品种保护条例》、2003 年 10 月 1 日施行的《中华人民共和国中医药条例》、2005 年 6 月1 日施行的《疫苗流通和预防接种管理条例》、2005 年 11 月 1 日施行的《麻醉药品和精神药品管理条例》等。

部门规章是我国药品监督管理法律体系最重要的组成部分，数量较多，调整面广，对整个医药产业影响深远。此外，国家行政机关为履行药品管理职能而制定行政法规和规章以外的行政规范性文件，实际是对药品领域具有普遍约束力的准立法行为。这些规范性文件数量众多，种类庞杂，但时效性较强，常因专门事项完成或阶段性工作结束而失效或废止，故本节不予详述。下面将重点介绍与药品研究、注册、生产和品质保证密切相关的部分规章。

一、药品研究管理规定

1.《药物非临床研究质量管理规范》

针对"为申请药品注册而进行的非临床研究""为提高药物非临床研究的质量，确保实验资料的真实性、完整性和可靠性，保障人民用药安全"，药物非临床安全性评价研究机构必须依据《药物非临床研究质量管理规范》进行药物非临床研究质量管理规范（Good Laboratory Practice，GLP）认证。1999 年，国家药品监督管理局颁布了试行版《药品非临床研究质量管理规范》（局令第 14 号），并于 2003 年修订为《药物非临床研究质量管理规范》（局令第 2 号）并予以实施。

2.《药物临床研究质量管理规范》

药品在正式上市前，必须通过临床研究来证明其在人体中的有效性。在我国，"凡进行各期临床试验、人体生物利用度或生物等效性试验"，必须依据《药物临床研究质量管理规范》（Good Clinical Practice，GCP）进行认证。《药物临床研究质量管理规范》是"临床试验全过程的标准规定，包括方案设计、组织实施、监察、稽查、记录、分析总结和报告"，由国家食品药品监督管理局于 2003 年正式颁布实施（局令第 3 号）。

3.《药品研究实验记录暂行规定》

《药品研究实验记录暂行规定》由国家药品监督管理局于 2000 年 1 月 3 日发布实施。该规定明确了药品研究中实验记录的定义、基本要求、内容、用纸、书写规范、保存、签署、检查、归档等，目的是"为加强对药品研究的监督管理，保证药品研究实验记录真实、规范、完整，提高药品研究质量"。

二、药品注册管理规定

药品的注册是指"国家食品药品监督管理总局根据药品注册申请人的申请，依照法定程序，对拟上市销售的药品的安全性、有效性、质量可控性等进行审查，并决定是否同意其申请的审批过程"。药品注册管理的核心文件是由国家食品药品监督管理局发布的《药品注册管理办法》。

《药品注册管理办法》是"为保证药品的安全、有效和质量可控，规范药品注册行为"而制定，其内容涵盖了"在中华人民共和国境内申请药物临床试验、药品生产和药品进口，以及进行药品审批、注册检验和监督管理"，目前共颁布了三版。2002年10月，国家食品药品监督管理局颁布了试行版《药品注册管理办法》（局令第35号），废止了国家药品监督管理局1999年4月22日发布的《新药审批办法》、《新生物制品审批办法》、《新药保护和技术转让的规定》、《仿制药品审批办法》和《进口药品管理办法》，实现了药品注册管理法律的统一，其后分别于2005年（局令第17号）和2007年（局令第28号）进行了修订。2016年，国家食品药品监督管理总局开始组织对《药品注册管理办法》的新一轮修订，并起草了《药品注册管理办法（修订稿）》。

此外，为了与《药品注册管理办法》配套实施，国家食品药品监督管理局还出台了大量注册管理规定和技术指导原则，如2008年5月23日颁布实施的《药品注册现场核查管理规定》、2009年1月7日颁布实施的《新药注册特殊审批管理规定》、2009年8月19日颁布实施的《药品技术转让注册管理规定》等。

三、药品生产管理规定

根据《中华人民共和国药品管理法》和《中华人民共和国药品管理法实施条例》，我国制药企业在依法获得《药品生产许可证》后，必须依照由卫生部颁布、2011年3月1日起施行的《药品生产质量管理规范（2010年修订）》进行药品生产质量管理规范（Good Manufacturing Practice，GMP）认证后方可组织生产。

《药品生产质量管理规范》（以下简称药品GMP）是药品生产和质量管理的基本准则。我国自1988年第一次颁布药品GMP至今已有20多年，其间经历1992年、1998年、2010年三次修订，截至2004年6月30日，实现了所有原料药和制剂均在符合药品GMP的条件下生产的目标。2010年版《药品生产质量管理规范》共14章、313条，其主要特点在于：① 加强了药品生产质量管理体系建设，大幅提高对企业质量管理软件方面的要求；② 全面强化了从业人员的素质要求；③ 细化了操作规程、生产记录等文件管理规定，增加了药品GMP的指导性和可操作性；④ 进一步完善了药品安全保障措施。

为了处理好新旧规范的衔接工作，2011年2月25日，国家食品药品监督管理局发出"关于贯彻实施《药品生产质量管理规范（2010年修订）》的通知"，规定：自2011年3月1日起，凡新建药品生产企业、药品生产企业新建（改、扩建）车间均应符合《药品生产质量管理规范（2010年修订）》的要求。现有药品生产企业血液制品、疫苗、注射剂等无菌药品的生产，应在2013年12月31日前达到《药品生产质量管理规范（2010年修订）》要求。其他类别药品的生产均应在2015年12月31日前达到《药品生产质量管理规范（2010年修订）》要求。未达到《药品生产质量管理规范（2010年修订）》要求的企业（车间），在上述规定期限后不得继续生产药品。2010年版药品GMP的实施，有利于促进医药行业资源向优势企业集中，淘汰落后生产力；有利于调整医药经济结构，以促进产业升级；有利于培育具有国际竞争力的企业，加快医药产品进入国际市场。

四、药品质量管理规定

我国现行的《中华人民共和国药品管理法》第三十二条规定："药品必须符合国家药品标准""国务院药品监督管理部门颁布的《中华人民共和国药典》和药品标准为国家药品标准。"

1953 年，我国颁布了第一部《中国药典》，至今共修订出版了 10 版《中国药典》，并于 2015 年 12 月 1 日起开始实施 2015 年版《中国药典》。相比于 2010 年版，2015 年版《中国药典》主要有以下变化。

（1）收载品种增幅达到 27.4%。2015 年版《中国药典》收载品种 5800 多个，比 2010 年版《中国药典》增加 1200 多个，修订品种 751 个。

（2）通过药典凡例、通则、总论的全面增修订，从整体上进一步提升了对药品质量控制的要求，完善了药典标准的技术规定，使药典标准更加系统化、规范化。

（3）健全了药品标准体系，特别是药用辅料品种增加至 260 个，并新增相关指导原则；在归纳、验证和规范的基础上实现了《中国药典》各部共性检测方法的协调统一。

（4）2015 年版药典附录（通则）、辅料独立成卷，构成《中国药典》四部的主要内容。

（5）药用辅料品种收载数量显著增加。拟新增 128 个，共计 260 个，增长率高达 97%。

（6）安全性控制项目大幅提升。

（7）进一步加强了有效性控制。

 思考题

1. 结合世界制药工业的发展趋势，未来制药工业将如何创新和继续发展？
2. 化学制药工业面临哪些挑战？
3. 化学药物与有机化合物有何异同？
4. 化学制药工艺研究主要分为几个部分？
5. 目前，化学药品注册如何分类？其与 2007 年版《药品注册管理办法》中的分类标准有何不同？

参考文献

［1］ 米内网. 2015 年度中国医药市场发展蓝皮书——产业经济部分（1）. 药学进展，2015，39（6）：408-414.
［2］ 国家食品药品监督管理总局. 2016 年度食品药品监管统计年报. 北京：国家食品药品监督管理总局，2017.
［3］ 国家食品药品监督管理总局药品审评中心. 2016 年度药品审评报告. 北京：国家食品药品监督管理总局，2017.
［4］ Christel M. Pharm Exec's Top 50 Companies 2017. Pharmaceutical Executive, 2017, 37（6）.
［5］ 郭晓丹. 制剂出海步履不减. 医药经济报，2015-3-25（3）.
［6］ 匡李聪，冯国忠. 我国制药产业发展现状分析. 现代商贸工业，2015，（5）：7-9.
［7］ 吴豫生，牛成山. 中国医药产业发展现状. 科技导报，2016，34（11）：25-27.

第二章

化学药物合成工艺路线的设计与选择

第一节 概 述

本书所涉及的化学药物主要是指化学原料药（API），其本质是具有不同结构的化合物分子，其中绝大部分属于有机化合物。按照原料的来源不同，化学药物的合成通常可分为两种：第一种是"全合成"（Total-Synthesis），即利用各类普通的化工原料，通过一步或多步合成得到目标分子；第二种是"半合成"（Semi-Synthesis），即利用自然界已有的化合物分子，通过化学或物理的方式进行修饰或改造，从而得到目标分子。化学药物的合成通常会存在多种途径，每条合成途径可由若干合成工序组成，而每个合成工序又包含若干化学反应单元。通常将具有工业生产价值的合成途径称为该药物的工艺路线。

一、化学药物合成工艺路线研究的目的

化学药物合成工艺路线研究所针对的对象主要是已申请临床研究或已上市的药物，它们化学结构明确，具有潜在或现实的工业生产价值。对于前者，由于其未上市，用量通常不大，对其工艺路线的研究主要是关注产品的化学合成可能性、产品的质量、产品中杂质的研究等，其规模也主要是限于实验室或中试规模。因此，化学制药工艺研究更多是针对已经上市的化学药物，其意义如下。

（1）许多具有生物活性或药用价值的天然药物，通常在动植物体内含量很低，为了满足社会的需求，需要通过全合成或半合成的方式进行人工合成。如抗癌药物紫杉醇是以红豆杉为原料的天然提取物，其在红豆杉树皮中的含量最高，也仅为0.009%左右。因此，依靠天然提取获得紫杉醇的方式不仅难以满足社会的需求，也不利于红豆杉的树种保护。为了解决这一难题，人们开始探索采用半合成的方式制备紫杉醇，最终解决了紫杉醇工业化生产中原料来源的问题。

（2）由于药物的特殊性，刚上市的新药通常都在化合物专利保护下。而在新药的化合物专利权期即将结束之际，各制药企业为了尽快进入并占领市场，需要对该药物进行已有合成工艺专利保护之外的工艺开发，从而实现药物的合法仿制。

（3）对正常生产的药物，由于生产条件或法律法规的变化，或为了进一步提高药品的质量，需要对已有的工艺路线进行改进与革新。

二、化学药物合成工艺路线研究的过程

（1）对于化学药物合成工艺的设计，首先应对其和相似化合物进行国内外文献资料的调查与论证，尤其是对于相关的合成工艺专利要进行详尽的检索，并结合当代合成化学的发展，设计出一条或多条技术合理、步骤适当、理论可行的合成路线。

（2）对于化学药物合成工艺的选择，则需要进一步将企业的生产现实性考虑在内，从设计的合成路线中优选一条或几条进行实际研究，并最终通过优化以实现工业化生产。由于企业的生产不同于实验室研究，制药企业进行药物生产的最终目的是实现企业的利益最大化和可持续发展。因此，化学药物合成工艺的选择不仅要体现技术的先进性，更要体现经济的合理性，如工艺路线中尽量选择品种少、能稳定供应、价格低廉的原材料，尽量避免使用有毒、易燃易爆的原材料、中间体，产品易纯化，尽量使用已有的各种机械设备，"三废"问题较易解决等。

（3）由于化学药物不同于普通化学品，其关系到人类的生命与健康。因此，化学药物合成工艺的设计与选择还必须结合与药物研发、生产、质量相关的各类法律法规，保证所采用的工艺具有重复性、稳定性、可控性，所生产的药物能够满足所有的质量规范要求。

本章就化学药物合成工艺路线的设计与选择分别进行讨论。

第二节 化学药物合成工艺路线的设计

化学药物合成工艺路线的设计是化学药物合成的起点。如前所述，化学药物合成工艺路线的设计所针对的对象主要是已申请临床研究或已上市的药物。针对前者，由于已申请临床研究的化合物分子通常属于新结构分子，研究者需要通过文献检索对其合成路线进行全新设计；对于后者，研究者一般倾向于在已报道工艺路线的基础上，结合企业自身条件进行优化设计，这样可以降低技术开发难度、缩短研发周期、更好地确保药品质量，从而最大限度地规避开发风险。

虽然化学药物不同于普通有机化合物，但大部分化学药物的本质仍是有机化合物。因此，化学药物合成工艺路线的设计与普通有机合成设计仍然有许多类似之处。

"逆合成分析法"（Retrosynthetic Analysis）是进行化学药物工艺路线设计时采用的主要手段。从分析药物分子的化学结构入手，分清结构的主体和分枝、核心骨架和官能团，根据分子中各片段的结合情况，通过"逆合成"的分析方式，找出各结合片段；同时，根据各官能团的活性特点，还需考虑各片段的结合顺序，官能团的保护与去保护等；若为手性药物，还需考虑手性中心的构建方法等。此外，在药物发展的过程中，常有多种药物名称相近、结构相近、治疗领域相近，故人们根据其名称或结构中相同的部分而将其命名为"某某类"药物，如用于抗菌的"沙星类"药物、用于抑制血管紧张素转化酶的"普利类"药物、用于降压的"沙坦类"药物等。在对此类结构相近的药物分子进行合成工艺设计时，可模拟类似化合物的合成方法进行合成设计，即从初步的合成设想开始，通过文献调研，改进他人尚不完善的概念和方法来进行药物合成工艺路线设计，这种方法被称为"模拟类推法"。以下将重点对"逆合成分析法"和"模拟类推法"进行介绍。

一、逆合成分析法

(一) 基本介绍

逆合成分析法又称倒推法、追溯求源法，是一种可逆向的逻辑思维方法，于 20 世纪 60 年代由哈佛大学教授 E. J. Corey 在总结前人和自己成功经验的基础上提出。逆合成分析法的基本思路是从剖析目标化学药物分子的化学结构入手，通过逆推法把一个化学药物分子的合成问题由繁到简地逐级分解成若干简单的合成问题。即根据分子中各原子间连接方式（化学键）的特征，逆向切断、连接、消除、重排和官能团形成与转换等，将目标分子转化成一些稍小的中间体；再以这些中间体作为新的目标分子，将其切断成更小的中间体；依次类推，直到找到可以方便购得的起始材料为止（如图 2-1 所示）。逆合成分析法的分析思路与真正的合成路线正好相反，是化学药物合成工艺路线设计最基础、应用最广泛的方法。

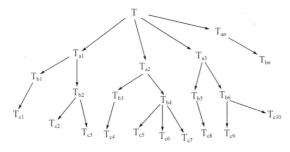

图 2-1　逆合成分析法中的分析树

在逆合成分析法中，合成子（Synthon）、合成等效试剂（Synthetic Equivalent Reagents）和切断（Disconnection）是三个主要的概念。按照 Corey 的定义，合成子是指可以通过已知或合理的操作连接成（有机）分子的结构单元。合成子可分为受电子合成子（以 a 代表）、供电子合成子（以 d 代表）、自由基合成子（以 r 代表）和中性分子合成子（以 e 代表），是一个人为的、概念化的名词，它区别于实际用于化学反应的离子、自由基或分子。合成子可能是实际存在的，也可能是一个实际不存在的、抽象化的东西，此时必须用与之相应的化合物或能够起合成子作用的化合物来替代，这些化合物统称为合成等效试剂（表 2-1）。切断是人为使化学分子中化学键断裂，从而把目标分子骨架拆分为两个或两个以上的合成子，以此来简化目标分子的一种转化方法，通常是在双箭头上加注"dis"表示，目标分子切断后的碎片便成了各种合成子或合成等效试剂。

表 2-1　部分常见合成子及相应的合成等效试剂

合成子	合成等效试剂
R^+	RX（X=X—，—OCOR，—OTs，—ONO$_2$ 等离去基团）
$R^+C=O$	RCOX
R^+CHOH	RCHO
H_2^+COH	$H_2C=O$
R^-	RM（M=Li，MgBr，Cu 等）
—C$_6$H$_5$	C$_6$H$_6$，C$_6$H$_5$MgBr
—CH$_2$COCH$_3$	CH$_3$COCH$_2$COOEt
—CH$_2$COOH	CH$_2$（COOEt）$_2$

（二）基本策略

药物分子的合成路线设计是比较困难的问题，即使面对结构不太复杂的药物分子，在对其进行逆合成分析时包含有多种骨架与官能团的变化，这样就产生了一个问题：在进行逆合成分析时应该如何考虑，从而能简捷高效地找到这些变化？在逆合成分析中，简化目标药物分子最有效的手段是切断，不同的切断方式和切断顺序都将导致不同的合成路线。究竟怎样切断，切断成何种合成子，则要根据化合物的结构、可能形成此键的化学反应以及合成路线的可行性来决定。一个合理的切断应以相应的合成反应为依据，否则，这种切断就不是有效切断。掌握一些切断技巧将有利于设计出高效、合理的合成工艺路线。

1. 仔细剖析目标分子的结构，找出其骨架可能的构造方式

骨架形成和官能团的引入是设计合成路线最基本的两个过程，其中骨架的形成是设计合成路线的核心。大部分化学药物分子的本质是有机分子，骨架和官能团是每一个有机分子的组成部分，化合物的性质主要是由分子的官能团决定的。但是在解决骨架与官能团都有变化的合成问题时，应优先考虑骨架的形成，这是因为官能团是附着于骨架上的，骨架建立不起来，官能团就没有根基。但是，骨架的形成又离不开官能团的作用，因为碳-碳键形成的位置就在官能团所在或受官能团影响的部位上。因此，要形成碳-碳键，前体分子必须要有成键反应所要求的官能团。在考虑骨架的形成时，要研究目标分子的骨架由哪些较小碎片的骨架通过碳-碳键反应形成，较小碎片的骨架又由哪些更小碎片的骨架通过碳-碳键反应形成。依次类推，直到得到最小碎片的骨架，也就是应该使用的原料骨架。

研究目标分子的骨架结构，首先应分清母体与侧链、基本骨架与官能团，进而分析这些结构以何种方式和位置相连接。其次，应考虑分子的基本骨架的组合方式、形成方法。如基本骨架是芳香环，可采用苯或者苯的同系物或衍生物为原料；如基本骨架为杂环化合物，可考虑采用天然来源的杂环化合物为原料，如吡啶、噻吩等，或通过前体化合物的关环反应制备。此外，如果药物分子骨架中含有手性中心，还需考虑手性中心的构建，如可采用不对称合成的方式直接获得，或采用手性拆分的方式进行建立。

布洛芬（Ibuprofen，**2-1**，图 2-2）是一种常见的抗炎、镇痛药物。在对其结构进行分析时，可以发现该分子的主要骨架为苯环，苯环上含有异丁基与 α-甲基乙酸基团。由于苯环结构大量存在于天然芳香族化合物中，因此无需通过关环反应制备。此外，虽然该分子存在一个手性中心，但布洛芬并非一种手性药物，因此无需进行手性中心的构建。综上分析，可以推断布洛芬分子最小的结构骨架可以为苯、异丁基与 α-甲基乙酸基团通过傅-克（Friedel-Crafts）酰基化反应分别引入苯环（图 2-2）。

图 2-2　布洛芬的逆合成分析

2. 围绕目标分子的官能团处进行切断

官能团是决定有机化合物的化学性质的原子或原子团。常见的官能团有碳-碳双键、碳-碳三键、醚键、羟基、羧基、醛基、羰基等。官能团对有机物的性质起决定性作用，同

样也对药物分子的效用起决定性作用。因此，药物分子结构的建立，就是在构建药物分子骨架结构的基础上对各类官能基团的引入、转化、消除或保护。在药物分子的化学结构中，官能团常常是活跃的部分，在逆合成分析过程中，人们常常采用官能团互变（Functional Group Interconversion，FGI）、官能团引入（Functional Group Addition，FGA）和官能团消除（Functional Group Removal，FGR）等方式协助切断。官能团互变是指将复杂官能团转化为简易官能团，以致转为简易官能团的拆分，以此来简化合成；官能团引入是在合成设计中，引入活化基团，以此来简化合成；官能团消除相当于官能团的分拆。

度洛西汀（Duloxetine，**2-5**）是礼来公司（Eli Lilly）开发的一个5-羟色胺和去甲肾上腺素再摄取抑制剂，可用于治疗某些心理疾病如抑郁症和焦虑症以及缓解中枢性疼痛如糖尿病外周神经病性疼痛和妇女纤维肌痛等。在对其分子结构进行分析时，可以发现其核心骨架可以是噻吩环和萘环，且这两个骨架的天然来源丰富，故无需另外构建。此外，度洛西汀（**2-5**）分子中的官能团包括甲氨基和手性醚键，因此，在对其进行逆合成分析切断时，重点是围绕这两个官能团的引入。对于醚键，可以将其切断为（S）-3-甲氨基-1-(2-噻吩基)-1-丙醇（**2-6**）和1-卤代萘（**2-7**）。后者是一种化学工业品，而（S）-3-甲氨基-1-(2-噻吩基)-1-丙醇（**2-6**）可以通过官能团互变将其互变为相应的噻吩基酮（**2-8**），其手性中心的构建，可通过酮羰基的不对称还原，或酮羰基还原成外消旋醇后进行手性拆分实现。对于甲氨基的引入，研究发现其位于噻吩基酮（**2-8**）的β-碳位，通过类似于官能团引入的方式，向噻吩基酮（**2-8**）的甲氨基添加一个甲基使其转变为二甲基氨基（**2-9**），便可借助曼尼希（Mannich）反应将噻吩基酮（**2-8**）切断成为2-乙酰噻吩（**2-10**）、多聚甲醛（**2-11**）和二甲基胺盐酸盐（**2-12**）（图2-3）。

图2-3　度洛西汀的逆合成分析

3. 优先选择在杂原子处进行目标分子切断

碳原子与杂原子形成的键是极性共价键，一般可由亲电体和亲核体之间的反应形成，对分子框架的建立及官能团的引入可起指导作用，所以目标分子中有杂原子时，可优先选用这一策略。在药物分子中，碳-氮、碳-硫、碳-氧等碳-杂键的部位通常是该分子的拆键部位，即分子的连接部位。

如对用于治疗消化性溃疡和胃食管反流病等疾病的药物——奥美拉唑（Omeprazole，

2-13）进行分子骨架结构分析时（**2-13**，图2-4），可以发现其结构主要是由苯并咪唑片段（**A**）和吡啶片段（**B**）经亚硫酰基连接而成。在进行逆合成分析切断时，如按 a 处切断，奥美拉唑分子可分解为受电子合成子 2-氯-5-甲氧基苯并咪唑（**2-14**）和供电子合成子 3,5-二甲基-4-甲氧基-2-吡啶甲硫醇（**2-15**）；按 b 处切断，奥美拉唑分子可分解为供电子合成子 5-甲氧基-1*H*-苯并咪唑-2-硫醇（**2-16**）和受电子合成子 2-氯甲基-3,5-二甲基-4-甲氧基吡啶（**2-17**）；按 c 处切断，奥美拉唑分子可分解为供电子合成子甲基亚磺酰基甲氧基苯并咪唑碱金属盐（**2-18**）和受电子合成子 3,5-二甲基-4-甲氧基吡啶（**2-19**）（图2-4）。相对于前两种切断方式，按 c 处切断时，甲基亚磺酰基甲氧基苯并咪唑碱金属盐（**2-18**）的制备十分困难，操作条件也比较苛刻。因此研究人员在设计其合成工艺路线时，通常会选择 a 或者 b 处进行碳-硫键切断，而不会选择 c 处进行碳-碳键切断。关于奥美拉唑（**2-13**）的生产工艺，本书将在第十章做进一步讲解。

图 2-4 奥美拉唑的逆合成分析

4. 合理利用分子的对称性或潜在对称性简化药物分子的合成路线设计

分子的对称性是指分子常常因含有若干相同原子或基团而具有的某种对称性，具有分子对称性的分子经过某种对称操作后，与未经操作的原有分子无法分辨。

某些药物或其中间体分子具有结构对称性或潜在对称性，在对这些分子进行逆合成分析时，可巧妙利用其对称性或潜在对称性，选择合适的化学键进行切断，从而设计出简捷、高效的合成路线。利用这一策略进行分子合成设计最经典的例子是托品酮（Tropinone，**2-20**）的全合成。托品酮最先是由德国化学家 Willstatter 于 1902 年完成全合成。全过程以环庚酮为原料，通过 15 步反应得到托品酮，总收率为 0.75%。这一成功，在当时是在实验室全合成复杂天然产物的重要事件之一，标志着多步全合成方法的诞生。1917 年，英国化学家 Robinson 利用托品酮的结构对称性，创造性地采用曼尼希（Mannich）反应，仅通过 3 步反应就合成了托品酮（**2-20**，图 2-5）。此后，人们在此基础上通过改进，可将托品酮（**2-20**）的收率提高至 90% 以上。

图 2-5　托品酮的逆合成分析

对于具有结构对称性的分子，通常可采用"双分子拼合法"或"对称性双重缩合法"进行逆合成分析切断。对于前者，其通常适用于两个完全相同的亚结构单元所组成的分子。若目标分子为直线形结构，则切断位置应在两个亚结构单元相连的化学键。如对骨骼肌松弛药——肌安松（Paramyon，**2-24**）进行逆合成切断时，切断位置应选择分子骨架的对称中心（图 2-6）；若目标分子为头尾相连的环状结构，则切断位置应在两个头尾相连的化学键。如番木瓜碱（Carpaine，**2-29**）便可根据其环状对称性将首尾两个羧酸酯基切断（图 2-7）。"对称性双重缩合法"多用于合成具有对称平面的分子。对于具有直线结构的分子，其切断的化学键应选择在具有对称平面的分子片段与同其相连的两个相同分子片段之间。如姜黄素（Curcumin，**2-31**）分子便具有对称平面的直线形结构，在对其进行逆合成分析切断时，所拆开的化学键便是在具有对称平面的 2，4-戊二酮（**2-32**）与 4-羟基-3-甲氧基苯甲醛（**2-33**）通过醛酮缩合所形成的碳-碳双键（图 2-8）；对于环状结构的分子，则其切断位置为两个双官能团结构片段的连接处，再逆推至两个不同的对称双官能团化合物。如（－）-鹰爪豆碱〔（－）-Sparteine，**2-34**〕虽然是一种天然提取物，但根据其具有的对称平面性质进行逆合成分析，可以设计出简单易行的全合成路线（图 2-9）。在中心亚甲基上通过官能团引入添加羰基后，在两侧对称地利用逆 Mannich 反应切断，将分子高度简化。这样得到三种基本原料：丙酮（**2-38**）、哌啶（**2-39**）和多聚甲醛（**2-11**），其合成方法均是经典的标准反应。

图 2-6　肌安松的逆合成分析

图 2-7　番木瓜碱的逆合成分析

图 2-8　姜黄素的逆合成分析

图 2-9　（－）-鹰爪豆碱的逆合成分析

此外，某些目标分子本身虽没有对称性，但具有潜在对称性，经过一定的逆合成转化后可以得到一个对称的分子或一条对称的合成路线，同样可以简化合成设计。氯法齐明（Clofazimine，**2-40**）是一种二线治疗麻风病的药物，其分子结构并没有明显的对称性，但如果将吩嗪环切断，可以发现氯法齐明分子可以由两分子的 N-对氯苯基邻苯二胺（**2-42**）通过关环组成（图 2-10）。

图 2-10　氯法齐明的逆合成分析

但是，对于一些具有分子对称性的药物分子，不能简单地套用上述对称分析方式，而应该根据目标分子的特点，设计出更合理的路线。氟康唑（Fluconazole，**2-43**）是一种治疗真菌感染的药物，其分子结构中具有对称平面，可采用"对称性双重缩合法"切断为叔醇衍生物（**2-44**）和 1H-1，2，4-三氮唑（**2-45**），叔醇衍生物（**2-44**）可进一步拆分为 1，3-二氯丙酮（**2-46**）和 2，4-二氟溴苯（**2-47**）（图 2-11）。但在具体合成中，1，3-二氯丙酮（**2-46**）和 2，4-二氟溴苯（**2-47**）需通过格氏反应进行，操作条件苛刻。因此，人们并没有采用这条设计路线，而是以间二氟苯（**2-48**）为原料，通过傅-克酰基化反应制备 α-氯代苯乙酮类化合物（**2-49**）。在碱的作用下，α-氯代苯乙酮类化合物（**2-49**）完成与一分子 1H-1，2，4-三氮唑（**2-45**）的连接。然后，利用硫叶立德将所得中间体（**2-50**）转化为环氧化合物（**2-51**），最后用另一分子的 1H-1，2，4-三氮唑（**2-45**）将其开环，最终得到氟康唑（**2-43**，图 2-12）。这条路线与按照分子对称性设计的路线比较，反应条件温和，操作也比较简便，更适合工业化生产。

5. 多角度考虑目标分子的逆合成切断

一般来说，碳-杂键易于合成，在拆分过程中处于优先考虑的地位。但对于一些药物分子，碳-碳键的拆分必不可少或作为首选，而碳-杂键的切断却无法适用或非优先选择。不论

图 2-11 氟康唑的"对称性双重缩合法"逆合成分析

图 2-12 氟康唑的工业化制备路线

碳-碳键或碳-杂键，在进行目标分子逆合成切断时，本质上应从化学键合成难易、合成子是否容易获得等多种角度进行考虑，特别是对一些比较复杂的药物分子，应着重强调从分子的中部拆分以便采用汇聚法的方式合成（见第二章第三节），以及从分子中环键结合处或从分子的交叉点进行分拆。

氯雷他定（Loratadine，2-52）是第二代抗组胺药物的代表，可用于过敏性鼻炎、急性或慢性荨麻疹、过敏性结膜炎、花粉症及其他过敏性皮肤病。通过分析氯雷他定（2-52）的分子结构，研究发现其主要骨架包括吡啶环、苯环和哌啶环，主要官能团为碳-碳双键。氯雷他定（2-52）的合成难点在于吡啶环和苯环之间七元环的合成，另外包括碳-碳双键的合成，由于这些片段的合成并无杂原子参与，之前提及的碳-杂键切断策略并不适用。对于氯雷他定（2-52）的合成设计，目前主要有两种思路（图 2-13）：① 在以原研工艺为代表的合成路线中，采用（1-甲基-4-哌啶基）{3-[2-(3-氯苯基)乙基]-2-吡啶基}-甲酮（2-53）为关键中间体，首先从分子中环键结合处进行了切断。该路线以 2-氰基-3-甲基吡啶（2-55）为原料，经 Ritter 反应将氰基转化为酰胺后得到 N-(1，1-二甲基乙基)-3-甲基-2-吡啶甲酰胺（2-56），再在正丁基锂的作用下将吡啶片段与间氯苄氯结合得中间体（2-57），该中间体经用 POCl$_3$ 脱醇后，最后利用格氏反应得到关键中间体（2-53）。中间体（2-53）在氢氟酸和三氟化硼的作用下完成七元环关环后，采用氯甲酸乙酯完成哌啶环中 N-取代基的转换 [图 2-13（a）]。该路线优点是各步反应收率高，但要用丁基锂、格氏试剂等有机金属化合物和氢氟酸、三氟化硼等剧毒化合物，反应条件苛刻；同时，在中间体（**2-58**）进行格氏反应时，格氏试剂易与吡啶环作用形成副产物，故存在一定的局限性。② 在氯雷他定（**2-52**）分子中，许多研究人员以碳-碳双键作为分子的交叉点，开始研究通过首先切断碳-碳双键，以8-氯-5，6-二氢-11*H*-苯并［5，6］-环庚烷并［1，2-*b*］吡啶-11-酮（**2-54**）作为关键中间体的合成路线，从而避免中间体（**2-58**）进行格氏反应时可能发生的副反应。该路线的关环方式有多种，如可采用中间体（**2-58**）作为前体进行关环得到关键中间体（**2-54**），再与 *N*-乙氧羰基哌啶-4-酮（**2-60**）在 THF 中经 McMurry 反应直接偶联得到氯雷他定（**2-52**）［图 2-13（b）］。

图 2-13　氯雷他定的合成路线

二、模拟类推法

在化学药物合成工艺路线设计过程中，除了主要所采用的"逆合成分析法"，还可以在"逆合成分析法"的基础上，通过结构分析，采用"模拟类推法"。"模拟类推法"由"模拟"和"类推"两个部分组成，其本质在于：① 通过对药物目标分子的结构分析，模拟常见的典型合成反应和合成方法，或模拟其与其他类似化合物的相似关键结构；② 在模拟的基础上，根据目标分子的具体情况，结合文献检索，推断并设计出目标分子合理的合成工艺路线。因此，对于"模拟类推法"来说，"模拟"是设计基础，而"类推"是关键手段。但对于有些药物分子，虽然其分子结构与模拟对象十分接近，但在进行模拟合成中由于某些原因使路线设计无法完成，如所使用的中间体或试剂十分不稳定、反应条件非常苛刻等，此时应摒弃简单的模拟类推，而应运用"逆合成分析法"，尽可能在目标分子的合成工艺路线设计中借鉴或采用部分可模拟的步骤，甚至进行全新的工艺路线设计。

对于有明显结构特征和官能团的化合物，可采用模拟常见的典型有机化学反应与合成方法类推合成路线。

类型有机化学反应法既包括各类化学结构的有机合成通法，又包括各种官能团的形成、转换、保护与去保护等。对于结构特征明显的官能团化合物，可采用此方法进行设计。通过逆合成分析，抗真菌药物克霉唑（Clotrimazole，**2-61**）有多种合成路线可进行设计，其中一种是将克霉唑（**2-61**）分子中 C—N 键切断，得到咪唑（**2-62**）和卤代烷（**2-63**）两个合成子，而卤代烷（**2-63**）可以通过模拟四氯化碳（**2-64**）与苯（**2-2**）通过傅-克反应生成三苯基氯甲烷（**2-65**）的类型反应，设计出以 2-甲基氯苯（**2-66**）为原料，通过合成邻氯苯三氯甲烷（**2-67**）制备卤代烷（**2-63**）的合成路线（图 2-14）。

图 2-14 克霉唑的"模拟类推法"合成路线设计

许多药物分子之间具有相似的化学结构或骨架，采用"模拟类推法"可以比较便捷地对这些药物分子进行合成工艺路线设计。如喹诺酮类抗菌药物（**2-68**～**2-73**，表 2-2）具有相似的基本骨架，合成多从诺氟沙星（Norfloxacin，**2-68**）和环氧沙星（Ciprofloxacin，**2-69**）等早期品种的合成基础上发展而来，主要有取代苯胺与乙氧基亚甲基丙二酸二乙酯（EMME，**2-74**）缩合成环和经取代芳胺环上的亲核取代反应成环两种。

表 2-2　喹诺酮类抗菌药物

		R^1	R^2	R^3	R^4	X
诺氟沙星	2-68	Et	H	H	H	CH
环氧沙星	2-69	cyclo-C_3H_5	H	H	H	CH
洛美沙星	2-70	Et	H	H	Me	C-F
依诺沙星	2-71	Et	H	H	H	N
氟罗沙星	2-72	CH_2CH_2F	H	Me	H	C-F
加替沙星	2-73	cyclo-C_3H_5	H	H	Me	C-OCH$_3$

1. 取代苯胺与 EMME（2-74）缩合成环 （图 2-15）

图 2-15　取代苯胺与 EMME 缩合成环

诺氟沙星（**2-68**）的合成以 3-氯-4-氟苯胺（**2-75**）为原料，先与 EMME（**2-74**）脱乙醇缩合，然后在 250~260℃下加热环合形成喹诺酮化合物（**2-76**），再以溴乙烷为烃化试剂完成吡酮环化合物（**2-76**）中氮原子的乙基化，然后水解，与哌嗪基结合得到诺氟沙星（**2-68**，图 2-16）。

图 2-16　诺氟沙星的制备

以诺氟沙星（**2-68**）的合成为模拟对象，氟罗沙星（Fleroxacin，**2-72**）的制备可采用 2，3，4-三氟苯胺（**2-79**）为原料，经与 EMME（**2-74**）缩合、高温环合、氟乙基化、引入 N-甲基哌嗪、酸水解等步骤完成，而 2，3，4-三氟苯胺（**2-79**）可由 2，3，4-三氟硝基苯（**2-78**）经硝基还原方便制得（图 2-17）。

2. 经取代芳胺环上的亲核取代反应成环，离去基团为卤素或硝基 （图 2-18）

环氧沙星（**2-69**）与诺氟沙星（**2-68**）的结构非常类似，其区别仅在于喹诺酮环中氮原子上的取代基分别为环丙基和乙基。但是，如果按照诺氟沙星（**2-68**）的合成步骤进行工艺路线设计时，需要在喹诺酮环中氮原子的烷基化反应中涉及环丙基碳正离子的形成，而环丙基碳正离子非常不稳定，易开环后转化为烯丙基碳正离子。因此，模拟诺氟沙星（**2-68**）的合成路线无法完成环氧沙星（**2-69**）的工艺路线设计。基于无法使用可形成环丙基碳正离子的化合物，研究者们采用以 2，4-二氯-5-氟苯甲酸（**2-83**）为原料，酰氯化后与

β-环丙胺丙烯酸甲酯（**2-85**）缩合，所得中间体（**2-86**）通过分子内芳环亲核取代反应完成具有喹诺酮母核中间体（**2-87**）的构建，最后经水解、哌啶环取代得到环氧沙星（**2-69**，图 2-19）。

图 2-17 氟罗沙星模拟诺氟沙星的制备

图 2-18 取代芳胺环上的亲核取代反应成环

图 2-19 环氧沙星的制备

加替沙星（Gatifoxacin，**2-73**）的结构与环氧沙星（**2-69**）类似，在喹诺酮母核氮原子上均采用环丙基取代，因此可模拟环氧沙星（**2-69**）的合成路线进行设计。可采用 2，4，5-三氟-3-甲氧基苯甲酸（**2-89**）为起始原料，将其转化为酰氯后与 3-二甲氨基丙烯酸乙酯（**2-91**）反应，再用环丙胺（**2-93**）置换得到关键中间体（**2-94**），并通过分子内芳环亲核取代反应完成具有喹诺酮母核中间体（**2-95**）的构建。通过硼化物的活化，喹诺酮中间体（**2-95**）与 2-甲基哌嗪缩合后水解得到加替沙星（**2-73**，图 2-20）

由以上设计实例可以看出，运用"模拟类推法"的关键在于"具体问题，具体分析"，在充分分析具有相似结构的药物分子的基础上，找到需要解决的关键因素，尽量模拟已有比较成熟的工艺和方法。如在模拟的过程中发现难以解决的问题，切不可简单类推，而应采用间接、迂回的方式，甚至需要另辟蹊径，以免在设计的工艺路线中引入无法解决的难题，导致后续的工艺研究与开发的失败，不仅延误了工艺开发时间，而且造成不必要的经济损失。

图 2-20　加替沙星模拟环氧沙星的制备

三、网络数据库软件辅助设计

从严格意义上讲，网络数据库软件辅助设计不属于化学药物合成工艺路线的一种设计技巧。但是，随着当前计算机网络的不断发展，在进行化学药物合成工艺路线设计的过程中，网络数据库已成为药物研究人员不可或缺的重要工具。借助网络数据库，在采用"逆合成分析法"及"模拟类推法"等手段进行药物工艺路线设计的同时，药物研究人员可快速查找设计所涉及的目标分子、合成反应的相关资料，从而提高设计的针对性和有效性。同时，对于一些设计难度较大、结构复杂的药物分子，网络数据库软件可依据所拥有的海量数据库资源给予相关建议，从而有效拓展研究人员思路，提高工作效率。下面将对目前在药物合成工艺路线设计中最主要和常用的两种网络数据库软件进行介绍。

1. SciFinder 和 SciFinder Scholar

SciFinder 和 SciFinder Scholar（以下统称 SciFinder）是美国化学学会（American Chemical Society，ACS）旗下的化学文摘服务社（Chemical Abstracts Service，CAS）所出版的《Chemical Abstracts》（化学文摘）的网络数据库软件。SciFinder 主要面对企业用户，尤其是制药企业进行专业检索使用，而 SciFinder Scholar 主要面对大学、研究机构的教师、学生和研究人员。二者数据库是一样的，差别在于后者不具备序列检索、定题服务和数据图像分析等功能。SciFinder 文献收录可追溯至 19 世纪，来源于 5 万多种主要期刊，文献收录量占世界化学化工类总文献量的 98%。此外，SciFinder 整合了 Medline 医学数据库、欧洲和美国等 6 家专利机构的全文专利资料，以及化学文摘 1907 年至今的所有内容。它涵盖的学科包括应用化学、化学工程、普通化学、物理、生物学、生命科学、医学、聚合物学、材料学、地质学、食品科学和农学等诸多领域，是全世界最大、最全面的化学和科学信息在线数据库。SciFinder 主要包括以下子数据库。

（1）文献数据库（CAplus^{SM}）。该数据库收录了自 19 世纪以来 150 多个国家出版的 5

万多种主要期刊及其文献，包括化学、化学工程、生物化学等相关学科的期刊、专利、会议论文、技术报告、图书等最新文献，内容与印刷版和光盘版 CA 基本相同。该数据库每日更新，目前共收录超过 0.44 亿条文献信息。

（2）结构数据库（CAS REGISTRY^{SM}）。该数据库主要收录化学物质结构信息，包括有机和无机化合物、生物序列、配位化合物、聚合物、合金等，全部都有 CAS 登记号。该数据库每日更新，目前共收录超过 1.22 亿条有机和无机化合物信息、0.66 亿条生物序列信息。

（3）反应数据库（CASREACT$^{®}$）。该数据库收录了 1840 年至今的单步及多步反应信息，其主要来源为 CAS 提供的反应数据、InfoChem GmbH 公司出版的 ZIC/VINITI 数据库（1974 ~ 1991 年）、法国工业产权局 1986 年前的数据及 Klaus Kieslich 教授指导编辑的生物转化数据库。该数据库每日更新，每周有超过 15 万条单步和多步反应信息被添加至数据库，目前共收录超过 0.924 亿条反应信息，其中包括超过 0.784 亿条单步和多步反应、0.14 亿条合成制备信息。

（4）商业来源数据库（CHEMCATS$^{®}$）。该数据库主要提供化学品来源信息，包括化学品目录、供应商地址、价格等。该数据库每周更新，目前共收录数百万条化学品来源信息。

（5）管制品数据库（CHEMLIST$^{®}$）。该数据库提供 1980 年至今的管制化学品信息，包括物质特征、详细目录、来源及许可信息等，数据来源于 13 个国家及国际组织。该数据库每周更新，目前共收录超过 34 万条管制化学品信息。

2. Reaxys

Reaxys 网络数据库软件是 Elsevier 公司将原有的 Crossfire Beilstein、Crossfire Gmelin 及新增的专利化学数据库内容进行整合后的升级产品，是除 SciFinder 之外另一类被药物研发人员广泛使用的网络数据库软件，包含了 2800 多万个反应、1800 多万种物质、400 多万条文献。

（1）CrossFire Beilstein。世界上最全的有机化学数值和事实数据库，时间跨度从 1771 年至今。其包含与化学结构相关的化学、物理等方面的性质，与化学反应相关的各种数据，详细的药理学、环境病毒学、生态学等信息资源。

（2）CrossFire Gmelin。是一类全面的无机化学和金属有机化学数值和事实数据库，时间跨度从 1772 年至今。其包含详细的理化性质，以及地质学、矿物学、冶金学、材料学等方面的信息资源。

（3）化学专利数据库。包含选自 1869 ~ 1980 年的有机化学专利和选自 1976 年以来有机化学、药物（医药、牙医、化妆品制备）、生物杀灭剂（农用化学品、消毒剂等）、染料等的英文专利。

与 SciFinder 需要安装客户端不同，Reaxys 实现了在线访问，检索界面简单易用，可以用化合物名称、分子式、CAS 登记号、结构式、化学反应等进行检索，并具有数据可视化、分析及合成设计等功能。Reaxys 的文献数据虽不及 SciFinder 全面，但其文献收录的时间更长，且收录的许多事实数据如熔点、沸点等物理和化学性质更详细，并有来源摘要。由于 Reaxys 收录的化学物质及反应引用的早期文献记录数据较多，因而可作为 SciFinder 查询的补充。此外，Reaxys 与 SciFinder 类似，均提供化合物和反应式的检索，但 Reaxys 的新增功能可以智能化设计合成路线，并提供从原材料到产物的多步反应路线图，而且每一个反应中间体都可以获得多种反应途径，并可以通过比较辅助选择最优的反应路线。另外，在检索结果中还提供了文本的反应条件及产率、不同反应条件下的多种反应细节及文献出处。

　　SciFinder 和 Reaxys 作为化学、医药等相关学科的重要数据库，均具有强大的检索和服务功能，两者相互补充，又各具特色。药物研究人员在进行化学药物合成工艺路线设计时，可利用 SciFinder 和 Reaxys 等网络数据库软件，通过化学结构式、分子式、CAS 登记号、关键词等多种检索方式迅速直接定位所关心的药物分子，查找其是否存在已报道的合成工艺或方法。如该药物分子已有合成反应报道，可进一步通过链接找到相关文献，从而可在报道路线的基础上优选可靠的工艺路线并加以优化；如尚无相关报道，药物研究人员可检索其类似化合物的合成方法以辅助工艺设计，或采用化学反应式检索法寻找拟设计路线中相关的合成反应，并通过检索结果辅助判断所设计的化学反应的合理性与有效性。因此，利用网络数据库软件可大大提高药物研究人员的工作效率，是对化学药物合成工艺路线设计的有效补充。

第三节　化学药物合成工艺路线的评价与选择

　　针对化学药物的合成，研究人员通常可设计出多条工艺路线。特别是对一些临床使用多年的非创新类药物，曾经或正在使用的生产路线更是不胜枚举。如何在众多已存在和新设计的工艺路线中尽量选择一条或几条适应当前实际情况、技术先进、具有工业化前景的生产路线，是降低成本、提高企业竞争力的关键。

一、化学药物合成工艺路线的评价标准

　　从技术角度分析，对于一条化学药物合成工艺路线的评价可以有多种标准，主要包括如下。

　　（1）化学反应的理论是否可行。在一条工艺路线的设计中，化学反应的理论可行性是决定该路线成败的关键因素。研究人员在设计工艺路线时，通常会选择已有相关文献报道、成熟可靠的化学反应。但对于某些新研制的药物，或未见相关报道、需全新设计的化学反应，研究人员应依据有机化学等与该反应相关的理论知识加以分析，找出理论可行的合成方案，否则所设计的工艺路线注定失败。

　　（2）化学合成途径是否简捷，即原辅料转化为药物的路线是否简短。在技术路线理论可行的基础上，一条设计巧妙、反应步骤少的路线往往带来的结果是最终产品收率高、合成周期短、成本较低。因此，合成途径的简捷性是评价一条工艺路线最为简单和直观的标准。前面所述关于托品酮（**2-20**）的合成就是最好的例子。

　　（3）化学合成步骤顺序是否合理。对于某些化学药物，其合成可由三个或更多的中间体片段按照一定结构顺序组合而成。这些中间体片段组合的前后顺序是否合理，对最终产品的成本、收率等因素会有很大的影响。

　　如用于治疗多发性骨髓瘤的抗癌药——硼替佐米（Bortezomib，**2-98**）的合成主要由三个中间体片段组成：2-甲酸吡嗪（**2-99**）、L-苯丙氨酸（**2-100**）和手性 α-氨基硼酸酯（**2-101**）（图 2-21）。从理论上说，硼替佐米（**2-98**）的合成可以先将 2-甲酸吡嗪（**2-99**）与 L-苯丙氨酸（**2-100**）结合，最后再与手性 α-氨基硼酸酯（**2-101**）反应；此外，也可以将 L-苯丙氨酸（**2-100**）和手性 α-氨基硼酸酯（**2-101**）先进行反应，所得产物与 2-甲酸吡嗪（**2-99**）结合得到硼替佐米（**2-98**）。但是，2-甲酸吡嗪（**2-99**）和 L-苯丙氨酸（**2-100**）来源相对丰富，价格较低；而手性 α-氨基硼酸酯（**2-101**）需要通过较为复杂的合成制备，

来源比较困难，成本较高。因此，如果采用第一种组合方式设计硼替佐米（**2-98**）的合成工艺路线，将手性 α-氨基硼酸酯（**2-101**）放在最后一步使用，相比于第二种方案可减少其用量，从而降低成本。

图 2-21 硼替佐米的逆合成分析

抗真菌药益康唑（Econazole，**2-102**）分子中有 C—O（a）和 C—N（b）两个拆键部位，可分别采用 a、b 两种方式追溯其合成的前体，且均可推导出益康唑（**2-102**）的合成中间体片段为对氯甲基氯苯（**2-104**）、1-(2，4-二氯苯基)-2-氯代乙醇（**2-105**）和咪唑（**2-62**）（图 2-22）。在对这两种方式进行评价时，可以发现与方式 a 相比，虽然方式 b 涉及的化学反应同样理论可行，步骤数相同，但中间体 1-(2，4-二氯苯基)-2-氯代乙醇（**2-105**）与对氯甲基氯苯（**2-104**）在碱性条件下反应制备中间体 2-(4-氯苯甲氧基)-2-(2，4-二氯苯）氯乙烷（**2-106**）时，易发生 1-(2，4-二氯苯基)-2-氯代乙醇（**2-105**）的自身分子间烷基化反应，从而增加 2-(4-氯苯甲氧基)-2-(2，4-二氯苯）氯乙烷（**2-106**）纯化难度，导致收率降低。因此，对这两种合成方式的评价结果是先形成 C—N 键，再形成 C—O 键的方式 a 更具有优势。

图 2-22 益康唑的逆合成分析

（4）合成所需原辅料是否来源稳定、质量可靠。在药物生产过程中，原辅料的稳定供应是对整个生产过程和产品质量的有效保障。由于药品的特殊性，其工艺路线的设计必须要适应未来的工业化生产，且其最终质量必须满足各项法律法规的规定，因此其对原料的要求远高于一般的精细化学品。原国家食品药品监督管理总局药品审评中心颁布的《化学药物原料药制备和结构确证研究技术指导原则》中明确指出："起始原料应质量稳定、可控，应有来源、标准和供货商的检验报告，必要时应根据制备工艺的要求建立内控标准。"因此，在对设计的化学药品合成工艺路线进行评价时，应将所采用的原辅料来源进行全面、系统的考虑，不仅要衡量不同反应路线所需原料的单耗、成本、供应商水平，还应考虑原料的品质，如原料中的杂质含量、种类及其对最终产物的影响等。如前文介绍关于奥美拉

29

唑（**2-13**）的逆合成分析时，按照优先选择在杂原子处进行切断的策略可将其合成前体分解为2-氯-5-甲氧基苯并咪唑（**2-14**）与3，5-二甲基-4-甲氧基-2-吡啶甲硫醇（**2-15**），或5-甲氧基-1*H*-苯并咪唑-2-硫醇（**2-16**）与2-氯甲基-3，5-二甲基-4-甲氧基吡啶（**2-17**）。对以上两种分析方式进行评价时，通过进一步逆合成分析，可以发现，相对于5-甲氧基-1*H*-苯并咪唑-2-硫醇（**2-16**）与2-氯甲基-3，5-二甲基-4-甲氧基吡啶（**2-17**），2-氯-5-甲氧基苯并咪唑（**2-14**）与3，5-二甲基-4-甲氧基-2-吡啶基甲硫醇（**2-15**）的合成难度大，来源困难，因此在实际生产中并未得到广泛应用。

（5）副反应是否较少，中间体和最终产物是否容易纯化。分离和纯化是工艺路线设计的重要组成部分。在所设计的工艺路线中，副反应少往往意味着该步反应的产品收率较高，且由于副反应引入的杂质较少，使得产品的纯化变得容易，甚至在某些情况下中间体可无需纯化便进入下一步反应，俗称"一锅法"。"一锅法"由于具有可连续反应、操作简便、条件宽泛、收率高、节能降耗、节约设备和工时等优点，一直是合成工艺研究中所追求的主要目标之一。如在抗菌药甲氧苄啶（Trimethoprim，**2-107**）的合成过程中，丙烯腈（**2-108**）在甲醇钠催化下与甲醇加成生成3-甲氧基丙腈（**2-109**），然后可直接加入中间体3，4，5-三甲氧基苯甲醛（**2-110**），在甲醇钠催化下缩合生成单甲醚（**2-111**），单甲醚（**2-111**）继续在甲醇钠催化下发生双键重排加成得到二甲醚（**2-112**），这三步反应催化剂相同、溶剂相同，故而采用"一锅法"的方式连续进行。最后，所得二甲醚（**2-112**）与硝酸胍反应制得甲氧苄啶（**2-107**）（图2-23）。

图2-23 甲氧苄啶的合成路线

（6）生产设备等条件是否易满足，不苛刻。首先，由于工业化生产不同于实验室合成，许多实验室易解决的如设备等反应条件在生产过程中难以实现。如微波反应研究，虽然通过微波反应可大大提高反应速率，或使一些在常规条件下难以进行的反应可顺利进行，但对于工业化生产来说，大型微波反应设备尚不具备。又如对于使用丁基锂、二异丙基氨基锂等有机金属化合物的反应，其反应通常要求在低温下进行，故在实际生产过程中，此类反应不仅要求有大功率的制冷设备，且要求反应设备具有优良的保温性能，否则反应体系的温度由于难以均衡而导致最终的生产结果与实验结果大相径庭。其次，设计的工艺路线应尽量利用企业现有的生产设备，减少不必要的设备等固定资产投资而导致生产成本上升。

（7）是否产生较少并易处理的"三废"。由于化学制药需要使用大量的化学品，并产生大量废水、废气、废渣（俗称"三废"）等含化学品的废弃物，故而在生产过程中不可避免的对环境产生一定的负面影响。目前，环境污染已成为影响国民健康、破坏生态环境的重要因素，也严重制约了我国经济进一步健康、快速发展。传统的化学制药行业由于采用"粗犷式"的发展模式，主要关注经济效益而忽视了对环境的保护，因此对产生的"三废"未进行有效的无害化处理，从而导致对环境的污染严重。随着我国自然环境的不断恶化，社会各界开始重视环境对可持续发展的重要性，我国现行的《中华人民共和国环境保护法》第四条就明确规定："保护环境是国家的基本国策。"目前，制药企业在规划和新建药物生产项目前，必须展开该项目对当地环境影响的评估，即对规划和建设项目实施后可能造成的环境影响进行分析、预测和评估，提出预防或者减轻不良环境影响的对策和措施，跟踪监测的方法与制度，并向当地环境保护部门递交环境影响评估报告。为了减少甚至消除包括化学制药工业在内的化学工业对环境带来的污染问题，人们提出了"绿色化学""原子经济性"等理论。"绿色化学"是指在制造和应用化学产品时应有效利用（最好可再生）原料，消除废物和避免使用有毒的和危险的试剂和溶剂，而"原子经济性"作为"绿色化学"的核心概念之一，是指在化学品合成过程中，合成方法和工艺应被设计成能把反应过程中所用的所有原材料尽可能多地转化到最终产物中，理想的原子经济反应是原料分子中的原子百分之百地转变成产物，不产生副产物或废物，实现废物的"零排放"。

如前面提到的关于抗真菌药物克霉唑（**2-61**）的合成工艺路线设计中，虽然可采用以2-甲基氯苯（**2-66**）为原料，通过与氯气的氯代反应合成邻氯苯三氯甲烷（**2-67**），再与苯通过傅-克反应得到卤代烷（**2-63**），最后与咪唑（**2-62**）反应制得克霉唑 [**2-61**，图 2-24（a）]。但在采用氯气进行氯化的过程中，一次需要引入三个氯原子，且反应温度较高、反应时间长，关键是有大量未反应的氯气容易逸出，且难以吸收完全，从而带来环境污染、设备腐蚀和操作人员伤害等问题。因此，研究人员改用邻氯苯甲酸（**2-113**）为原料，经两步氯化、两步傅-克反应来合成卤代烷 [**2-63**，图 2-24（b）]。该方法虽然路线较长，但实践证明：各反应原辅料易得、反应条件温和、各步收率较高、成本较低且无上述氯化反应的缺点。

图 2-24 克霉唑的工业化合成路线

又如关于布洛芬（**2-1**）的合成工艺研究，已报道的合成方法或工艺路线有数十种，其中经典工艺路线为 Boots 法（图 2-25），即以异丁基苯（**2-117**）为原料，经傅-克反应生成对异丁基苯乙酮（**2-118**），再经达村斯缩合（Darzens Condensation）生成 2-(4-异丁基苯基) 丙醛（**2-120**），最后通过肟化反应、水解得到布洛芬（**2-1**）。该路线原料利用率低（仅为40%）、能耗大、成品的精制繁杂、污染较严重，不能体现绿色化学的宗旨。1992 年，美国 Hoechst-Celanese 公司与 Boots 公司联合开发了一种合成布洛芬（**2-1**）的新工艺——BHC 法（图 2-26）。与经典的 Boots 法相比，BHC 法是一个典型的原子经济性反应，不但合成简单，原料利用率高（接近 80%，如果再考虑副产物乙酸的回收利用，则原料利用率达到 99%。），而且无需使用大量溶剂和避免产生大量废物，对环境造成的污染小，因此获得 1997 年度美国"总统绿色化学挑战奖"的变更合成路线奖。

图 2-25　布洛芬的 Boots 法合成路线

图 2-26　布洛芬的 BHC 法合成路线

以上几条评价标准并不是每一条实际使用的生产路线都能具备，但应是药物研究人员在设计工艺路线时重点考虑并不断追求的。同时，药物生产企业根据自身的不同情况，还可能有多种不同的企业评价标准。对于一条或多条适合工业化生产的工艺路线，最终必须通过深入细致的综合比较和充分论证才能确定，以实现收率最佳、成本最低、经济效益最好。

二、化学药物合成工艺路线的选择

对于一个化学药物，如何在众多的设计工艺路线中进行选择并付诸实现，是一项困难的工作，涉及的不仅仅是药物合成或有机化学的相关知识，还包括诸如设备、管理、经济和环境保护等一系列相关知识和内容，是科学决策的具体体现。首先，应基于以上介绍的标准对所设计的化学药物合成工艺路线进行客观、准确的评价；其次，针对各条设计路线的优劣、利弊进行全方位的比较与权衡，挑选出具有前景的工艺路线进入实验室小试。在很多情况下，选择的一条工艺路线可能并不是最终确立并应用于企业实际生产的方案，其需要经过实验室小试摸索、中试确立和生产中数个批次的验证才能达到初步完善和确立。同时，随着技术的不断进步或药物质量标准的不断提高，所应用的工艺路线还有可能需要进一步更新，以适应形势发展的需要，提高产品的竞争力。

以下仅就选择合适的合成工艺路线需重点考虑的几个相关问题做简要概述。

1. 化学反应类型的选择

化学反应是药物合成工艺路线设计的基础。工业应用的合成反应通常是已知的或在类似化合物的合成中运作良好的反应，有时也会采用一些新设计的反应。对已知的或类似的反应，选择的要求一般都比较明确：产率高、操作条件简单易行。与此相关的一个要求是反应条件不应十分严格，当生产条件稍有变动时对反应产率影响不大，即使用所谓"平顶型"反应。"平顶型"反应是对应于"尖顶型"反应而言。"尖顶型"反应是指反应条件要求苛刻，条件稍有变化就会使产率急剧下降的反应。"尖顶型"反应往往与安全生产技术、"三废"防治、设备条件等紧密相关（图2-27）。

图 2-27 "平顶型"与"尖顶型"反应

在初步确定合成路线和制订实验室工艺研究方案时，必须做必要的实际考察，有时需要设计极端性或破坏性实验，以阐明化学反应类型属于"平顶型"或"尖顶型"，为工艺设备设计积累必要的实验数据。"尖顶型"反应不是绝对不可使用，如 Gattermann-Koch 反应属于"尖顶型"反应，利用该反应制备芳香醛化合物时，需要使用剧毒原料，设备要求也很高，但是原料价格低廉，收率很好。由于实现了生产过程的自动控制，目前已被工业生产所采用。相信随着自动化技术水平和设备精度的不断提高，会有越来越多的"尖顶型"反应在生产中被采用。

2. 设计思路的选择

通常，化学药物合成工艺路线有两种设计思路："线性式合成"和"汇聚式合成"。"线性式合成"中，工艺路线由一个个 A、B、C…线性单元组成，即从 A 开始，然后加上 B，所得 A－B 再加上 C，以此类推，直至完成。对于此种合成方式，由于总收率是各步收率的连乘积，因此步骤越多，前段合成片段的积累要求越多。"汇聚式合成"是指在有机化学反应中，为了提高多步反应的最终产率，将最终产物分解为数个合成中间体并同时分别合成，然后再利用这些中间体合成最终产物。相对于"线性式合成"，采用"汇聚式合成"的优势在于：① 目标产物合成中所需原料和中间体的总量与"线性式合成"法相比大大减少，因此在合成中所需的反应容器较小，增加了设备使用的灵活性。② 缩短了目标产物的合成周期。③ 如在生产过程中出现差错，不至于导致前功尽弃，从而降低了目标产物的合成风险。④ 可显著提高目标分子的最终收率。如要得到产物 A，按照直线法以 B 为原料需要三步，其合成路线为：B→C→D→A，假如每一步的产率为 50%，则最终产物 A 的理论收率只有 12.5%；若按照"汇聚式合成"法合成，产物 A 可由中间体 E 和 F 反应获得，而 E 和 F 分别也可由原料 B 制备，其具体路线为：B→E；B→F；E＋F→A。虽然同样为三步反应，但产物 A 的理论收率可达到 25%。因此，在进行工艺路线的选择时，应尽量选用"汇聚式合成"的设计路线。

利奈唑胺（Linezolid，**2-123**）是首个应用于临床的噁唑烷酮类合成抗生素，由美国 Pharmacia & Upjohn 公司研制，并于 2000 年 4 月在美国上市。在 Pharmacia & Upjohn 公司公开的合成路线中，利奈唑胺（**2-123**）的合成采用了"线性式合成"，以 3，4-二氟硝基苯（**2-124**）为原料，与吗啉（**2-125**）反应并还原后得到 3-氟-4-吗啉基苯胺（**2-127**）；所得苯胺（**2-127**）进一步与氯甲酸苄酯反应得 *N*-碳苄氧基-3-氟-4-吗啉基苯胺（**2-128**），然后在丁基锂的作用下与（*R*）-丁酸缩水甘油酯（**2-129**）反应并使其开环得噁唑烷酮环中间体（**2-130**），最后噁唑烷酮环中间体（**2-130**）所含羟基经磺酰基保护、叠氮根取代、加氢还原后的氨基保护得到目标产物利奈唑胺［**2-123**，图2-28（a）］。随后，研究人员根据利奈唑胺（**2-123**）的结构特点，开发出多种采用"汇聚式合成"的工艺路线，如在按照"线性式合成"制备 *N*-碳苄氧基-3-氟-4-吗啉基苯胺（**2-128**）的同时，以右旋环氧氯丙烷（**2-132**）为原料制备（*S*）-*N*-（3-氯-2-羟丙基）乙酰胺（**2-134**），然后将这两个片段在碱性条件下反应制得利奈唑胺［**2-123**，图2-28（b）］。对比上述两条反应路线，二者步骤总数相当，但采用"汇聚式合成"的反应路线可同时进行两个中间体片段的制备，因此可大大节约产物的合成周期，降低合成风险。

图 2-28　利奈唑胺的合成

3. 知识产权保护的研究

我国自从加入世界贸易组织（World Trade Organization，WTO）以来，面临着以《与贸易有关的知识产权协定》（TRIPS）为代表的国际知识产权保护制度，使得我国医药行业中原有的新药保护制度（行政保护制度）逐步退出，专利等一些国际通行的知识产权保护制度得以尊重和遵守。在化学药物合成工艺路线选择的过程中，对被研究对象相关有效的知识产权，尤其是专利权进行规避是十分必要的，这也是加强我国医药行业国际竞争力的重要条件。我国《药品注册管理办法》第十八条明确指出："申请人应当对其申请注册的药物或者使用的处方、工艺、用途等，提供申请人或者他人在中国的专利及其权属状态的说明；他人在中国存在专利的，申请人应当提交对他人的专利不构成侵权的声明。对申请人提交的说明或者声明，药品监督管理部门应当在行政机关网站予以公示。"

国际公认的知识产权形式包括：版权和邻接权、商标及地理标志权、工业品外观设计权、专利权、集成电路布图设计权和未披露过的信息专有权。专利权作为知识产权的主要形式之一，具有地域性、排他性等特点。药品作为一种特殊商品，具有开发时间长、投资大和风险高的特点。制药企业为了保证其所研发的药品能带来尽可能多的经济利益，通常不单纯依靠技术诀窍的保密方式，更多的是进行确切、强制和全方位的专利权保护。化学药物作为药品中的主要品种，与其相关的主要专利形式包括：药用化合物专利、药用化合物各类盐、酯、前药和溶剂化物（包括其中间体）专利、药用或其溶剂化物晶型专利、药用化合物的工艺专利、药物组合物（制剂）专利、药用化合物或其组合物的用途专利等。因此，对于选择的化学药物合成工艺路线，主要应当尊重、遵守药用化合物的工艺专利。对于已申请临床研究的药物，其往往属于新药用化合物，通常没有现成的工艺路线，反而需要加强自身研究的知识产权保护；对于已上市的化学药物，已报道的工艺路线通常有多种，故而在选择的设计路线中应具有缺少专利的至少一个技术特征的技术，或用非等同的技术特征替代专利的某技术特征以实现药用化合物的工艺专利的规避。

多西他赛（Docetaxel，**2-135**，图 2-29）是肿瘤化疗药物中的一线用药，是世界制药巨头赛诺菲-安万特（Sanofi-Aventis）旗下的专利产品，该产品 2005 年全球销售额达 20 亿美元左右。赛诺菲-安万特（Sanofi-Aventis）公司在我国关于多西他赛有两项发明专利，分别为："制备塔三烷衍生物的新起始物和其用途"（专利号：ZL93118203.4，简称 93 专利）和"新型丙酸紫杉烯酯三水合物的制备方法"（专利号：ZL95193984.X，简称 95 专利）。2002 年，恒瑞医药成功仿制该产品，并获得了我国的新药证书，随后又有多家企业走上仿制多西他赛（**2-135**）的道路。到 2005 年，多西他赛（**2-135**）的国产药品用量已经达到85%，而赛诺菲-安万特的多西他赛（**2-135**）产品仅占 14.82%。由于国产多西他赛（**2-135**）严重挤占了赛诺菲-安万特（Sanofi-Aventis）公司在国内的市场份额，2003 年 3月，该公司起诉恒瑞医药注射用多西他赛（**2-135**）的制造方法侵犯其专利及不正当竞争。历经 4 年的审理，上海市高级人民法院做出了终审判决，关于侵犯专利方面，判定："（1）恒瑞公司的多西他赛产品起始物的生产技术方案与 93 专利技术方案最主要的区别技术特征（93 专利在五元环的 2 位有两个基团，一个是氢原子，一个是 R³，代表氢原子、烷氧基或被取代的芳基；被控侵权技术在五元环的 2 位有两个取代基都是甲基），属于两种不同的技术手段，两者该技术特征既不相同、也不等同。故被控侵权技术方案未落入 93 专利权的保护范围。（2）恒瑞公司的多西他赛终产品的后处理技术方案与 95 专利技术方

2-135

图 2-29　多西他赛的结构

案最主要的区别技术特征（95 专利涉及三水合物的制备方法，采用的是醇结晶工艺，得到三水合物；被控侵权技术采用的是色谱纯化工艺，不涉及三水合物的制备，终产品中并不包含有结合水），属于两种不同的技术手段，两者该技术特征既不相同、也不等同。故被控侵权技术方案未落入 95 专利权的保护范围。"最终，本案以恒瑞医药实质性的胜诉而告终。

开发化学药物的合成工艺路线虽然只是整个药物研发、生产过程中的一部分，但仍然需要投入大量的人力、物力和财力，如果忽视了所研究对象的知识产权保护情况，易引起不必要的法律纠纷，甚至给企业带来巨大的经济损失。

 思考题

1. 进行化学药物合成路线设计的途径包括哪些主要内容？
2. 请选择本书实例以外的化学药物，尝试用"逆合成分析法"或"模拟类推法"进行合成路线的设计。
3. 请计算采用 BHC 法制备布洛芬的原子利用率。
4. 请运用 SciFinder 或 Reaxys 等网络数据库软件，检索多西他赛的合成路线，并选择 1~2 条路线给予相应的评价。
5. 请简述恒瑞制药取得关于多西他赛诉讼实质性胜利的原因。

参考文献

［1］元英进. 制药工艺学. 第2版. 北京：化学工业出版社，2017.
［2］赵临襄. 化学制药工艺学. 第4版. 北京：中国医药科技出版社，2015.
［3］韩广甸，薛天汉. 利用分子对称性简化天然有机产物合成设计的策略. 有机化学，1986，4，249-256.
［4］庄守群，张广，周后元等. 氯雷他定合成工艺研究进展. 中国医药工业杂志，2013，44（12）：1292-1299.
［5］唐琰，丁雁，刘嵘等. 喹诺酮类抗菌药物的合成研究进展. 药学进展，2012，36（10）：433-444.
［6］李忠，毛化，钟静芬. 硼替佐米合成路线图解. 中国医药工业杂志，2012，43（5）：393-395.
［7］陈炜，胡建良，张兴贤. 利奈唑胺合成路线图解. 中国医药工业杂志，2010，41（1）：62-69.
［8］蒋洪义. 药品方法专利侵权忧思录（下）——从法国阿文-蒂斯公司诉江苏恒瑞公司 "多西他赛" 专利侵权案谈起. 中国发明与专利，2007（9）：58-62.

第三章

化学药物合成工艺路线的研究与优化

第一节 概　述

经过设计与选择，化学药物的合成工艺（路线）初步确立后，需要根据相关法律法规的要求和实际生产情况进行生产工艺路线的研究与优化。化学药物的合成工艺通常由若干合成工序组成，每个合成工序包含若干化学反应单元，通常需要经过实验室小试、中试放大和大生产验证等阶段，最终达到最佳的生产工艺条件，同时为划分生产车间和生产岗位做准备。此外，化学药物的合成工艺要求原料易得、操作简便、收率高、含量和纯度符合原料药品质要求、"三废"污染少且易处理等，因此在进行工艺研究与优化时，研究人员需要掌握各反应单元的反应原理，保证反应在最适宜的条件下进行。

本章主要讨论反应物分子到产物分子的反应过程，深入探讨化学药物合成工艺研究中的具体问题及其相关理论，并在了解或阐明反应过程的内因的基础上，探索并掌握影响反应的外因。

化学反应的内因，主要是指反应物和反应试剂分子中原子的结合状态、键的性质、立体结构、官能团活性、各原子和官能团之间的相互影响和理化性质等，是设计和选择药物合成工艺的理论基础。化学反应的外因，即对化学反应速率、收率、终点、副产物生成等反应状况产生影响的一些外部条件，是实际生产中需要进行研究的一些共同因素，如配料比、反应物的浓度与纯度、加料次序、反应时间、反应温度、反应压力、溶剂、催化剂、搅拌状况和设备情况等。这些影响因素有时千差万别，有时相辅相成或相互制约，通常采用单因素平行实验优选法、多因素正交设计优选法和均匀设计优选法进行研究。单因素平行实验优选法是在其他条件不变的前提下考察某单一因素对反应的影响，通过设立不同的考察因素平行进行多个反应来优化反应条件，如在反应物配料比、反应时间和反应压力不变的条件下，研究反应温度对产物收率的影响。多因素正交设计优选法和均匀设计优选法是选定影响反应收率和产品纯度的因子数和欲研究水平进行正交设计或均匀设计，这样可以简化研究目的，不会漏掉最佳反应条件，有助于问题的快速解决。

化学药物合成工艺的研究主要是对影响化学反应的条件和因素进行探索和优化，主要包括以下几个方面。

（1）配料比。参与化学反应的各起始物料之间的物质的量之比，也称投料比，通常是各物料之间的摩尔比。

（2）溶剂。各种化学反应的介质，其用量和性质对反应物的浓度、溶剂化作用、反应温度、反应压力等反应条件产生直接的影响。

（3）反应温度和压力。为化学反应中的各类转换提供能量供给。

（4）催化剂。用于加速化学反应的进行，减少副产物的生成，缩短生产周期。

（5）反应时间和过程控制。反应物在一定条件下通过化学反应转变为产物的时间。在化学反应过程中，需要通过有效的监控手段控制合理的反应时间。

（6）反应后处理。化学反应结束后，对反应混合物进行的相关操作，如蒸馏、过滤、萃取、干燥等，用以从反应混合物中分离目标产物。

（7）产品的分离纯化与检验。对经过反应后处理的粗产品进行纯化和检验，使其符合相关法律法规所规定的质量要求。

（8）安全和"三废"处理。在进行化学药物合成工艺研究时，要注意对劳动者的保护，同时必须有消除或治理污染的相应措施。

第二节　反应物的配料比

反应物的配料比通常是指各起始原料之间的物质的量之比，通常用摩尔比表示。关于反应物最佳配料比的问题，显然只对两种以上物质发生反应的体系才有意义。在化学药物的合成过程中，选择合适的原料配料比，是促进反应、提高收率、减少副产物生产和控制成本的有效手段，同时也是化学药物生产中最关心的问题之一。对于化学药物来说，其主要是通过有机反应进行合成的，而有机反应很少按理论值定量完成。对于有机反应而言，有些反应是可逆的，存在动态平衡；有些反应在进行过程中，同时有平行或串联的副反应发生。因此，需要采取一定的措施来选择合适的配料比，这样既可以提高产品收率，降低成本，也可以减少反应后处理的负担。

反应物配料比的选择，通常可以从以下几个方面考虑。

（1）对于可逆反应，可以增加其中一反应物的浓度，即通过增加反应物配料比的方式来提高反应速率，并增加产物收率。

（2）当反应生成物的生成量取决于反应液中某一反应物的浓度时，应增加其配料比。最适合的配料比应在收率较高、单耗较低的某一范围内。例如在磺胺的合成过程中，乙酰苯胺（3-1）的氯磺化反应产物——对乙酰氨基苯磺酰氯（3-2）的收率取决于反应液中氯磺酸（3-3）与硫酸（3-4）二者浓度的比例关系，即氯磺酸（3-3）的用量越多，其与硫酸（3-4）的配料比越大，对于对乙酰氨基苯磺酰胺（3-2）的生成越有利（图3-1）。如乙酰苯胺（3-1）与氯磺酸投料的摩尔比为 1.0∶4.8 时，对乙酰氨基苯磺酰胺（3-2）的收率为84%；当摩尔比增加到 1.0∶7.0 时，则收率可达87%。但考虑到氯磺酸（3-3）的有效利用率和经济成本，工业生产上采用了较为经济合理的配料比，即 1.0∶(4.5~5.0)。

（3）在一些反应中，若某一反应物不稳定，则可增加其用量，以保证有足够量的反应物参与反应。例如催眠药苯巴比妥（Phenobarbital，3-5）生产中的最后一步反应，该反应由苯基乙基丙二酸二乙酯（3-6）与脲（3-7）在碱性条件下进行缩合，但脲（3-7）在碱性条件下易受热分解为氨和二氧化碳，故需使用过量的脲（3-7）（图3-2）。

（4）当参与主、副反应的反应物不尽相同时，可增加某一反应物的用量，以增加主反应的竞争能力。例如丁酰苯类抗精神病药物氟哌啶醇（Haloperidol，3-8）的中间体4-对氯

图 3-1 对乙酰氨基苯磺酰氯的合成

图 3-2 苯巴比妥的合成

苯基-1，2，5，6-四氢吡啶（**3-9**），可由对氯-α-甲基苯乙烯（**3-10**）与甲醛、氯化铵作用生成噁嗪中间体（**3-11**），再经酸性重排制得（图 3-3）。这里副反应之一是对氯-α-甲基苯乙烯（**3-10**）单独与甲醛反应，生成 1，3-二氧六环化合物（**3-12**）。该副反应可看作是正反应的一个平行反应，在选择反应物配料比时，可适当增加氯化铵用量以对此副反应进行抑制。目前，实际生产中氯化铵的用量是理论量的 2 倍。

图 3-3 氟哌啶醇的合成

（5）为防止连续反应和副反应的发生，有些反应的配料比应小于理论配比，使反应进行到一定程度后，停止反应。如在三氯化铝的催化下，将乙烯通入苯中制得乙苯。所得乙苯由于乙基的供电性能，使苯环更为活泼，极易引进第二个乙基。如不控制乙烯通入量，就易产生二乙苯或多乙基苯。所以在工业生产上控制乙烯与苯的摩尔比为 0.4∶1.0 左右。这样乙苯收率较高，过量苯可以回收、循环使用。

除了以上常用措施，在化学药物合成工艺开发中研究配料比时，有时还必须重视反应机理和反应物的特性与配料比的关系，如对于傅-克酰基化反应，反应中无水三氯化铝的用量要略多于 1.0∶1.0 的摩尔比，有时甚至用 1.0∶2.0 的摩尔比，这是因为反应中生成的锇盐需消耗无水三氯化铝。对于新反应，在选择反应物配料比时，通常对于成本较低的反应物用量略多，如采用1.0:1.1的摩尔比，作为试探性反应条件，而后再根据具体的反应情况进行不断优化。

第三节　反应和重结晶溶剂

在化学药物合成中，绝大部分反应都是在溶剂中进行的。溶剂可以使反应分子能够均匀分布，增加分子间碰撞的机会，从而加速反应进程。同时，溶剂还可视作稀释剂，帮助反应体系散热或传热。此外，当采用重结晶法精制反应产物时，通常也需要使用溶剂。无论是反应溶剂，还是重结晶溶剂，通常要求溶剂对于反应底物或重结晶产物具有不活泼性，即在化学反应或在重结晶条件下，溶剂应稳定呈惰性，不要在反应物、试剂和溶剂之间发生副反应，或在重结晶时，溶剂与产物不发生化学反应。

此外，由于化学药物不同于普通化学品，其所包含的溶剂残留必须符合相关法律法规的规定。根据人用药品注册技术要求国际协调会议（ICH）指导原则，原国家食品药品监督管理总局药品评审中心颁布了《化学药物残留溶剂研究的技术指导原则》，将有机溶剂分为四种类型。第一类溶剂指有人体致癌物、疑为人体致癌物或环境危害物的有机溶剂，在化学药物合成工艺研究中建议不使用；第二类溶剂是指有非遗传毒性致癌物（动物实验）、可能导致其他不可逆毒性（如神经毒性或致畸性）、可能具有其他严重的但可逆毒性的有机溶剂，建议限制使用，以防止对病人产生潜在的不良影响；第三类溶剂是GMP或其他质量要求限制使用，对人体低毒的溶剂，对人体或环境的危害较小，人体可接受的粗略浓度限度为0.5%，建议可仅对在终产品精制过程中使用的第三类溶剂进行残留量研究；第四类溶剂属于在生产过程中可能会使用，但目前尚无足够的毒理学研究资料，故建议药物研发者根据生产工艺和溶剂的特点，必要时进行残留量研究。同时，在原国家食品药品监督管理总局药品评审中心颁布的《化学药物原料药制备和结构确证研究技术指导原则》中也明确指出："一般应选择毒性较低的试剂，避免使用一类溶剂，控制使用二类溶剂，同时应对所用试剂、溶剂的毒性进行说明，以利于在生产过程中对其进行控制，有利于劳动保护。"因此，在对化学药物的合成工艺进行研究和优化的过程中，必须结合上述"指导原则"，在结合化学反应的基础上，合理选择反应溶剂和重结晶溶剂，避免在药物申报注册的过程中带来不必要的麻烦。

一、常用溶剂的分类和性质

1. 溶剂的分类

将溶剂分类的方法有很多种，如可根据化学结构、物理常数、酸碱性或者特异性的溶质-溶剂间的相互作用等进行分类。按溶剂发挥氢键给体作用的能力，可将溶剂分为质子性溶剂（Protic Solvent）和非质子性溶剂（Aprotic Solvent）两大类。

质子性溶剂含有易取代的氢原子，既可与含负离子的反应物发生氢键结合产生溶剂化作用，也可与负离子的孤对电子进行配位结合，或与中性分子中的氧原子或氮原子形成氢键，或由于偶极矩的相互作用而产生溶剂化作用。质子性溶剂主要包括水、醇、乙酸、硫酸、多聚磷酸、氢氟酸-三氟化锑（HF-SbF$_5$）、氟磺酸-三氟化锑（FSO$_3$H-SbF$_5$）、三氟乙酸以及氨或胺类等化合物。

非质子性溶剂不含易取代的氢原子，主要是靠偶极矩或范德华力的相互作用而产生溶剂化作用，其偶极矩（μ）和介电常数（ε）小，溶剂化作用也很小。一般将介电常数（ε）在 15 以上的溶剂称为极性溶剂，介电常数（ε）在 15 以下的溶剂称为非极性溶剂。非质子极性溶剂主要包括醚类（乙醚、四氢呋喃、二氧六环等），卤代烃类（氯甲烷、二氯甲烷、氯仿、四氯化碳等），酮类（丙酮、甲乙酮等），含氮化合物（如硝基甲烷、硝基苯、吡啶、乙腈、喹啉），亚砜类（如二甲基亚砜），酰胺类（甲酰胺、N，N-二甲基甲酰胺、N-甲基吡咯酮、N，N-二甲基乙酰胺、六甲基磷酸三酰胺等）；非质子非极性溶剂又被称为惰性溶剂，主要包括芳烃类（氯苯、二甲苯、苯等）和脂肪烃类（正己烷、庚烷、环己烷和各种沸程的石油醚）等。

2. 溶剂的极性

溶剂的极性常用偶极矩（μ）、介电常数（ε）和溶剂极性参数 E_T（30）等参数表示。根据溶剂的 EF 值（Electrostatic Factor，即静电因素，为 μ 和 ε 的乘积。）和溶剂的结构类型，可以把有机溶剂分为四类：烃类溶剂（EF = 0～2）、电子供体溶剂（EF = 2～20）、羟基类溶剂（EF = 15～50）和偶极性非质子溶剂（EF≥50）。

虽然偶极矩和介电常数常作为溶剂极性的特征数据，但是如何准确表示溶剂的极性，是一个尚未完全解决的问题。因此，人们试图用一些经验参数来给溶剂的极性下定义，以得到一个更好的表示溶剂极性的参数。即选择一个与溶剂有依赖性的标准体系，寻找溶剂与体系参数之间的函数关系。现在应用较多的溶剂极性参数是 E_T（30），这个溶剂极性参数是基于 N-苯氧基吡啶盐染料（染料 No. 30，**3-13**，图 3-4）的最大波长的溶剂化吸收峰的变化情况。

3-13

图 3-4　N-苯氧基吡啶盐染料结构

可以根据下式来计算 E_T（30）值：

$$E_T(30)(\text{kcal/mol}) = hc\upsilon N = 2.859 \times 10^{-3}\upsilon(\text{cm}^{-1})$$

式中，h 为普朗克常数；c 为光速；υ 为引起电子激发的光子波数，表示这个染料在不同极性溶剂中的最大波长吸收峰，是由 π-π^* 跃迁引起的；N 为阿伏伽德罗常数。

由此，可将溶剂的 E_T（30）值简单地定义为：溶于不同极性溶剂中的内鎓盐染料（染料 No. 30）的跃迁能，单位为 kcal/mol。用染料 No. 30 作为标准体系的主要优点是：它在较大的波长范围内均具有溶剂化显色行为，如二苯醚中，λ = 810nm，E_T（30）= 35.3；水中，λ = 453nm，E_T（30）= 63.1。不同溶剂中染料 No. 30 的溶剂化显色范围多在可见光的范围内，如丙酮溶液呈绿色，异戊醇溶液呈蓝色，苯甲醚溶液呈黄绿色。溶液颜色变化的另一特点为：几乎可见光的每一种颜色都可由适当的不同极性的溶剂的二元混合物产生。由此，E_T（30）值提供了一个非常灵敏的表示溶剂极性特征的方法，目前已测定了 100 多种单一溶剂和许多二元混合溶剂的 E_T（30）值。

3. 溶剂化效应

溶剂化效应指每一个溶解的分子或离子，被一层溶剂分子疏密程度不同地包围着的现象。对于水溶液来说，常用水合这个术语。在电解质溶液中溶质离子周围形成溶剂层，这是溶质离子和溶剂偶极分子间相互作用的结果。

溶剂化自由能 ΔG_{solv}（Solvation Free Energy）是对溶剂化能力的度量，它是由四种不同性质的能量组分叠加而成：① 空穴能，由溶解的分子或离子在溶剂中产生；② 定向能，由于溶剂化分子或离子的存在而引起，与偶极溶剂分子的部分定向现象有关；③ 无向性相互作用能，相应于非特异性分子间的作用力，具有较大的活性半径（即静电能，极化能和色散能）；④ 有向性相互作用能，产生于特异性氢键的形成，或者是电子给予体与电子接受体之间键的形成。

物质的溶解不仅需要克服溶质分子间的相互作用能，如对于晶体来说就是晶格能，而且也需要克服溶剂分子之间的相互作用能。这些能量可通过溶剂化自由能 ΔG_{solv} 而得到补偿。一个化合物的溶解热，可以看作是溶剂化自由能和晶格能之间的差值（图 3-5）。

图 3-5　晶格能、溶剂化自由能和溶解热之间的关系

如果释放出的溶剂化自由能高于晶格能，那么溶解的全过程是放热的。在相反的情况下，需要向体系提供能量，溶解的过程便是吸热的。氯化钠溶解过程的有关数值是一个典型的例子：晶格能是 +766kJ/mol，水合自由能是 -761kJ/mol，其溶解热是 +3.8kJ/mol。溶解热通常比较小，因为晶体晶格之间相互作用的能量与晶体组分同溶剂相互作用的能量接近。当溶剂化自由能 ΔG_{solv} 与键能相当，甚至更高时，往往可把溶剂看成直接的反应参与者，并且应该如实地把溶剂包括在反应式中。许多溶剂化物，如水化物、醇化物和醚化物就是例子。常见的溶剂化药物有甾体类药物、β-内酰胺类抗生素、磺胺类抗菌药和强心苷类药物等。

二、反应溶剂的作用与选择

对于大多数化学药物的制备而言，其合成过程通常在反应溶剂中进行。不同反应溶剂的选择，不仅为化学反应提供了反应进行的场所，而且在某种意义上，直接影响化学反应的反应速率、反应方向、转化率和产物构型等。在选用反应溶剂时，还需要考虑如何将产物从反应液中进行分离。因此，为了使反应能成功地按预定方向进行，必须选择适当的反应溶剂。

溶剂影响化学反应的机理非常复杂，目前尚不能从理论上十分准确地找出某一反应的最适合的溶剂。因此，在依靠直观经验的基础上，还要探索一般规律，为合理地选择反应溶剂提供客观标准，并最终根据试验结果确定合适的反应溶剂。

1. 溶剂对反应的影响

在化学反应中，溶剂主要易对反应的速率产生影响。在溶液中，起反应的分子要通过

扩散穿过周围的溶剂分子之后，才能彼此接触，反应后生成物分子也要穿过周围的溶剂分子通过扩散而离开。从微观角度上来说，可以把周围溶剂分子看成是一个笼，而反应分子则处于笼中。反应分子与周围溶剂分子的反复挤撞被称为"扩散"，而反应分子在溶剂分子形成的笼中进行的多次碰撞则称为"笼效应"。溶剂分子的存在虽然限制了反应分子作远距离的移动，减少了与远距离分子的碰撞机会，但却增加了近距离分子的重复碰撞。总的碰撞频率并未降低。

有机化学反应按其反应机理来说，大体可分成两大类：一类是自由基反应，另一类是离子型反应。在自由基反应中，溶剂对反应无显著影响。然而在离子型反应中，溶剂对反应影响很大。极性溶剂可以促进离子型反应，显然这类溶剂对 S_N1 反应最为适合。例如盐酸或对甲苯磺酸等强酸，它们的质子化作用在溶剂甲醇中受到甲醇分子的破坏而遭削弱；而在氯仿或苯中，酸的"强度"将集中作用在反应物上，因而质子化作用得到加强，结果加快反应速率，甚至发生完全不同的反应。例如 Beckmann 重排（图 3-6），其反应速率决定于水分子的解离反应速率，在下列溶剂中的反应速率依次为：1，2-二氯乙烷 > 氯仿 > 苯，而这三种溶剂的介电常数（20℃）分别为 10.7、5.0、2.28。

图 3-6　Beckmann 重排

在极性溶剂中，离子或极性分子等溶质与溶剂之间能发生溶剂化作用；在溶剂化过程中，放出热量而降低溶质的位能。化学反应速率决定于反应物和过渡态之间的能量差即活化能 E，一般来说，如果反应物比过渡态更容易发生溶剂化作用，则反应物位能降低 ΔH，相当于活化能增高 ΔH，会降低反应速率［图 3-7(a)］。当过渡态更容易发生溶剂化时，随着过渡态位能的下降，反应活化能降低 ΔH，故反应加速。溶剂的极性越大，对反应越有利［图 3-7(b)］。

图 3-7　溶剂化与活化能的关系示意图

改变溶剂能够相应地改变均相化学反应的速率和级数。如碘甲烷与三丙胺生成季铵盐的反应式（3-1），活化过程中产生电荷分离，因此溶剂极性增强，反应速率明显加快。研究结果表明，其反应速率随着溶剂的极性变化而显著改变。如以正己烷中的反应速率为 1，则在乙醚中的相对反应速率为 120，在苯、氯仿和硝基甲烷中的相对反应速率分别为 37、13000 和 111000。

$$(C_3H_7)_3N + CH_3I \rightleftharpoons [(C_3H_7)_3\overset{\delta^+}{N}-CH_3\overset{\delta^-}{\cdots}I] \longrightarrow (C_3H_7)_3N^+CH_3 + I^- \qquad (3-1)$$

此外，对于某些平行反应，常可借助溶剂的选择使得其中一种反应的速率变得较快，使某种产品的数量增多。如苯酚（**3-14**）与乙酰氯进行傅-克酰基化反应时，当以硝基苯为溶剂时主要产品为对位苯酚衍生物（**3-15**），当以 CS$_2$ 为溶剂时主要产品为邻位苯酚衍生物（**3-16**）（图3-8）。

图 3-8　苯酚与乙酰氯在不同溶剂中的反应

2. 反应溶剂的选择

由于大多数化学药物的制备在溶液中进行，故而反应溶剂的选择对于化学药物制备的成败起着十分重要的作用。在化学合成反应中，溶剂的作用通常是溶解参与反应的物质或稀释反应体系。如果参与反应的物质包含固体，通常必须选用溶剂将其溶解，使之在溶液中均匀分散，从而加快反应进程；如果反应物为液体，为了避免反应过于剧烈或因黏度增大而影响反应，通常选用合适的溶剂加以稀释，从而使反应可以平稳进行。

对于包含固体物质的反应，人们通常根据"相似相溶原理"来选择反应溶剂。物质的溶解是溶质与溶剂两种分子间的作用力，作用于溶质和溶剂两种分子各自保持其原来状态的分子间作用力并使各自分子间作用力被破坏形成溶质与溶剂两种分子间作用力。两种分子间作用力越小（相对于各自分子间作用力），溶质的溶解度越小。随着两种分子间作用力的增大，溶质的溶解度增大。当两种分子间作用力与两种分子各自间作用力相等时，溶质与溶剂就能任意混合。这种情况就是热力学自发过程，即分子间作用力相等。"相似相溶原理"是一个关于物质溶解性的经验规律，包括极性相似和结构相似两种原则。极性相似原则是指极性相似的两者互溶度大，即极性物质和极性物质相溶，非极性物质与非极性物质相溶，而极性物质与非极性物质不相溶。极性分子具有永久偶极，一个极性分子可视为一个偶极子。根据静电理论计算偶极子间作用力大小表明：分子间作用力与分子的偶极矩平方成正比。所以要使两种分子间作用力与各自分子间作用力越接近，则要求两种分子的偶极矩越接近，也就是说溶质易溶于与其分子极性接近的溶剂中。对于结构相似原则，是指结构相似者可能互溶。如 HOH、CH$_3$OH、C$_2$H$_5$OH、n-C$_3$H$_7$OH 分子中都含—OH，且—OH所占"份额"较大，所以三种醇均可与水互溶，但 n-C$_3$H$_7$OH 中虽含—OH，因其"份额"小，水溶性有限。结构相近原则可粗略概括成以下四点：① 溶质与溶剂的分子结构越接近，溶质的溶解度越大；② 能与水形成氢键的小分子有机物（1～3个碳）易溶于水，因为只有形成溶质与水分子间氢键，才能提供能量破坏水分子间氢键；③ 随着分子中碳原子数目的增加，溶解性越接近于碳氢化合物；④ 对于高分子量的有机物（尤其含极性基的），分子链以最低势能态存在，一般不溶于结构相近的溶剂中。

三、重结晶溶剂的选择

应用重结晶法精制最终产物，即原料药时，一方面要除去由原辅材料和副反应带来的杂质；另一方面要注意重结晶过程对精制品结晶大小、晶型和溶剂化等的影响。

药物微晶化（Micronization）可增加药物的表面积，加快药物的溶解速度；对于水溶性差的药物，微晶化处理很有意义。某些药物在临床应用初期剂量较大，逐步了解其结晶大小与水溶性的关系后，实现微晶化，可显著降低剂量。如利尿药螺内酯（Spironolactone）微晶化处理后，20mg 微粒的疗效与 100mg 普通制剂的疗效相仿，服用剂量减少 4/5。有些药物在胃肠道中不稳定，微晶化处理后加速其溶解速度，加快药物分解。如合成抗菌药呋喃妥因（Nitrofurantoin）主要用于泌尿系统感染，微晶化后反而会刺激胃，故宜用较大结晶制成剂型，以减慢药物溶解速度，提高胃肠道的耐受性。因此，重结晶法精制药物时，必须综合考虑药物的剂型和用途等。

此外，还要注意重结晶产物的溶剂化（Solvates）问题，如果溶剂为水，重结晶产物可能含有不同量结晶水，这种含结晶水的产物被称为水合物（Hydrates）。如氨苄西林（Ampi-cillin）和阿莫西林（Amoxicillin）既有三水合物，又有无水物，三水合物的稳定性好。同样，药物与有机溶剂形成溶剂化物，在水中的溶解度和溶解速度与非溶剂化物不同，因而剂量和疗效就可能有差别。如氟氢可的松（Fludrocortisone）可与正庚烷、乙酸乙酯形成溶剂化物。

对于口服制剂，原料药的晶型与疗效和生物利用度有关。例如棕榈氯霉素（Chloram-phenicol Palmitate）有 A、B、C 三种晶型且无定型，其中 A、C 为无效型，而 B 及无定型为有效型。原因是口服给药时 B 及无定型易被胰脂酶水解，释放出氯霉素而发挥其抗菌作用，而 A、C 型结晶不能为胰脂酶所水解，故无效。世界各国都规定棕榈氯霉素中的无效晶型不得超过 10%。又如 H_2 受体拮抗剂西咪替丁（Cimetidine），采用不同的溶剂结晶可制得不同的晶型，它们的熔点、红外吸收光谱和 X 射线衍射谱不同，其中 A 型疗效最佳。再如法莫替丁（Famotidine）有 A、B 两种晶型，口服生物利用度分别为 46.82% 和 49.10%。

理想的重结晶溶剂应对杂质有良好的溶解性，对于待提纯的药物应具有所期望的溶解性，即室温下微溶，而在该溶剂的沸点时溶解度较大，其溶解度随温度变化曲线的斜率大，如图 3-9 所示 A 线。斜率小的 B 线和 C 线，相对而言不是理想的重结晶溶剂。

与反应溶剂的选择方法类似，重结晶溶剂选择的经验规则也是"相似相溶原理"。若溶质极性很大，需用极性很大的溶剂才能使它溶解；若溶质是非极性的，则需用非极性溶剂。对于含有易形成氢键的官能团（如—OH，—NH₂，—COOH，—CONH等）的化合物来说，它们在水、甲醇类溶剂中的溶解度大于在苯或乙烷等烃类溶剂中的溶解度。但是，如果官能团不是分子的主要部分，则溶解度可能有很大变化。如十二醇几乎不溶于水，它所具有的十二个碳长链，使其性质更像烃类化合物。在生产实践中，经常应用两种或两种溶剂形成的混合溶剂做重结晶溶剂。

图 3-9　药物溶解度与温度
关系示意图

第四节　反应温度和压力

一、反应温度

反应温度的选择和控制是化学药物合成工艺研究的一个重要内容，常用类推法进行选择，即根据文献报道的类似反应的反应温度初步确定反应温度，然后根据反应物的性质作适当的改变，再综合各种影响因素，进行设计和试验。如果是全新反应，不妨从室温开始，用薄层色谱法追踪反应的变化，若无反应发生，可逐步升温或延长时间；若反应过快或激烈，可以降温或控温使之缓和进行。当然，理想的反应温度是室温，但室温反应毕竟是极少数，而冷却和加热才是常见的反应条件。常用的冷却介质有冰/水（0℃）、冰/盐（-10～-5℃）、干冰/丙酮（-70～-78℃）和液氮（-196～-190℃）。从工业生产规模考虑，在0℃或0℃以下反应，需要冷冻设备。加热温度可通过选用具有适当沸点的溶剂予以固定，也可用蒸汽浴或油浴将反应温度恒定在某一温度范围。如果加热后再冷却或保温一定时间，则反应器须有相应的设备条件。

通常情况下，一般温度升高可加快反应速率。如由对硝基氯苯（**3-17**）生成对硝基苯乙醚（**3-18**）的反应［式（3-2）］，温度升高，k值（反应速率常数）增加（表3-1）。

$$O_2N-\!\!\!\!\bigcirc\!\!\!\!-Cl \xrightarrow{EtONa/EtOH} O_2N-\!\!\!\!\bigcirc\!\!\!\!-OEt \tag{3-2}$$

3-17　　　　　　　　　　　　**3-18**

表3-1　对硝基氯苯（**3-17**）乙氧基化反应速率与温度的关系

$t/℃$	60	70	80	90	100
$k/\mathrm{L\ mol^{-1}h^{-1}}$	0.12	0.30	0.76	1.82	5.20

通常，温度与活化能、反应速率及反应平衡之间的关系，可应用Arrhenius公式：

$$k = Ae^{-E/RT}$$

式中，A为表观频率因子；$e^{-E/RT}$为指数因子；E为活化能；R为气体常数；T为热力学温度。

根据大量实验数据归纳总结得到Van't Hoff经验规则，即反应温度每升高10℃，反应速率大约提高1～2倍。如以k_t表示$t℃$时的反应速率常数，k_{t+10}表示$t+10℃$时的反应速率常数，则$k_{t+10}/k_t=\gamma$，γ为反应速率的温度系数，其值约为2～4。温度对反应速率的影响是复杂的，归纳起来有四种类型（图3-10）。

第Ⅰ类是反应速率随温度的升高而逐渐加快，它们之间呈指数关系，这类化学反应最为常见，可以应用Arrhenius公式求出反应速率的温度系数与活化能之间的关系。第Ⅱ类属于有爆炸极限的化学反应，这类反应开始时温度影响很小，当达到一定温度时，反应即以爆炸速度进行。第Ⅲ类是酶催化反应及催化加氢反应，在温度不高的条件下，反应速率随温度升高而加速，但达到某一温度后，再升高温度，反应速率反而下降。这是由于高温对催化剂的性能有着不利的影响。第Ⅳ类是反常的，温度升高，反应速率反而下降，如硝酸生产中一氧化氮氧化生成二氧化氮的反应。显然Arrhenius公式不适用于后三种情况。

温度对化学平衡的关系式为：

$$\lg K = \frac{-\Delta H}{2.303RT} + C$$

式中，K 为平衡常数；R 为气体常数；T 为热力学温度；ΔH 为热效应；C 为常数。

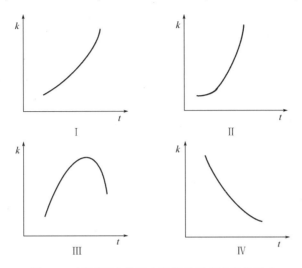

图 3-10 不同反应类型中温度对反应速率的影响

Ⅰ——一般反应；Ⅱ—爆炸反应；Ⅲ—催化加氢或酶反应；Ⅳ—反常反应

从上式可以看出，当 ΔH 为负值时，为放热反应，温度升高，K 值减小。对于这类反应，一般是降低反应温度有利于反应的进行。反之，当 ΔH 为正值时，为吸热反应，温度升高，K 值增大，即升高温度对反应有利。即使是放热反应，也需要一定的活化能，即需要先加热到一定温度后才开始反应。因此，应该结合该化学反应的热效应（反应热、稀释热和溶解热等）和反应速率常数等数据，找出最适宜的反应温度。现用下例说明确定最适宜反应温度的一种方法。

在磺胺甲噁唑（Sulfamethoxazole，3-19）生产中，中间体 3-氨基-5-甲基异噁唑（3-20）是由 5-甲基异噁唑-3-甲酰胺（3-21）经 Hofmann 降解反应制得的（图 3-11）。最合理的工艺是将 5-甲基异噁唑-3-甲酰胺（3-21）和次氯酸钠溶液用压缩空气压入事先预热到 180℃的管式反应器中，以 800～1000mL/min 的流速通过反应器使反应完成，收率可达 95% 左右。这个工艺条件就是根据其反应原理通过化学动力学计算而获得的。

图 3-11 3-氨基-5-甲基异噁唑的合成

在低温条件下，5-甲基异噁唑-3-甲酰胺（3-21）溶于次氯酸钠水溶液中，几乎可定量地生成中间体（**3-22**），在低温下由（**3-21**）水解生成（**3-23**）的数量极微，可忽略不计。因此，Hofmann 降解反应可简化为：由（**3-22**）生成（**3-20**）的一个连续反应，并伴有生成（**3-23**）的平行反应，各步反应均为一级不可逆反应，各步反应的速率常数为 k_1，k_2，k_3。以 $\lg k$ 对 $1/T$ 作图，均呈直线关系（文中数据为实验数据）。按照 Arrhenius 公式，可得出各步反应速率常数和活化能。

$$k_1 = 10^{18.1-7200/T} \quad (\text{L/min}) \qquad E_1 = 137.75 \quad (\text{kJ/mol})$$
$$k_2 = 10^{17.6-7000/T} \quad (\text{L/min}) \qquad E_2 = 133.98 \quad (\text{kJ/mol})$$
$$k_3 = 10^{12.1-5350/T} \quad (\text{L/min}) \qquad E_3 = 104.68 \quad (\text{kJ/mol})$$

根据这些数字，又可以计算出各种温度下的最高收率。可以看出，反应温度越高，收率也越高。为了提高 Hofmann 降解反应产物（**3-20**）的收率，必须使平行反应的速率常数比（k_1/k_3）大。现以 104℃（反应液的沸点）、140℃及180℃三个反应温度，求出各步反应的 k 值并作一比较，估算 Hofmann 降解反应的最佳温度。

104℃：$k_1 = 10^{18.1-7200/377} = 10^{18.1-19.1} = 0.10$

$k_2 = 10^{17.6-7000/377} = 10^{17.6-18.6} = 0.11$

$k_3 = 10^{12.1-5350/377} = 10^{12.1-14.2} = 0.00793$

140℃：$k_1 = 10^{18.1-7200/413} = 10^{18.1-17.4} = 5.02$

$k_2 = 10^{17.6-7000/413} = 10^{17.6-16.9} = 5.02$

$k_3 = 10^{12.1-5350/413} = 10^{12.1-13.9} = 0.159$

180℃：$k_1 = 10^{18.1-7200/453} = 10^{18.1-15.9} = 158$

$k_2 = 10^{17.6-7000/453} = 10^{17.6-15.4} = 142$

$k_3 = 10^{12.1-5350/453} = 10^{12.1-11.8} = 2.0$

由计算结果看出，在不同温度，$k_1 \approx k_2 > k_3$

104℃：$k_1/k_3 = 0.1/0.00795 = 12.6$

140℃：$k_1/k_3 = 5.02/0.159 = 31.6$

180℃：$k_1/k_3 = 158/2 = 79$

通过对 Hofmann 降解反应的动力学分析，可以得出结论，即反应温度升高，反应速率相应增大，在高温条件下不利于副反应的进行。因此应将反应液尽快加热至所需要的反应温度，而不宜缓缓加热。根据这些要求，制定出传热面积大的管道反应工艺。

温度控制是生产过程中的重要问题，温度不仅影响反应速率，而且影响产量，在一些情况下温度对二者的影响是相反的。对于复杂反应，可以从温度变化对反应速率及产量（转化率）的影响来讨论最佳温度；如一定转化率下，将反应总速率对温度变化作图，曲线上出现极值，曲线的最高速率点所对应的温度即为该条件下的最佳温度。

二、反应压力

多数反应是在常压下进行的，但有些反应要在加压下才能进行或提高产率。压力对于液相或液-固相反应一般影响不大，而对气相、气-固相或气-液相反应的平衡、反应速率以及产率影响比较显著。对于反应物或反应溶剂具有挥发性或沸点较低的反应，提高温度，有利于反应进行，但可能成为气相反应。

压力既可影响化学平衡，又可影响其他因素，如催化氢化反应中加压能增加氢气在反应溶液中的溶解度和催化剂表面上氢的浓度，从而促进反应的进行。又如需要较高反应温度的液相反应，如果反应温度超过反应物或溶剂的沸点，也可以在加压下进行，以提高反应速率，缩短反应时间。例如磺胺嘧啶（Sulfadiazine，**3-25**）的合成中，Vilsmeier-Haack 反应中间体（**3-26**）与磺胺脒（**3-27**）的缩合反应若常压在甲醇中进行，需要 12h 才能完成；而若在 294MPa 压力下进行，2h 即可反应完全（图 3-12）。

图 3-12 磺胺嘧啶的合成

第五节 催 化 剂

催化剂是指在化学反应中能够改变化学反应速率（既能提高也能降低）而不改变化学反应平衡，且本身的质量和化学性质在化学反应前后均未发生变化的物质。催化剂在现代化学工业中占有极其重要的地位，如合成氨生产中需采用铁催化剂，硫酸生产中采用钒催化剂，乙烯的聚合以及用丁二烯制橡胶等三大合成材料的生产中，都需采用不同的催化剂。

催化剂种类繁多，按状态可分为液体催化剂和固体催化剂；按催化剂性质可分为化学催化剂和生物酶催化剂；按反应体系的相态分为均相催化剂和多相催化剂，均相催化剂有酸、碱、可溶性过渡金属化合物和过氧化物催化剂等。在化学反应中，催化剂的合理使用可以促使反应选择性地按照人们的预期平稳进行、减少反应副产物的生成、提高产品收率等。因此，在化学药物合成工艺研究中，催化剂一直是重要的研究对象。

一、催化剂的作用

利用催化剂改变化学反应速率的反应被称为催化反应。大多数催化剂都只能加速某一种化学反应，或者某一类化学反应，而不能被用来加速所有的化学反应。催化剂并不会在化学反应中被消耗掉。不管是反应前还是反应后，它们都能够从反应物中被分离出来。不过，它们有可能会在反应的某一个阶段中被消耗，然后在整个反应结束之前又重新产生。

当催化剂的作用是加快反应速率时，称为正催化作用；减慢反应速率时称为负催化作用。负催化作用的应用比较少，如有一些易分解或易氧化的中间体或药物，在后处理或贮藏过程中，为防止变质失效，可加入负催化剂，以增加药物的稳定性。对于催化作用的机理，可以归纳为以下两点。

1. 催化剂能使反应活化能降低，反应速率增大

大多数非催化反应的活化能平均值为 167～188kJ/mol，而催化反应的活化能平均值为 65～125kJ/mol。如烯烃的氢化反应，在没有催化剂参与时，即使在高温高压下将烯烃与氢气混合，反应也很难进行；但在催化剂作用下，吸附在催化剂上的氢分子生成活泼的氢原子，再与被催化剂削弱了 π 键键能的烯烃加成，从而反应速率得以大大加快。

应当指出，催化剂只能加速热力学上允许的化学反应，提高达到反应平衡状态的速率，但不能改变化学平衡。催化剂加快反应速率是通过改变反应历程得以实现的，催化剂使反应沿着一条新途径进行，该途径由几个基元反应组成，每个基元反应的活化能都很小，通常加入催化剂可使反应活化能降低40kJ/mol，使反应速率增加万倍以上。

众所周知，反应的速率常数与平衡常数的关系为 $K = k_{正}/k_{逆}$；因此，催化剂对正反应的速率常数 $k_{正}$ 与逆反应的速率常数 $k_{逆}$ 产生同样的影响；所以对正反应的优良催化剂，也应是逆反应的催化剂。例如金属催化剂钯（Pd）、铂（Pt）、镍（Ni）等既可以用于催化加氢反应，也可用于催化脱氢反应。

2. 催化剂具有特殊的选择性

催化剂的特殊选择性主要表现在两个方面。一是不同类型的化学反应，各有其适宜的催化剂，例如加氢反应的催化剂有钯、铂、镍等；氧化反应的催化剂有五氧化二钒（V_2O_5）、二氧化锰（MnO_2）、三氧化钼（MoO_3）等；脱水反应的催化剂有氧化铝（Al_2O_3）、硅胶等。二是对于同样的反应物系统，应用不同的催化剂，可以获得不同的产物。例如用乙醇为原料，使用不同的催化剂，在不同温度条件下，可以得到25种不同的产物，其中重要反应如下（图3-13）。

图3-13 乙醇在不同催化条件下的反应

二、影响催化剂的因素

工业上对催化剂的要求主要有催化剂的活性、选择性和稳定性。催化剂的活性就是催化剂的催化能力，是评价催化剂好坏的重要指标。在工业上，催化剂的活性常用单位时间内单位质量（或单位表面积）的催化剂在指定条件下所得的产品量来表示。影响催化剂的活性因素较多，主要有以下几点。

1. 温度

温度对催化剂的活性影响较大，温度太低时，催化剂的活性小，反应速率很慢；随着温度升高，反应速率逐渐增大；但达到最大速率后，又开始降低。绝大多数催化剂都有活性温度范围，温度过高，易使催化剂烧结而破坏活性，最适宜的温度要通过试验确定。

2. 助催化剂（或促进剂）

在制备催化剂时，往往加入某种少量物质（一般少于催化剂量的10%），这种物质对反应的影响很小，但能显著地提高催化剂的活性、稳定性或选择性。例如，在合成氨的铁催化剂中，加入 45% Al_2O_3，1%~2% K_2O 和 1% CuO 等作为助催化剂，虽然 Al_2O_3 等本身对合成氨无催化作用，但是可显著提高铁催化剂的活性。又如在铂催化下，苯甲醛氢化生成苯甲醇的反应，加入微量 $FeCl_3$ 可加速反应。

3. 载体（担体）

在大多数情况下，常常把催化剂负载于某种惰性物质上，这种惰性物质称为载体。常用的载体有石棉、活性炭、硅藻土、氧化铝、硅胶等。例如对硝基乙苯用空气氧化制备对硝基苯乙酮，所用催化剂为硬脂酸钴，载体为碳酸钙。

使用载体可以使催化剂分散，增大有效面积，既可提高催化剂的活性，又可节约其用量，还可增加催化剂的机械强度，防止其活性组分在高温下发生熔结现象，延长其使用寿命。

4. 催化毒物

对于催化剂的活性有抑制作用的物质，称为"催化毒物"或"催化抑制剂"。有些催化剂对于毒物非常敏感，微量的"催化毒物"即可使催化剂的活性减小甚至消失。

毒化现象，有的是由于反应物中含有的杂物如硫、磷、砷、硫化氢、砷化氢、磷化氢以及一些含氧化合物如一氧化碳、二氧化碳、水等所造成的；有的是由于反应中的生成物或分解物所造成的。毒化现象有时表现为催化剂部分活性的消失，呈现出选择性毒化作用。如噻吩对镍催化剂的影响，可使其对芳核的催化氢化能力消失，但保留其对侧链及烯烃的氢化作用。这种选择性毒化作用，生产上也可以加以利用。例如，被硫毒化后活性降低的钯，可用来还原酰卤基，使之停留在醛基阶段，即 Rosenmund 还原反应（图 3-14）。

图 3-14 Rosenmund 还原反应

三、常见催化剂的种类

1. 酸碱催化剂

有机合成反应大多数在某种溶剂中进行，溶剂系统的酸碱性对反应的影响很大。对于有机溶剂的酸碱度，常用布朗斯台德（Brønsted）共轭酸碱理论和路易斯（Lewis）酸碱理论等广义的酸碱理论解释与说明。

（1）布朗斯台德酸碱催化剂。通常情况下，催化反应将一个有机反应分成几步低活化能的步骤进行，因此，催化剂必须容易与一个反应物作用，形成中间配合物；这个中间配合物又必须是活泼的，容易与另一反应物发生作用，重新释放出催化剂。对于许多极性分子间的反应，催化剂是容易给出质子或接受质子的物质。根据布朗斯台德共轭酸碱理论，凡是能给出质子的分子或离子都属于酸，凡是能接受质子的分子或离子都属于碱。如布朗斯台德酸做催化剂，则反应物中必须有一个容易接受质子的原子或基团，其与布朗斯台德酸释放的质子先结合成为一个中间配合物，再进一步生成碳正离子或其他元素的正离子，或活化分子，最后得到产品。大多数含氧化合物如醇、醚、酮、酯、糖以及一些含氮化合物参与的反应，常常可以被酸所催化。

例如酯化反应的历程，首先发生羧酸与催化剂（H^+）加成，生成碳正离子，然后与醇作用，最后从生成的络合物中释放出一分子水和质子，同时形成酯（图3-15）。若没有质子催化，羰基碳原子的亲电能力弱，醇分子中的氧原子的孤对电子的亲核能力也弱，二者无法形成加成物，酯化反应难以进行。

图3-15　质子酸催化的酯化反应

常用的布朗斯台德质子酸催化剂包括无机酸，如盐酸、氢溴酸、氢碘酸、硫酸和磷酸等；弱酸弱碱盐，如氯化铵、吡啶盐酸盐等；有机酸，如对甲苯磺酸、草酸、磺基水杨酸等。常用的布朗斯台德酸质子酸强度顺序如下：

$$HI > HBr > HCl > ArSO_3H > RCOOH > H_2CO_3 > H_2S > ArSH > ArOH > RSH > ROH$$

（2）路易斯酸碱催化剂。路易斯酸指含有空轨道能接受外来电子对的任何分子或离子。质子酸的质子具有 s 空轨道，可以接受电子，是路易斯酸中的一种。一个中性分子，虽无酸性官能团，但其结构中如有一个原子尚有未完全满足的价电子层，且能与另一个具有一对未共享电子的原子发生结合，形成配位键化合物的，也属于路易斯酸，如 AlX_3、BX_3、FeX_3、SnX_4、SbX_5、ZnX_2；还包括金属正离子如 K^+、Na^+、Ca^{2+}、Mg^{2+}、Al^{3+}、Fe^{3+} 等。凡是能提供电子的物质都是路易斯碱，OH^-、RO^-、$RCOO^-$、X^- 等负离子是路易斯碱。一个中性分子，若具有多余的电子对，且能与缺少一对电子的原子或分子以配位键相结合的，也是路易斯碱，如 H_2O、ROR' 和 RNH_2 等。

卤化物作为路易斯酸类催化剂，应用较多的有：三氯化铝、二氯化锌、三氯化铁、四氯化锡、三氟化硼、四氯化钛等，这类催化剂常在无水条件下进行。如对于芳烃的傅-克烷基化反应，氯代烷在三氯化铝或其他路易斯催化剂的作用下，形成碳正离子，向芳环亲电进攻，形成杂化的带正电荷的离子化合物，正电荷在芳环的碳原子之间得到分散，最后失去质子，得到烃基芳烃化合物（图3-16）。

图3-16　路易斯酸催化的傅-克烷基化反应

碱性催化剂的种类很多，常用的有：金属氢氧化物、金属氧化物、强碱弱酸盐类、有机碱、醇钠、氨基钠和金属有机化合物。常用的金属氢氧化物有氢氧化钠、氢氧化钾、氢氧化钙。常用的强碱弱酸盐有碳酸钠、碳酸钾、碳酸氢钠及醋酸钠等。常用的有机碱有吡啶、甲基吡啶、三甲基吡啶、三乙胺和 N,N-二甲基苯胺等。常用的醇钠有甲醇钠、乙醇钠、叔丁醇钠等，其中叔丁醇钠的催化能力最强。氨基钠的碱性比醇钠强，催化能力也强于醇钠。常用的金属有机化合物有三苯甲基钠、2,4,6-三甲基苯钠、苯基钠、苯基锂、丁基锂，它们的碱性更强，而且与含活泼氢的化合物作用时，反应往往是不可逆的。一些碱的强度顺序如下：

$$RO^- > RNH_2 > NH_3 > ArNH_2$$

2. 相转移催化剂（Phase Transfer Catalyst，PTC）

在药物合成反应中，经常遇到两相反应，这类反应的速率慢、反应不完全、效率差；若选用适当的质子溶剂，使化学反应在均相中进行，但是质子溶剂能与负离子发生溶剂化作用，致使反应活性低，并伴有副反应的发生。若选用极性非质子溶剂，如二甲基甲酰胺（DMF）、二甲基亚砜（DMSO）、六甲基磷酰三胺（HMPT）、乙腈及硝基甲烷等，这些溶剂能使正离子溶剂化，使盐类溶解，但不使负离子溶剂化，大大提高了负离子的活性，使反应在均相中进行，因而能取得良好结果。但是，这些溶剂不仅价格昂贵，并且难以回收。另外，微量水的存在对反应有干扰，同时还伴有许多副反应的发生，而无水溶剂的制备又较繁琐。后来发现在水–有机相两相反应中加入少量季铵盐、季膦盐或冠醚等试剂，则反应能顺利进行。如：1-氯辛烷与氰化钠水溶液加热回流两周，仍无亲核取代反应产物1-氰基辛烷生成，如若加入1%～3%（摩尔质量）的三丁基十六烷基溴化磷（Tributylhexadecyl Phosphonium Bromide，CTBPB），回流加热1.8h，1-氰基辛烷的产率可达99%。采用这种方法无需无水条件，这里应用的CTBPB被称为相转移催化剂，它的作用是使一种反应物由一相转移到另一相中参加反应，促使一个可溶于有机溶剂的底物和一个不溶于此溶剂的离子型试剂二者之间发生反应，这类反应统称为相转移催化反应。这种方法具有很广泛的应用范围，从化学的观点来看，有的化合物在一般条件下不能反应或易于分解，若采用相转移催化剂，反应可顺利进行，并且能提高反应的选择性和收率；从实用的观点看，相转移催化反应具有方法简单，后处理方便，所用试剂的价格低廉等优点。

20世纪70年代发展起来的相转移催化反应是有机合成中引人瞩目的新技术之一。相转移催化反应不仅是负离子从水相转移到有机相的液-液或液-固相反应，而且发展到气-固、气-液-液和气-液-固的相转移催化反应，在理论和应用方面已有不少综述性文章和专著。在药物合成中相转移催化反应应用广泛，本书主要介绍相转移催化反应在药物合成中的一些应用实例并简要叙述其反应原理和工艺条件。

（1）相转移催化剂种类。常用的相转移催化剂可分为鎓盐类、冠醚类及非环多醚类三大类。广泛采用的催化剂仅为数种胺、膦和醚类化合物，性质如表3-2所示，其中应用最早并且最常用的为鎓盐类。与冠醚类催化剂相比，鎓盐类催化剂适用于液-液和液-固体系，能适用于所有正离子，而冠醚类则具有明显的选择性；鎓盐价廉而冠醚昂贵，更重要的一点是鎓盐无毒性，而冠醚有毒性。鎓盐在所有有机溶剂中可以按照各种比例溶解，故人们通常喜欢选用鎓盐作为相转移催化剂。

表3-2　三类相转移催化剂性质比较

类型	催化活性	稳定性	制备难易	价格
鎓盐类	中等，与结构有关	在120℃以下较稳定，碱性条件下不稳定	容易	中等
冠醚类	中等，与结构有关	基本稳定，强酸条件下不稳定	容易	较贵
非环多醚类	中等，与结构及反应条件有关	基本稳定，强酸条件下不稳定	容易	较低
类型	回收	反应体系	无机离子	毒性
鎓盐类	不困难，与反应条件有关	液-液，液-固	不重要	小
冠醚类	蒸馏	液-固	重要	大
非环多醚类	蒸馏	液-液，液-固	不重要	小

相转移催化剂具有一定的选择性，针对不同的体系，应选择不同的催化剂。如对于具有镇静、镇痛、增强记忆等作用的中枢降压药盐酸可乐定（Clonidine Hydrochloride，**3-28**），其合成路线之一由 2，6-二氯苯胺（**3-29**）、1-乙酰-2-咪唑烷酮（**3-30**）和 POCl₃ 于 47～50℃搅拌反应 68h 得乙酰可乐定（**3-31**），收率 92.5%；最后经水解、成盐制得盐酸可乐定（**3-28**）。但若以氯化三乙基苄基铵（TEBA）为相转移催化剂时，2，6-二氯苯胺（**3-29**）与 1-乙酰-2-咪唑烷酮（**3-30**）反应 8h 后所得乙酰可乐定（**3-31**）收率可达 65%（图 3-17）；而若以溴化四丁基铵（TBA）、聚乙二醇（PEG600）为催化剂，收率仅为 19%～21%。

图 3-17　盐酸可乐定的合成

（2）影响相转移催化剂的因素。影响相转移催化反应的主要因素有：催化剂本身、搅拌速度、溶剂和水含量等。

首先，相转移催化剂的结构特点和物理特性是影响反应速率的决定性因素。Herriott 对常用的 23 种鎓盐进行研究，比较了它们在苯-水两相反应中的催化效果，结果发现采用不同的相转移催化剂，反应速率常数相差可达 2 万倍之多。相转移催化剂自身特性对反应效率的影响主要包括如下。

① 相转移催化剂的催化能力与本身的亲脂性有很大关系，分子量大的鎓盐比分子量小的鎓盐催化作用好，例如低于 12 个碳原子的铵盐没有催化作用；

② 具有一个长碳链的季铵盐，其碳链越长，催化效率越好；

③ 与具有一个长碳链的季铵离子相比，对称的季铵离子的催化效果较好，例如四丁基铵离子的催化能力优于三甲基十六烷基铵离子，尽管后者比前者多 3 个碳原子；

④ 与季铵盐相比，季磷盐的热稳定性好，催化性能高；

⑤ 在同一结构位置，含有芳基的铵盐催化作用低于烷基铵盐。

其次，在述及反应速率时，还必须指出搅拌速度的影响。相转移催化反应整个反应体系是非均相的，存在传质过程，搅拌速度是影响传质的重要因素。搅拌速度一般可按下列条件选择：对于在水/有机介质中的中性相转移催化，搅拌速度应大于 200r/min，而对固-液反应以及有氢氧化钠存在的反应，则应大于 750～800r/min，对某些固-液反应应选择高剪切式搅拌。

第三，在固-液相转移催化过程中，应用冠醚或叔胺进行相转移催化时，一般均使用助溶剂。原则上说，任何一种溶剂都可用于这种场合，只要它本身不参与反应即可。在固-液相转移催化过程中，最常用的溶剂是烃类溶剂、二氯甲烷、氯仿（和其他的卤代烃）以及乙腈。乙腈可以成功用于固-液相系统，但不能用于液-液系统，这是因为它与水互溶。尽管氯仿和二氯甲烷有时参加反应，氯仿易发生脱质子化作用，从而产生三氯甲基负离子或产生卡宾，而二氯甲烷则可能发生亲核性置换反应，但它们仍是常用且有效的溶剂。

在液-液相转移催化系统中，即反应底物为液体时，可用该液体作为有机相。原则上许多有机溶剂都可应用，但溶剂不与水互溶这一点特别重要，以确保离子对不发生水合作用，即溶剂化。烃类和氯代烃类已成为常用的溶剂，而乙腈则完全不适合做溶剂。在寻找某一情况下的合适溶剂时，首先要考虑所进行的反应类型，这样可以获得一个总的概念。若用非极性溶剂，如正庚烷，除非离子对有非常强的亲油性，否则离子对由水相进入有机相的量是很少的。例如，TEBA 在苯-水体系中催化效果极差，即使在二氯乙烷-水体系也如此。所以使用这些溶剂时，应采用四丁基铵盐（TBAB）或更大的离子，如四正戊基铵、四正己基铵等。一般情况下，二氯甲烷、1，2-二氯乙烷和三氯甲烷等非质子极性溶剂是最适合的溶剂，有利于离子对进入有机相，从而提高反应速率。此外，这些溶剂价格较低廉，沸点较低且易除尽，并利于回收。

溶剂还影响反应的立体选择性，如利尿药茚达立酮（Indacrinone）的（S）-异构体（**3-32**）的合成中，关键的甲基化反应通过相转移催化反应完成。该甲基化反应以 N-(对-三氟甲基苯基）溴化金鸡纳碱（**3-33**）为相转移催化剂，甲苯为溶剂，20℃下反应18h，产品收率可达95%，对映体过量值（*e.e.*%）可达92%。在甲苯和苯等非极性溶剂中，产物（**3-32**）的对映体过量值（*e.e.*%）较高，而当以二氯甲烷和甲基叔丁基醚为溶剂时，产物（**3-32**）的对映体过量值（*e.e.*%）较低（图3-18）。

图3-18 （S）-茚达立酮相转移催化合成

3. 生物酶催化剂

在催化剂中，生物酶催化剂是一枝新秀，但是其作用和发展前景不容小觑。广义上来讲，生物酶催化剂是指由生物产生用于自身新陈代谢，维持其生物的各种活动的物质。工业用生物酶催化剂是游离或固定化的酶或活细胞的总称，它包括从生物体，主要是从微生物细胞中提取出的游离酶或经固定化技术加工后的酶；另外，也包括游离的、以整体微生物为主的活细胞及固定化活细胞。生物酶催化剂用于催化某一类反应或某一类反应物，这类反应物在酶反应中常称为底物或基质。死的细胞或干细胞制剂也具有催化作用，但其细胞已无新陈代谢能力，往往不能进行辅酶或辅基（酶的组成部分）的再生，只能进行简单的酶反应，属于一种不纯的酶催化剂。生物酶催化剂具有一般催化剂的特性，在一定条件下仅能影响化学反应速率，而不改变化学反应的平衡点，并在反应前后数量和性质不发生变化。与一般催化剂的催化作用相比，生物酶催化剂具有以下优点：催化效率高、专一性强、反应条件温和等。但其缺点也不容忽视，如易受热、受某些化学物质及杂菌的破坏而失活，稳定性较差，反应时的温度和 pH 范围要求较高等。

根据酶催化作用的性质，可将酶催化反应分为6类（表3-3）。酶可以以多种形式使用，酶可包含在完整的细胞中或人为固定在细胞中，另一方面，也可选用独立的自由酶或固定化酶。自由酶及固定化酶已大量应用于外消旋体的拆分和废水处理。酶催化技术在半合成抗生素工业、氨基酸工业、甾体药物和核苷类药物的合成上也已得到广泛的应用。

表 3-3　酶催化反应的类型

催化反应	酶的类型	实　例
氧化-还原	氧化-还原酶	$-\overset{\|}{\underset{\|}{C}}-H \rightarrow -\overset{\|}{\underset{\|}{C}}-OH \quad -\overset{\|}{C}-H \rightleftharpoons -\overset{OH}{\underset{\|}{C}}-H \quad \overset{O}{C} \quad C=C \rightleftharpoons CH-CH$
官能团转移	转移酶	将酰基、糖、磷酰基等官能团从一个分子转移到另一个分子
水解	水解酶	酯、酰胺、酸酐、苷的水解
官能团转换	连接酶	C=C、C=O、C=N 键的形成
异构化	异构酶	外消旋体的异构化
分子结合	连接酶	C—O、C—S、C—N 键的形成

第六节　反应时间和过程控制

对于大多数化学药物的制备，在反应过程中需要设定合适的监控点及相关检测手段，确保反应按照工艺所设定的路线进行；同时，在反应完成后必须及时停止反应，并将产物立即从反应系统中分离出来。否则反应继续进行可能使反应产物分解破坏，副产物增多或发生其他复杂变化，使收率降低，产品质量下降。此外，若反应未达到终点，过早地停止反应，也会导致类似的不良效果。同时还必须注意，反应时间与生产周期和劳动生产率有关。因此，对于每一个反应都必须掌握好它的进程，控制好反应过程及终点，保证产品质量。

工艺过程控制（In-Process Controls，IPCs），主要是监控主反应的进行，核实工艺的所有阶段是否能够按照预期完成，保证中间体或终产物的工艺能够按照预期实现。工艺过程控制主要包括：反应完成的确认；水存在的适合程度；试剂的合适水平（浓度、纯度等）；萃取时合适的 pH；高沸点溶剂的完全替换；滤饼的彻底清洗以及产品的完全干燥等，常采用薄层色谱、气相色谱和高效液相色谱等方法，也可用简易快速的化学或物理方法，如采用测定显色、沉淀、酸碱度、相对密度、折射率等手段进行反应终点监测。工艺过程控制的相关手段必须在工艺研发的早期阶段进行制订以确保后来放大反应的顺利进行。此外，当新药申报（New Drug Application，NDA）向 FDA 备案时，工艺过程控制必须作为化学性质、生产及质量控制（Chemistry，Manufacturing，and Controls，CMC）章节的一部分。

合适的工艺过程控制必须具备以下三项功能：保证工艺的关键方面能够不定时检测，包括起始原料、产品以及在工艺阶段过程中产生或能够影响工艺的任何杂质；对预期工艺步骤提供准确可靠的分析，分析必须能够适应操作技术的改变；在实验室或放大反应时都能方便使用。通常工艺过程控制选择的标准是操作简便，并具有双重作用。例如，跟踪一个反应的方法可能也用来评价终产物的纯度。一般来说，只要分析方法合适准确可靠，优先采用最简单的。此外，所开发和选择的工艺过程控制法要具有可重复性，其中同样的样品制备和稳定的分析方法是关键。在进行工艺过程控制取样时，样品应该在从反应体系内取完样后立即制备，因为任何拖延的操作都可以改变样品的温度和影响产品分布和杂质情况。当样品可以重复制备时，形成可重复性的分析数据就是可能的。如果分析数据可以重复，对两次反应进行取样和分析时，就会得出同样的结果。当技术人员可以很容易地重复分析结果时，稳定工艺过程控制分析的真正价值就展示出来了。

如由水杨酸制备阿司匹林的乙酰化反应，由氯乙酸钠制造氰乙酸钠的氰化反应，两个反应都是利用快速的化学测定法来确定反应终点的。前者测定反应系统中原料水杨酸的含量达到 0.02% 以下方可停止反应，后者是测定反应液中氰离子（CN^-）的含量在 0.04% 以下方为反应终点。又如重氮化反应，可利用淀粉-碘化钾试液（或试纸）来检查反应液中是否有过剩的亚硝酸存在以控制反应终点。也可根据化学反应现象、反应变化情况，以及反应产物的物理性质（如相对密度、溶解度、结晶形态和色泽等）来判定反应终点。在氯霉素合成中，成盐反应终点是根据对硝基-α-溴代苯乙酮与成盐物在不同溶剂中的溶解度来判定的。在其缩合反应中，由于反应原料乙酰化物和缩合产物的结晶形态不同，可通过观察反应液中结晶的形态来确定反应终点。

催化氢化反应，一般以吸氢量控制反应终点。当氢气吸收到理论量时，氢气压力不再下降或下降速度很慢时，即表示反应已到达终点或临近终点。通入氯气的氯化反应，常常以反应液的相对密度变化来控制其反应终点。

第七节　产品的分离纯化与检验

在化学药物合成工艺的研究中，化学原料药及其关键中间体均需要进行分离纯化和检验，尽量去除化学药物中所包含的杂质，以确保其符合《中国药典》等相关药品质量管理规定，保障广大患者的生命与健康安全。

根据原国家食品药品监督管理总局药品评审中心颁布的《化学药物杂质研究的技术指导原则》的规定："任何影响药物纯度的物质统称为杂质。杂质的研究是药品研发的一项重要内容。"由于药物的质量关系到广大患者的生命与健康，"在制定质量标准中杂质的限度时，首先应从安全性方面进行考虑，尤其对于有药理活性或毒性的杂质；其次应考虑生产的可行性及批与批之间的正常波动；还要考虑药品本身的稳定性。"根据《化学药物杂质研究的技术指导原则》的规定，原料药和制剂中有关杂质限度的规定如表 3-4 和表 3-5 所示。其中，报告限度是指所有高于此限度的杂质及含量均应记入每批产品的检验报告，并反映在申报资料中；鉴定限度是指所有高于此限度的杂质均应对其结构进行确证；质控限度是指只要质量标准中制定的杂质限度不高于此限度，则无需提供该限度的制定依据，均认为该限度是合理的。此外，按照 2015 年版《中国药典》的规定："对于表观含量在 0.1% 及其以上的杂质以及表观含量在 0.1% 以下的具有强烈生物作用的杂质或毒性杂质，予以定性或确证其结构。对在稳定性试验中出现的降解产物，也应按上述要求进行研究。"因此，在大多数情况下，将杂质的限度降到符合表 3-4 或表 3-5 的要求，可能比提供该杂质的安全性数据更为简单。如果能有比较充足的文献数据证明该杂质的安全性，也可不降低该杂质的限度。如果以上两种途径均不可行，则应考虑进行必要的安全性研究。

表 3-4　原料药的杂质限度

最大日剂量	报告限度	鉴定限度	质控限度
≤2g	0.05%	0.10% 或 1.0mg（取最小值）	0.15% 或 1.0mg（取最小值）
>2g	0.03%	0.05%	0.05%

表 3-5　制剂的杂质限度

报告限度	最大日剂量	≤1g		>1g	
	限度	0.1%		0.05%	
鉴定限度	最大日剂量	<1mg	1～10mg	10mg～2g	>2g
	限度	1.0%或5μg（取最小值）	0.5%或20μg（取最小值）	0.2%或2mg（取最小值）	0.10%
质控限度	最大日剂量	<10mg	10～100mg	100mg～2g	>2g
	限度	1.0%或50μg（取最小值）	0.5%或200μg（取最小值）	0.2%或3mg（取最小值）	0.15%

在化学原料药的生产过程中，产生的杂质是原料药杂质的主要来源。根据原国家食品药品监督管理总局药品评审中心颁布的《化学药物原料药制备和结构确证研究技术指导原则》，"在原料药制备研究过程中，中间体的研究和质量控制是不可缺少的部分，对稳定原料药制备工艺具有十分重要的意义，为原料药的质量研究提供重要信息，也可以为结构确证研究提供重要依据。"因此，在化学药物的生产过程中，虽然"一锅法"可大大节约原辅料成本、劳动力和缩短生产周期，但关键中间体通常对终产品的质量和安全性有一定的影响，因此对关键中间体进行质量控制也十分重要。

一、产品的分离纯化

分离与纯化是指通过物理、化学或生物手段，或将这些方法结合起来，把某混合物分离纯化成几个组成彼此不同的产物的过程。在制药工业中，化学原料药及其中间体的分离与纯化是指从含有目标成分的混合物中，经提取、精制并加工制成高纯度的、符合相关质量规定的生产技术，又称为下游技术或下游加工过程。在化学药物的合成工艺研究中，化学原料药及其关键中间体的分离与纯化是最重要的研究部分，甚至决定了整条工艺路线的成败。其中，产品的分离是手段，而纯化是最终目的。对于具体的药物分离与纯化技术，在相关的专门课程与教材中已有详细的介绍和讲解，本书仅针对化学原料药及其关键中间体常见的分离与纯化技术做一些概括性的介绍。

1. 产品的分离

在化学制药过程中，某一步反应结束后，通常应对反应混合物进行后处理，以便从反应混合物中分离目标产物。

按被分离物质性质的不同，产品的分离可分为物理分离法、化学分离法和物理化学分离法。物理分离法是按被分离组分物理性质的差异，采用适当的物理手段进行分离，如离心分离、电磁分离等；化学分离法是按被分离组分化学性质的差异，通过适当的化学过程使其分离，如沉淀分离、溶剂分离、色谱分离、选择性溶解等；物理化学分离法是按被分离组分物理化学性质的差异进行分离，如蒸馏、挥发、电泳、区带熔融和膜分离等。

按分离过程的本质分类，产品的分离可分为平衡分离过程、速度差分离过程和反应分离过程。平衡分离过程是利用外加能量或分离剂，使原混合物体系形成新的相界面，利用互不相溶的两相界面上的平衡关系使均相混合物得以分离的方法，如萃取分离、离子交换分离等；速度差分离过程是利用外加能量，强化特殊梯度场（重力梯度、压力梯度、温度梯度、浓度梯度、电位梯度等），用于非均相混合物分离的方法，如电泳分离、反渗透分离等；反应分离过程是一种利用外加能量或化学试剂，促进化学反应达到分离的方法。该分离过程既可以利用反应体，如螯合交换、反应结晶等，也可以不利用反应体，如湿式精炼。

2. 产品的纯化

产品经过分离后，此时所得目标产品通常仅为粗产品，一般还需要进行纯化（或精制）后才能作为反应物应用于下一步反应，或作为最终的化学原料药。常见的产品纯化方式包括如下。

（1）蒸馏（精馏）。对于低熔点的化学原料药或其关键中间体，通常利用目标产品与其他杂质之间沸点的差异而采用蒸馏的方式进行纯化，若目标产品与其他杂质之间的沸点差异比较小，则需要采用精馏的方式。一般情况下，蒸馏的回收率相对较低，这是因为随着产品的不断蒸出，产品的浓度逐渐降低，要保证产品的饱和蒸气压等于外压，必须不断提高温度，以增加产品的饱和蒸气压，显然，温度不可能无限提高，即产品的饱和蒸气压不可能为零，也即产品不可能蒸净，必有一定量的产品留在蒸馏设备内被设备内的难挥发组分溶解，从而形成大量的釜残。水蒸气蒸馏对可挥发的低熔点有机化合物来说，有接近定量的回收率。这是因为在水蒸气蒸馏时，釜内所有组分加上水的饱和蒸气压之和等于外压，由于大量水的存在，其在100℃时饱和蒸气压已经达到外压，故在100℃以下时，产品可随水蒸气全部蒸出，回收率接近完全。虽然水蒸气蒸馏能提高易挥发组分的回收率，但是，水蒸气蒸馏难以解决产物提纯问题，因为挥发性的杂质会随同产品一同被蒸出来，此时配以精馏的方法，则不但保障了产品的回收率，也保证了产品质量。应该注意，水蒸气蒸馏只是共沸蒸馏的一个特例，采用其他溶剂也可以。

（2）重结晶。在化学药物的合成过程中，从合成反应分离出来的固体粗产物往往含有未反应的原料、副产物及其他杂质，重结晶法是对目标固体化合物进行纯化的一种重要的、常用的方法之一。重结晶法是利用混合物中各组分在某种溶剂中溶解度不同或在同一溶剂中不同温度时的溶解度不同而使各组分相互分离，从而提高目标化合物的纯度和含量。它适用于产品与杂质性质差别较大、产品中杂质含量小于5%的体系。如果体系中杂质含量过多，往往需要进行多次重结晶，从而使目标化合物符合相关质量规定。

（3）打浆纯化。打浆纯化是将粗产物悬浊在某一溶剂中进行搅拌，利用目标化合物在该溶剂中溶解性差，而杂质在该溶剂中溶解性好的特性进行纯化的一种方法。打浆可以移除晶体表面的杂质，适当接触溶剂后产物被过滤分离。相比于重结晶法，打浆纯化法具有收率更高、操作简单、易于放大等优点，故常作为重结晶的替代方法。但应注意的是，晶体晶型可在打浆过程中发生改变。

（4）色谱纯化。色谱纯化可被用于公斤级实验室和更大规模的化合物的纯化。对于公斤级实验室，首选大直径色谱柱。色谱分离可在贵重原料大规模色谱分离之前进行小规模试验。

高效使用色谱纯化的关键是发展一种能够使所需产物和杂质之间洗脱时间差异最大化的色谱系统。为了加快色谱操作，需要用惰性气体对色谱柱加压，或者在柱的收集端进行抽气。制备型色谱需要放置在通风良好的位置。当大量使用易产生静电的溶剂如正己烷时，应注意接地设备并避免因为静电释放引起明火。

对于传统的色谱纯化，较方便的操作是用固定相（如硅胶）多批次处理粗产品。过滤除去固体、清洗滤饼、滤液浓缩回收产物。而硅胶从溶液中的吸附效率取决于使用硅胶的等级，筛选的相对指标，包括硅胶微孔大小、目数，大块吸附剂溶液悬浮物的pH、表面积、平均粒度。在批次处理色谱中，与产物性质显著不同的杂质可被分离。其中，溶剂选择是关键。

色谱纯化更多的是应用于天然药物的提取中，对于化学原料药或关键中间体而言，考虑到装柱、吸附粗品（上样）、大量的溶剂洗脱，再到浓缩溶液进一步处理所花费的大量时间，色谱纯化需要耗费大量的劳动力。因此，只有在其他纯化方法效率极低的情况下，才会在实际生产中使用色谱纯化。

3. 产品分离纯化方法的评价

首先，评价所选择的化学原料药或其关键中间体分离纯化方法最关键的指标是所得到的目标化合物是否符合相关质量规范，如化学原料药是否符合《中国药典》等相关法律法规所规定的质量标准，关键中间体纯度是否满足作为下一步反应原料的要求等。

其次，由于药物是一个复杂的多相系统，成分复杂，许多生物活性化合物通常很不稳定，某些分离纯化步骤须分步进行。但对于化学原料药或其关键中间体而言，目标化合物质量的稳定性、均一性和纯净度决定了整条工艺路线的优劣，因此对所选用的分离纯化操作提出了较高的要求。

第三，考虑到生产的成本和收益，回收率也是对所选用的分离纯化方法进行评价的一个重要指标，它反映的是目标化合物在分离纯化过程中损失量的多少，其计算公式为：

$$R = \frac{Q}{Q_0} \times 100\%$$

式中，R 为回收率；Q 为实际回收量；Q_0 为理论回收总量。

测定回收率的方法较多，通常采用标准加入法和标准样品法。标准加入法是在样品中准确加入已知量目标化合物的标准品，用待检验的分离纯化方法对其进行分离纯化，计算出该分离纯化法对目标化合物的回收率。标准样品法是用待检验的方法分离纯化标准样品，计算出该方法对目标化合物的回收率。所谓标准样品是指与待分离纯化的目标化合物具有相似基体组成、待分离纯化的目标化合物的含量已知的样品。

二、产品的检验

对于化学原料药或其关键中间体而言，对目标化合物的检验不仅是测定其纯度或含量，更重要的是对其所包含的杂质进行相关检测和研究。在药品研发中，如何证实药品安全有效应该是研发人员始终关注的问题；而药品质量的稳定可控又是保证其安全有效的前提与基础。如果一个药品的质量不能达到稳定可控，在使用时这一药品就不可能始终安全、有效，也就不能被批准上市。保证药品质量稳定可控，药品的纯度是一个重点，而对药品所包含的杂质研究及如何确定杂质的限度是药学研究人员与审评人员不能回避的关键问题。

药品中的杂质按其理化性质一般分为三类：有机杂质、无机杂质及残留溶剂。按照其来源，杂质可以分为工艺杂质（包括合成中未反应完全的反应物及试剂、中间体、副产物等）、降解产物、从反应物及试剂中混入的杂质等。按照其毒性，杂质又可分为毒性杂质和普通杂质等。杂质还可按其化学结构分类，如其他甾体、其他生物碱、几何异构体、光学异构体和聚合物等。通常对杂质的研究是按照其理化性质进行分类。

1. 有机杂质

有机杂质包括工艺中引入的杂质和降解产物等，可能是已知的或未知的、挥发性的或不挥发性的。由于这类杂质的化学结构一般与活性成分类似或具有渊源关系，故通常又可称其为有关物质。

有机杂质的检测方法包括化学法、光谱法、色谱法等，因药物结构及降解产物的不同采用不同的检测方法。通过合适的分析技术将不同结构的杂质进行分离、检测，从而达到对杂质的有效控制。随着分离、检测技术的发展与更新，高效、快速的分离技术与灵敏、稳定、准确、适用的检测手段相结合，几乎所有的有机杂质均能在合适的条件下得到很好的分离与检测。在质量标准中，目前普遍采用的杂质检测方法主要为高效液相色谱法（High Performance Liquid Chromatography，HPLC）、薄层色谱法（Thin Layer Chromatography，TLC）、气相色谱法（Gas Chromatography，GC）和毛细管电泳法（Capillary Electrophoresis，CE）。应根据药物及杂质的理化性质、化学结构、杂质的控制要求等确定适宜的检测方法。由于各种分析方法均具有一定的局限性，因此在进行杂质分析时，应注意不同原理的分析方法间的相互补充与验证，如 HPLC 与 TLC 及 HPLC 与 CE 的互相补充、反相 HPLC 系统与正相 HPLC 系统的相互补充、HPLC 不同检测器检测结果的相互补充等。

2. 无机杂质

无机杂质是指在原料药及制剂生产或传递过程中产生的杂质，这些杂质通常是已知的，主要包括：反应试剂、配位体、催化剂、重金属、其他残留的金属、无机盐、助滤剂、活性炭等。

无机杂质的产生主要与生产工艺过程有关。由于许多无机杂质直接影响药品的稳定性，并可反映生产工艺本身的情况，因此了解药品中无机杂质的情况对评价药品生产工艺的状况有重要意义。对于无机杂质，各国药典都收载了经典、简便而又行之有效的检测方法。对于成熟生产工艺的仿制，可根据实际情况，采用药典收载的方法进行质量考察及控制。对于采用新生产工艺生产的新药，鼓励采用离子色谱法及电感耦合等离子发射光谱-质谱（ICP-MS）等分析技术，对产品中可能存在的各类无机杂质进行定性、定量分析，以便对其生产工艺进行合理评价，并为制定合理的质量标准提供依据。

通常情况下，不挥发性无机杂质采用炽灼残渣法进行检测。某些金属阳离子杂质（银、铅、汞、铜、镉、铋、锑、锡、砷、锌、钴与镍等）笼统地用重金属限度检查法进行控制。因在药品生产中遇到铅的机会较多，且铅易积蓄中毒，故作为重金属的代表，以铅的限量表示重金属限度。如需对某种（些）特定金属离子或上述方法不能检测到的金属离子作限度要求，可采用专属性较强的原子吸收分光光度法或具有一定专属性的经典比色法（如采用药典已收载的铁盐、铵盐、硒等的检查法检测药品中微量铁盐、铵盐和硒等杂质）。虽然重金属检查法可同时检测砷，但因其毒性大，且易带入产品中，故需采用灵敏度高、专属性强的砷盐检查法进行专项考察和控制，各国药典收载的方法已历经多年验证，行之有效，应加以引用。

由于硫酸根离子、氯离子、硫离子等多来源于生产中所用的干燥剂、催化剂或 pH 调节剂等，考察其在产品中的残留量，可反映产品纯度，故应采用药典中的经典方法进行检测。如生产中用到剧毒物（如氰化物等），须采用药典方法检测可能引入产品中的痕量残留物。

对于药典尚未收载的无机杂质（如磷酸盐、亚磷酸盐、铝离子、铬离子等）的检测，可根据其理化特性，采用具有一定专属性、灵敏度等的方法检测，如离子色谱法、原子吸收分光光度法、比色法等。

3. 残留溶剂

残留溶剂是指在原料药及制剂生产过程中使用的有机溶剂。原料药制备工艺中可能涉及的残留溶剂主要来源有三种：合成原料或反应溶剂、反应副产物、由合成原料或反应溶剂引入，其中作为合成原料或反应溶剂是最常见的残留溶剂来源。

在确定了需要进行残留量研究的溶剂后，需要通过方法学研究建立合理可行的检测方法。目前，常用的检测方法为气相色谱法，也有其他一些检测方法，如高效液相色谱法、毛细管电泳法、离子色谱法、气质联用、液质联用、干燥失重法等。

第八节　安全和"三废"考虑

一、工艺研究中的安全考虑

一个良好的合成工艺对操作者、环境和消费者都是安全的，但一个失控的反应可能会导致致命的后果，包括对操作人员的人身伤害、对生产设备的损伤和对环境的破坏等。对于化学药物的合成而言，所使用的大部分化学品是有危险性的。因此，在进行合成工艺的研究与优化时，工艺研发人员应熟悉所用化合物的物性安全数据，并备有紧急事故处理预案。对于购买的原料，可以查询化学品安全说明书（Material Safety Data Sheet，MSDS）；如果自制的中间体可能会危害到操作人员的安全，则必须进行特殊处理。新的中间体应该定期进行毒性测试，并在放大前征询毒理学专家的意见。中间体和杂质的毒性常常是放大反应安全考察的重要数据，因为常规的实验室安全策略可能不适用于中试车间和放大生产。此外，工艺研发人员应通过各种渠道，如网络、杂志、报纸等，随时关注各种意外、危险反应的最新信息，甚至化学品的运输和存储也应该慎重考虑。

在工艺研究的某个阶段，工艺研发人员应对反应的危害性进行分析和表征。如量化反应放热以评估所需要的冷却量，从而决定选择什么样的设备，如果是危险的放热反应，则需要考虑其他替代条件。最好的办法就是建立可以提供及时信息的危险评估实验室，或者外包给专业的公司进行委托加工，从而预防和减少由于工艺的不确定性所带来的安全隐患。

二、工艺研究中的"三废"考虑

对于化学药物合成工艺的研究与优化，多数情况下仍处于实验室小试阶段，因此对环境的影响不是很明显，但仍应对所开发的工艺可能带来的"三废"问题进行考虑，从源头上控制化学药物生产所造成的环境影响。

绿色生产工艺是在绿色化学的基础上开发的从源头消除污染的生产工艺，其最理想的方法是采用"原子经济反应"，即原料中的每一个原子都转化为产品，不产生任何废弃物和副产品，以实现废物的"零排放"。虽然这是一种理想状态，工艺研究人员仍应以此为目标，设计少污染或无污染的生产工艺，实现制药过程的节能降耗，以消除或减少环境污染。具体生产工艺中涉及的"三废"如何处理，本书将在第五章进行详细介绍。

思考题

1. 结合文献资料，除了本书介绍的化学药物合成应主要研究的工艺条件，你认为还有哪些工艺条件需要考虑？
2. 选择一种化学药物的合成路线，思考可以从哪些条件对其进行工艺改进或优化。
3. 分析化学药物在车间生产与实验室研究时取样的异同。
4. 杂质研究是化学制药工艺研究的一项重要内容，请通过查阅文献，分析多西他赛的杂质谱包括哪些化合物。

参考文献

［1］ 国家食品药品监督管理总局药品评审中心. 化学药物残留溶剂研究的技术指导原则. 北京：国家食品药品监督管理总局，2005.
［2］ 国家食品药品监督管理总局药品评审中心. 化学药物杂质研究的技术指导原则. 北京：国家食品药品监督管理总局，2005.
［3］ 国家食品药品监督管理总局药品评审中心. 化学药物原料药制备和结构确证研究技术指导原则. 北京：国家食品药品监督管理总局，2005.

第四章
中试放大与生产工艺规程

第一节 概　　述

当化学药物合成工艺完成研究与优化后，一般都需要经过一个比实验室小试规模大50～100倍的中试放大，用以核对、校正和补充实验室数据，并进一步优化和完善合成工艺。

一、中试放大的概念

简单地说，中试放大就是小型生产的模拟试验，是实验室小试到工业化生产必不可少的环节。中试放大是根据实验室小试结果进一步研究在一定规模的装置中各步化学反应条件的变化规律，并解决实验室中所不能解决或发现的问题，为工业化生产提供设计依据，最终找到工业化可行的方案。虽然化学反应的本质不会因试验生产的不同而发生改变，但各步化学反应的最佳反应工艺条件，则可能随试验规模和设备等外部条件的不同而改变。

二、中试放大的重要性

从药物的研究到生产，中试放大是整个过程中承上启下、必不可少的一个重要环节，其可靠性对于原料药的成本具有重大的影响，因此受到了各制药企业的高度重视。对于实验室小试，由于许多工艺参数难以通过实验获得，其工艺和技术指标常常不能直接满足直接生产的需要，故最佳工艺条件会随着试验规模和设备的不同需要有所调整。中试放大是利用小型的生产设备基本完成由实验室小试向生产操作过程的过渡，确保按操作规程能始终生产出预定质量标准的产品。同时，中试放大在进行小规模生产的过程中，可以考查一些在实验室小试中难以得到的参数，如反应的放热、反应对设备的设计要求、"三废"的产生与处理等。因此，中试放大的目的是验证、复审和完善实验室工艺所研究确定的合成工艺路线是否成熟合理，主要经济技术指标是否接近生产要求。同时，通过中试放大，对工业化生产所需的设备结构、材质、安装和车间布置等进行初步研究，为正式生产提供数据和最佳物料量和物料消耗。总之，中试放大要证明各个化学单元反应的工艺条件和操作过程，在使用规定的原材料的情况下，在模型设备上能生产出预定质量指标的产品，且具有良好的重现性和可靠性。

中试放大是产品在正式被批准投产前的最重要的模型化的生产实践，其不但为原料药的生产报批和新药审批提供了最主要的实验数据，也为产品投产前的 GMP 认证打下了坚实的基础。同时，中试放大也为临床前的药学和药理、毒理研究及临床试验提供一定数量的药品。

三、中试放大的主要任务

根据原国家食品药品监督管理总局药品评审中心颁布的《化学药物原料药制备和结构确证研究技术指导原则》，原料药制备工艺优化与中试的主要任务是：（1）考核实验室提供的工艺在工艺条件、设备、原材料等方面是否有特殊的要求，是否适合工业化生产；（2）确定所用起始原料、试剂及有机溶剂的规格或标准；（3）验证实验室工艺是否成熟合理，主要经济指标是否接近生产要求；（4）进一步考核和完善工艺条件，对每一步反应和单元操作均应取得基本稳定的数据；（5）根据中试研究资料制定或修订中间体和成品的分析方法、质量标准；（6）根据原材料、动力消耗和工时等进行初步的技术经济指标核算；（7）提出"三废"的处理方案；（8）提出整个合成路线的工艺流程，各个单元操作的工艺规程。一般来说，中试所采用的原料、试剂的规格应与工业化生产时一致。

四、影响中试放大的因素

1. 放大效应

化学反应是一个复杂的过程，因此在化学药物合成的放大过程中，会存在许多实验室小试难以体现和未知的问题。如不采取措施调整，对小试操作进行简单的放大，易导致放大结果数量和质量的变化，如反应状况恶化、选择性降低、转化率和收率下降、杂质谱变化等。这种因规模变大而造成原有指标不能重复的现象称为"放大效应"。

2. 反应操作

在中试放大中，其反应装置往往不是简单的实验室小试仪器同比例放大，而更加贴近于工业化生产设备，包括工业反应釜、各种管路等，因此相关的反应操作与实验室小试操作会有较大区别。如在实验室小试进行反应体系的完全浓缩时，常常会使用旋转蒸发仪，而在中试放大（以及工业化生产）中是在反应釜里进行的。同时，由于搅拌桨与反应釜底通常会有一段距离，导致完全浓缩会变得比较困难和耗时。但必须强调的是，理论上任何放大反应的操作都可以通过购置适当的控制设备在实验室进行模拟。同样，任何实验室开发的项目都可以通过购置适当的设备进行大规模生产。然而，为了把工艺快速应用于实际生产，在进行放大工艺研究时，研究人员通常是通过修改工艺，使现有设备得以充分利用，以节约成本。

部分实验室小试和中试放大的操作对比如表4-1所示。

表4-1　实验室小试和中试放大的操作对比

操作	实验室		放大反应	
	常用	有效性	常用	有效性
旋转蒸发	√	√		
蒸馏浓缩		√	√	√
柱色谱纯化	√	√		√

操作	实验室		放大反应	
	常用	有效性	常用	有效性
共沸干燥		√	√	√
保持低温	√	√		√
活性炭处理	√	√		√
离心过滤			√	√

3. 反应规模

在放大过程中，反应器规模的变化对化学反应过程有量变到质变的影响。反应器放大后，非理想化的物料流动状态对传热和传质、混合影响很大。如小型反应器具有较大的比表面积，反应产生的热量容易通过表面热传导或热辐射等形式释放，在小试过程中往往需要加热来维持反应温度。而反应器体积增大后，仅靠表面积传热是远远不够的，必须采取散热措施。如果反应热不能及时释放，容易使反应由于温度过高而失控，甚至有爆炸的危险。

第二节　中试放大的研究内容

中试放大是对已确定的实验室小试工艺路线的实践验证，不仅要考查产品质量、经济效益，而且要考察操作人员的劳动强度。中试放大阶段对车间布置、车间面积、安全生产、设备投资、生产成本等也必须进行审慎的分析比较，最终确定工艺操作方法、工序的划分和生产的流程。

一、合成工艺路线的验证和进一步优化

一般情况下，单元反应的方法和合成工艺路线在实验室小试阶段已基本选定，中试放大阶段是确定具体的工艺操作和条件，并使之适应工业化生产。但当选定的工艺路线和具体的工艺操作在中试放大时暴露难以克服的重大问题时，需要重新审视实验室小试的工艺研究过程，对其中不适应放大的部分进行修正或对该工艺路线进行否定。如实验室小试合成盐酸氮芥时选用乙醇对产品进行精制，而该工艺进行放大时，所得产品熔程很长、杂质较多，质量难以保证，其原因推测是未被氯化的羟基化合物作为杂质未被除去。故在修正的工艺中，通过改变氯化反应条件以及产品的纯化方式，解决了产品的质量问题。又如文献报道中，对乙酰氨基酚的中间体——对氨基苯酚可由对硝基苯酚电解还原一步制得，是比较适宜工业化生产的方法，且已经过实验室小试研究证实。但在中试放大时，研究人员发现此工艺存在一系列未发现的问题，如铅阳极的腐蚀、电解过程中产生大量硝基苯蒸气，以及电解过程中易产生黑色黏稠状物质附着在铜网上，致使电解电压升高，必须定期拆洗电解槽等，因而在实际工业化生产中，对氨基苯酚的合成仍采用氢化还原工艺。

在中试放大过程中，研究人员更多的是对实验室小试工艺进行进一步优化，通过掌握影响反应的各种主要参数在中试装置中的变化规律，得到更合适的反应条件。如磺胺-5-甲氧嘧啶（Sulfamethoxydiazine）的中间体——甲氧基乙醛缩二甲酯（**4-1**）是由氯乙醛缩二甲

醇（**4-2**）与甲醇钠反应制得（图4-1）。甲醇钠的浓度为20%左右，反应温度为140℃，反应罐内显示压力为$10 \times 10^5 Pa$（$10 kgf/cm^2$），对反应设备的要求较高。在中试放大时，反应罐上端装备了分馏塔，这样随着甲醇馏分的馏出，罐内甲醇钠浓度逐渐升高，同时由于产物甲氧基乙醛缩二甲酯（**4-1**）沸点较高，可在常压下顺利加热至140℃进行反应，从而把原来要求在加压条件下进行的反应变为常压反应。

图4-1 甲氧基乙醛缩二甲酯的合成

二、设备的考查与选型

在中试放大时，研究人员需要根据工艺考虑工业化生产中所需的各种设备的材质与型式，如反应容器的选型、对接触腐蚀性物料的设备材质进行的考查等，并通过中试放大进行初步的验证。如实验室小试使用碳酸钾时，采用磁力搅拌子便可使碳酸钾在反应体系中有效分布。但进入中试放大研究时，由于搅拌桨与反应釜底有一定距离，碳酸钾易沉积于反应釜底部而不能在反应液中分布均匀，从而导致反应失败。因此，中试放大时便要充分考虑这些因素，选择合适的反应设备，否则需要在小试过程中尽量模拟中试设备重新对生产工艺进行研究。

在各种设备的考查与选型中，搅拌器型式的选择与验证是尤为重要的。在化学药物合成中，许多反应是非均相反应，其反应热效应较大。在实验室小试时，由于物料体积小，传热、传质的问题表现不明显，因此对于搅拌的要求不是很高。但在中试放大时，由于搅拌效率的不同，产生的传热传质问题就会突出暴露出来。因此，中试放大时必须根据物料性质和反应特点研究和选择合适的搅拌器，考查搅拌速度对反应影响的规律，特别是在固-液非均相反应时，要选择合乎反应要求的搅拌器型式和适宜的搅拌速度。搅拌器的选型一般从三个方面考虑：搅拌目的、物料黏度和搅拌容器的容积大小，此外还应考虑搅拌器的功耗、操作费用、制造难度、维护和检修方便度等因素。如按介质的黏度进行选型时，对于低黏度的介质，采用传统的推进式、桨式、涡轮式等小直径高转速的搅拌器，便可带动搅拌器周围流体循环并至远处；而对于高黏度介质体系，则需选用锚式、框式等搅拌器来推动。搅拌器的选型确定后，还需考查合适的搅拌速度。如由儿茶酚（**4-3**）与二氯甲烷和固体氢氧化钠在含有少量水分的二甲基亚砜（DMSO）中进行黄连素中间体——胡椒环（**4-4**）的中试放大合成中，最初的搅拌速度选为180r/min，反应会因过于激烈而发生溢料（图4-2）。后经优化，将搅拌速度降至56r/min，并控制反应温度在$90 \sim 100$℃（实验室小试时反应温度为105℃），结果胡椒环（**4-4**）的中试收率可超过实验室小试水平，达到90%以上。

图4-2 胡椒环的合成

三、工艺流程与操作方法的确定

在中试放大阶段，由于处理物料量的增加，有必要考虑如何使反应与后处理的工艺流程和操作方法适应工业化生产的要求，特别是工序力求简短、操作要求简化。如为减轻劳动强度，在进行加料操作时，尽可能采用自动加料和管线输送。在大规模生产时要避免一些在实验室能够进行的、但是费时繁琐的操作，这些操作增加生产时间和生产成本。多余的步骤会增加物理损失、降低产量，并且可能增加工人暴露在危险环境（化学品）的时间。此外，更多的步骤会增加批次受污染的概率，使生产出的原料药难以达到药品生产质量管理规范的要求。例如，刚接触工艺的人员经常会遇到的一个问题就是要避免使用硫酸钠和硫酸镁等固体干燥剂去干燥有机溶剂。如果溶剂能够与水共沸，并且后处理中需要浓缩溶液，在实际工艺流程中就没有必要使用干燥剂除水了。在放大生产时，用干燥剂除水需要相当长的时间，对满负荷生产的工厂来说，在这段时间里多余的运营成本无疑会增加产品的生产成本。同时，该步操作还产生了多余的固体废弃物，进一步增加了产品的生产成本和对环境的危害。

此外，如前一节所述，中试放大与实验室小试相对应的操作常常有较大区别，因此在中试放大过程中，需要逐一对各步反应所涉及的生产操作进行确定，并将其写入《标准生产工艺规程》中，尽量减少和避免人为因素所造成的生产安全和产品质量等问题。

四、物料衡算

物料衡算是以质量守恒定律为基础对物料平衡进行的计算，是化工计算中最基本、最重要的内容之一。物料衡算的目的是根据原料与产品之间的定量转化关系，计算原料的消耗量、各种中间产品、产品和副产品的产量，生产过程中各阶段的消耗量以及组成，进而为热量衡算、其他工艺计算及设备计算打基础。

1. 物料衡算的理论基础

物料衡算通常有两种情况，一种是利用已有的生产设备和装置实际测定的数据，计算出另一些不能直接测定的物料量，并利用计算结果，对生产状况进行分析，做出判断，提出改进措施；另一种是为了设计一种新的设备或装置，根据设计任务，先做物料衡算，求出每个主要设备进出的物料量，然后再做能量衡算，求出设备或过程的热负荷，从而确定设备尺寸及整个工艺流程。

物料衡算是研究某一个体系进、出物料及组成的变化，即物料平衡。所谓体系就是物料衡算的范围，可根据实际需要进行人为选定。体系可以是一个或几个设备，也可以是一个单元操作或整个生产过程。在进行物料衡算时，必须首先确定衡算的体系。

物料衡算的理论基础是质量守恒定律，根据该定律可得到物料衡算的基本关系式：

反应器的进料量 – 反应器的出料量 – 反应器中的转化量 = 反应器中的积累量

在化学反应系统中，物质的转化服从化学反应规律，可以根据化学反应方程式求出物质转化的定量关系。

2. 确定物料衡算的计算基准及每年设备操作时间

（1）物料衡算的基准。为了进行物料衡算，必须选择一定的基准作为计算的基础。通常采用的基准包括：以每批操作为基准、以单位时间为基准和以单位质量产品为基准。以每批操作为基准适用于间歇操作设备、标准或定型设备的物料衡算，化学药物的生产多以间歇操作为主；以单位时间为基准适用于连续操作设备的物料衡算；以单位质量产品为基准适用于确定原辅材料的消耗定额。

（2）每年设备操作时间。车间每年设备正常开工生产的天数一般计为330天，剩余的35或36天作为车间的检修时间。对于工艺技术尚未成熟或腐蚀性大的车间，一般采用300天甚至更少。连续操作设备也可按每年8000～7000h为设计计算的基础。如果设备腐蚀严重或在催化反应中催化剂活化时间较长、寿命较短，所需停工时间较多，则应根据具体情况决定每年设备工作时间。

3. 收集有关计算数据和物料衡算步骤

（1）收集有关计算数据。为进行物料衡算，应根据工厂操作记录和中间试验数据收集反应物配料比、原辅材料及中间产品、成品和副产品的浓度、纯度和组成、车间总产率、阶段产率、转化率等各项数据。

（2）转化率。对某一组分而言，反应所消耗的组分量与投入反应的组分量之比简称为该组分的转化率，一般以百分数表示，即

$$转化率/\% = \frac{反应所消耗的组分量}{投入反应的组分量} \times 100\%$$

（3）收率（产率）。即主要产物试剂得到的量与理论可得到量之比，也以百分数表示。

4. 车间总收率

对于一个化学药物而言，其生产过程通常由各物理和化学反应工序所组成，各工序都有相应的收率，故车间总收率与各工序收率之间的关系为：

$$Y = Y_1 Y_2 Y_3 \cdots$$

式中，Y为车间总收率；Y_n（$n = 1, 2, 3\cdots$）为各工序收率。

5. 物料计算的步骤

① 收集和计算所必需的基本数据；
② 列出化学反应方程式，包括主反应和副反应，并根据给定条件绘出工艺流程简图；
③ 选择物料计算的基准；
④ 进行物料衡算；
⑤ 列出物料平衡表，包括输入与输出的物料平衡表、"三废"排量表、计算原辅料消耗定额。

在进行物料计算时，应注意成品的质量标准、原辅料的质量与规格、各工序中间体的化验方法和监控手段、生产过程中原辅料的回收处理等，这些都是影响物料衡算的重要因素。

五、确定工艺过程控制

工艺过程控制（IPCs）用于保证化学反应中所得中间体或终产品的工艺能够按照预期实现。如果不能建立方便有效的工艺过程控制，反应在进入下一步或达到目标结束点时，生产操作人员无法确保反应原料的有效消耗和产出品的有效获得。因此，没有合理的工艺过程控制，生产中就无法保证高产能，也无法确保能顺利实现生产目标。

本教材第三章中，对化学药物合成工艺路线的研究与优化过程的工艺过程控制做了一

些介绍。对于中试放大研究而言，由于反应规模和反应设备的不同，一些适用于实验室研究的工艺过程控制方法可能需要进行改变。例如，采用 Tempo（四甲基哌啶氧自由基）氧化法进行醇的氧化反应时，可通过观察反应体系颜色的变化对反应过程和终点进行判断。在实验室研究中，反应体系的颜色可透过玻璃反应器皿进行直接观察，而对于中试放大和生产过程而言，由于反应釜的内部情况是通过加料口上的视镜来观察的，不易对反应釜内体系的颜色变化做出准确判断，故必须借助仪器检测的方式控制反应的进程。虽然通过在线分析可以随时分析监控反应过程，但目前适用于在线分析的技术手段还不是很多，人们在实际操作中更多的还是采用从反应液中取样进行外部分析。

在中试放大研究中，形成可重复性的工艺过程控制是十分重要的，这将有利于工艺的成熟与稳定。开发可重复性工艺过程控制主要包括以下几个方面。

（1）获得反应的代表性样品，即从反应釜中某个时刻取出的可准确体现反应程度和杂质状况的样品。取得代表性样品时，需要考虑两类参数：首先是反应体系是均相还是多相。对于多相反应，要注意确保取出的样品可以真实体现反应釜内的各组分间的含量；其次是反应温度相对于样品的制备温度。当反应温度与样品的制备温度不同时，要注意由于温度的变化而造成错误的分析结果。

（2）可重复样品的制备。样品应该在从反应釜中取样后立即制备，任何的拖延都有可能改变样品的性质，因为样品从中试车间到分析实验室还需要时间，这段时间有可能会对样品中产品的分布、杂质的情况等产生影响。因此，同样的样品制备可以大大减少对分析结果的误差影响，也可以减少重复分析的必要性，为放大操作节省宝贵的时间。工艺过程控制中可重复样品制备的指导原则包括：① 取样后立即稀释样品，从而有效减慢或猝灭反应，增加分析的可靠性；② 稀释剂采用固定体积（可使用容量瓶进行定容）；③ 准确测定要稀释的样品。可采用微升注射器或移液管量取待稀释样品，或快速称量固体样品；④ 稀释的顺序一致；⑤ 确保样品完全溶解，这对于需要评价纯度的样品尤为重要；⑥ 注意样品的稀释是否明显改变了待分析样品对于周围溶剂条件下的微环境，如当将反应样品用 HPLC 的流动相稀释后，在分析样品通过液相色谱柱时改变了流动相的 pH 值，这样会使保留时间或峰形发生变化。

（3）得到可重复的分析数据。当样品的制备具有可重复性时，相应的分析数据便有可能形成可重复性。形成可重复性分析数据的一个关键点是要考虑系统的线性最低检测限和最高检测限。例如，库伦湿度仪仅仅能准确分析含量 $\geq 10\mu g$ 的水分，如果注入可能仅有不到 $10\mu g$ 水分的干燥样品，所测定的水分含量就有可能不准确。如果制备的样品浓度比常规制备的样品高，分析时就会超出该化合物的检测器面积计算线的响应范围，从而得到偏低的检测数据。

六、安全和"三废"处理的考虑

1. 安全因素的考虑

为了确保工艺放大研究时的安全性，必须在中试放大研究阶段全面评估化学反应会潜在产生的危险性。例如对于放热反应，知道反应释放的单位热量后，通过估算反应在釜中能够散发的热量，可以计算大生产中一个放大反应需要投料的时间，以确保投料时的生产安全。

此外，对于操作人员的人身安全也是中试放大研究时需要考虑的一个重要因素，尤其是在投料和分离最终产品的时候。如对酮（**4-5**）进行硝化时，使用90%的硝酸可以有效提高收率。虽然将酮（**4-5**）加入90%的硝酸中温度容易控制，但当2/3的酮（**4-5**）加入后，产物（**4-6**）便会结晶析出，生成一种密度较大的悬浊液。为了降低操作难度和减少操作人员暴露在90%硝酸中的危险，中试放大研究时，人们采用了一种替代工艺，即先加入酮（**4-5**），然后加入溶剂三氟乙酸，最后再加入90%的硝酸（图4-3）。结果表明，该条件下反应产生的热量能有效减少，因此可加快90%硝酸的加入速度，从而大大减少操作人员暴露在90%硝酸中的时间。

图4-3　三氟乙酸为溶剂的芳香酮的硝化反应

2. "三废"处理的考虑

随着反应规模的放大，反应所产生的"三废"效应开始变得显著。随着国家对环境维护和治理的力度不断加强，化学药品的生产工艺如果无法通过环境评估，即使操作简便、原料成本低廉，该药品也无法得到政府批准而投入生产。因此，提出"三废"问题的解决方案是中试放大研究的一个重要任务，尤其是如何对"三废"进行合理的循环利用和无害化处理。

除了以上几点，中试放大的研究内容还有许多，如原辅材料的考察与验证、原材料和中间体质量标准的制定、不完全反应和失控反应的应急处理方案的设计、放大反应最大承受量的检验、清洗工艺的确定等，其最终目标是为后续的药品生产做材料、技术、人员等各方面的准备，同时也为政府部门对药品的投产进行审批和验收提供有关消防、环保、职业病防治等方面的数据与文件。

第三节　中试放大的研究方法

健全的中试放大工艺必须包含三个因素：在预定的周期内制备出符合质量标准的优质产品；适应相对广泛的投料纯度范围，无论是自制或是外购的原料都不会对中试放大工艺产生影响；在容易控制的参数范围内操作。如果中试放大的工艺不完善，操作人员可能需要消耗更多的时间，原料药的品质也容易受到影响。因此，对于中试放大的研究，研究人员需要依据一定的化学和化工理论，并结合自身的相关经验，寻求开发出简单并且高效的方法。

一、逐级经验放大

逐级经验放大是中试放大研究中一种常用的方法。这种方法是依据开发者的经验，依靠小规模试验的方法和获得的实测数据，不断适当加大试验规模（小试装置-中间装置-中型装置-大型装置），对化学反应和化学反应器进行摸索的一种过程。

为达到一定的生产规模，若按保险的低放大系数逐级经验放大，开发周期长、人力物力耗费大；若提高放大系数，虽然理论上可省去若干中间环节，缩短开发周期，但相应的风险大。因此，确定合理的放大系数，是进行逐级经验放大的关键，通常需要依据化学反应的类型、放大理论的成熟程度、对所研究过程规律的掌握程度以及研究人员的工作经验等而定。放大系数较高的过程，主要是气相反应，因为人们对气体的性质研究较多，对其流动、传递规律也掌握较好；对液体和固体的性质、运动规律认识依次减少，涉及它们的放大依据更模糊；对复杂的多相体系，人们的认识更浅，缺乏足够数据，放大工作困难，甚至只能按 10~50 倍进行放大。

逐级经验放大是经典的放大方法，其优点是每次放大均建立在实验基础之上，可靠程度高。但缺点是缺乏理论指导，放大过程中放大系数不宜过高，开发周期长；同时，每次放大都要建立装置，开发成本较高。

二、相似模拟放大

相似模拟放大主要是应用相似原理进行放大，即依据放大后体系与原体系之间的相似性进行放大。应当指出，两体系之间实际连最基本的几何相似也难以实现。例如，将圆柱形设备的直径和高度均放大 10 倍，两体系高/直径比相等，但表面积/体积比仅为 1/10，严格意义上并未做到完全相似。

对更复杂的实际化工过程，往往涉及若干个相似特征数，放大中无法做到使它们都对映相等，只能满足最主要的相似特征数相等。因此，相似模拟放大有一定局限性，只适用于物理过程放大，而不适用于化学过程的放大。因为涉及传热和化学反应的情况十分复杂，不可能在既满足某种物理相似的同时还能满足化学相似。

相似模拟放大的一种特例是数量放大法，即通过增添过程设备单元（体系）的方式进行放大。新增体系与原体系完全相同，各项操作参数不变，形成双系列或多系列，从而实现生产能力的扩大。

三、数学模拟放大

数学模拟放大是用数学方程式表达实际过程和实际结果，然后用计算机进行模拟研究、设计放大。数学模拟放大通过研究模型的本质和规律，推理出原型的本质和规律。随着化学反应工程学和计算机技术的发展，数学模拟放大法取得了很大的发展，模拟和仿真成为了放大研究中的热门话题，代表了化工工程开发的发展方向。

如图 4-4 所示为数学模拟放大研究工作的一般程序。

（1）建模。建模工作主要包括两个方面，即通过小型化学试验，结合化学、化学工程理论，建立反应动力学模型。同时，通过大型冷模试验，进行化学反应工程学研究，建立流动模型。

通常把建立在坚实的理论基础上，意义明确，能够反映过程的物理、化学本质的模型，称为原理模型，其结论可以用于外推；建立在试验数据基础上的模型，称为经验模型，其结论不能盲目外推。多数情况下，人们建立的是混合模型。

（2）模型检验。模型检验是通过一定规模的试验进行。此时试验的目的不是测取数据，而是注重验证模型是否达到特定目的，并修正、完善模型，使之具备等效性。

（3）模型运用。模拟放大的最后工作是借助经过验证的数学模型进行各种模拟试验，

图 4-4 数学模拟放大程序

即通过改变参数，用计算机解数学方程，达到放大和优化的目的。模拟试验工作仅需在计算机上完成，不再依赖实物装置。这样既可以节省时间、人力、物力和财力，还可以进行高温、高压参数下的计算，提高放大工作效率。

必须强调的是，数学模型本身并不能揭示放大规律，其仅为一种工作方法。模型的建立、检验、完善都必须依赖大量严密的试验工作基础才能完成。虽然数学模拟放大具有先进性，但建模十分困难，目前成功的实例并不多。

第四节 中试放大的工艺问题与故障排除

经济因素（产品质量、收率、生产力和产品成本）是解决问题和排除故障背后的动力。杂质的存在和收率的下降都会给生产力带来负面影响，而生产力的问题又可以通过"打通工艺瓶颈"来解决。产品成本则可以通过提高产率、回收溶剂和使用较便宜的试剂取代较昂贵的试剂来减少。

故障排除主要指在很大压力下，一种快速解决问题的方式。解决问题要用科学的方法。首先，提出一个假设方法；然后进行实验验证，通过分析实验结果确定假设方法是否正确；最后实施有益的改进，或者重复该工艺，直到找到令人满意的条件。在放大反应中，故障排除的最佳时间是在问题发生之前，做到防患于未然。

一、工艺问题的物理及化学原因

在放大反应中，出现工艺问题可能是该工艺过程的操作有问题（如后处理过程的延长、非均相的操作条件和在最佳操作范围外的处理过程），或者是该工艺使用的化学品有问题，也或者二者皆有可能。如果反应之前所有原辅料经实验检测没有问题，那么客观分析往往认为放大反应中出现的问题是在操作过程中产生的。通过浏览生产批记录，查看出现问题的操作有助于确定产生问题的物理原因，而解决工艺障碍最有效的方法就是亲自到第一线观察操作过程。由化学投料引起的工艺问题可以在实验室通过小试来确定（如图 4-5 所示）。

用小试来确定造成工艺问题的原因，最直接的方法是使用在实验室中得到正确结果的

图 4-5　用小试确定工艺问题的流程

化学品批次作原料，然后逐个用放大反应上使用的原料取代一种成分来做小试。如果得到的结果与正常结果相当，取代的成分是没有问题的；如果实验没有显著的过程差别而结果也不理想，那么取代成分就是放大中产生工艺问题的根源。由于放大生产后每个原辅料的供应商几乎都和在研发阶段实验室使用的原辅料的供应商不同。为了使一个早期的工艺能够在试验工厂放大，用小试来确定造成工艺问题的原因就显得尤为必要。

尽量减小调查研究范围和减少小试次数是研究人员迅速解决工艺问题的关键。而有组织的方法更有可能帮助研究人员排除故障，尤其是在研究人员面临着很多造成工艺问题，且原因又不确定的情况下。例如，假设 8 个反应成分，可能对一个特定的工艺有负面影响。通过小试，一次改变一个变量（One Variable at A Time，OVAT），小试的范围为 1～8。为了大幅降低小试的数目，每次测试可以改变多个变量；通过每个小试检验一半的变量也可以减少小试次数。如果已经在实验室中确定其他 4 个反应成分没有问题，第一个实验只需要使用 8 个反应成分中的 4 个。如果此使用测试的结果是产率降低，那么额外的使用测试，将集中研究这 4 个反应成分中的哪个是产率减少的原因。以这种方式，使用测试的总数从 8 降到 4。这种方法也可以有助于研究人员发现从多个不同的变量相互作用产生的问题。

二、故障排除的步骤

1. 确认问题

为了最有效地分配人力资源，首先要确认问题的存在。最佳方法是检查任何计算，特别是用来确定纯度或质量平衡的计算。检查分析方法和计算的重复性、可靠性。不一致的采样方式会产生异常结果。当监控放大反应批次时，应该获取另一个反应样本，然后准备样本做过程监控分析和再分析。重复该法或者可以确认问题，或者可以显示需要额外注意的分析方法。也许问题与分析方法无关，而是由样本制备设备造成的，如不干净的实验室玻璃器皿、测量的工艺体积可能不是很准确，不是作为容量测试的实验室玻璃器皿的准确性可能有 15% 的误差、试验工厂的设备有 10% 的误差等。

2. 确定问题是否严重到需要花费时间去调查和解决

故障排除需要时间。个人认为的问题，可能不会是影响实现总体目标的重要障碍。所以在投入时间和资源以确定问题的原因和解决困难之前，最好咨询通晓整体情况的管理部门或专家。

3. 与成功的批次的工艺操作进行比较以确定不同点

在障碍排除中最困难的地方往往是确定问题的真正原因。有 4 个主要障碍：数据不完整、数据互相矛盾、数据混淆和意见。确定问题的物理原因的最佳方法是先查看工艺操作。一旦知道了一个问题的真正原因，便可通过设计实验来解决问题。

问题通常可以通过比较成功批次和有问题批次的工艺操作来发现。通常情况下，工艺操作和数据应记录在笔记本电脑、批记录或记录本中。若记录中对特别现象、延长或推迟的操作步骤有相关描述，其过程监控的测试结果很可能说明问题。如果从不同的数据组得到的结论是矛盾的，那么解决这些分歧对确定产生工艺问题的原因是很重要的。

例如用改良的阿尔布佐夫反应制备膦醋酸（**4-8**），初始结果与预期的一样。随后的生产中产生了颜色不对的批次，并且反应没有完成。据了解，为了快速硅烷化，需要同样数量的三甲基氯硅烷（TMSCl）和六甲基二硅烷（HMDS）。为了控制反应速率，从而控制放热，HMDS 在 60~70℃ 作为控制反应的组分加到含有 TMSCl 的反应混合液中。检查批次记录表明，不完全的反应批次是在 HMDS 加料延长或中断的情况下发生的，并在上次批次的工艺过程中发现有酸性气体被释放出来。所以认为是由于 TMSCl 的损失而导致反应不完全。在较低温度下进行的反应过程并没有导致原料（**4-7**）的完全消耗。于是研发出一个新的工艺，其中 TMSCl 和 HMDS 预先混合在一起，然后加入氯乙酸溶液，再加入含有原料（**4-7**）的溶液，同时在加料过程中控制温度低于 55℃（图4-6）。为了使反应完全，加热回流混合物。在这个优化的工艺中，反应进行完全，且无酸性气体放出。用甲基异丁基酮萃取，然后结晶确保了分离出的产品的质量；同时研发了膦醋酸（**4-8**）的重结晶工艺，可作为返工低质量批次的膦醋酸（**4-8**）的预备手段。

图 4-6　膦醋酸的合成

4. 用工艺敏感性找出最有可能产生负面影响的地方

在中试放大反应上的工艺研发及故障排除的经验对减少障碍排除所需的时间是非常宝贵的。工艺开发人员通常对这一工艺中的细微差别和错误最熟悉，他们往往能凭借经验和敏感性很快解决工艺的问题。有时候借助其他人的帮助也是必要的，具有不同的和更广泛经验的人，也许可以看出当局者观察不到的微妙的工艺问题。由于不需要保护已研发的工艺，"外来专家"可以更加冷静和迅速地解决问题。

5. 提出问题的可能原因

一旦一个问题的真正原因已经查明，制订一个解决方案，在随后的批次上避免这些困难通常就简单得多。在许多情况下，有必要分离和鉴定新的杂质，以便确定此次收率低的原因。

6. 确定分析方法以监控关键工艺过程

现有的过程监控方法可能有助于快速监控关键的工艺过程。如果现有的分析方法不能满足故障排除的需要，也许就有必要制定新的检测方法。新方法的准确性和可靠性比便利性更重要。

7. 监控工艺过程，确定问题是否查明

监控工艺过程以确定问题的真实原因是否被查明，是否可以采取合适的改进措施来解决这个问题。这通常可以在实验室做到，为监控大多数反应提供了极大的便利。有时候也许有必要延长实验室的工艺过程来模仿工厂的操作步骤。最好在问题出现的地点检查问题。这样，就不存在转移优化好的工艺的额外步骤。

8. 确认产生问题的原因已被查明

一旦产生该问题的原因已在第7步被认定，查明该原因就非常重要。这可能需要分析来自其他批次的数据或再做一次确认的小试。如果匆忙做出结论并恢复放大反应，就会有丧失大量资源和职业信誉的危险。

9. 提出可供选择的方法以解决这个问题，并执行这些步骤

一旦一个问题的真正原因已经明确，选择改良的工艺条件通常就很直接了。为了快速确认新条件的工艺参数，应该在问题发生的时候按照改进工艺进行生产。

10. 监控工艺改进后的结果，以确认改进是否有效

严格按照改进工艺进行现场操作，立即监测结果，并且迅速做出所需的进一步的调整。如果修改后的工艺并没有解决问题，就必须从头开始重新进行故障排除。

第五节 生 产 规 程

化学原料药（Active Pharmaceutical Ingredient，API）作为制剂的原料来源，其质量直接决定了制剂的质量好坏。因此，其在生产过程中必须依据一定的规程，才能持续稳定地生产出符合要求的产品。药物的生产规程主要可分为生产工艺规程和标准操作规程，前者规定为生产一定数量成品所需起始原料和包装材料的数量，以及工艺、加工说明、注意事项，生产过程中控制的一个或一套文件；后者是指经批准用以指示操作的通用性标准操作规程、文件或管理办法。生产工艺规程和标准操作规程一经制定，不得任意更改，如需更改时，应按照规定的程序办理更改审批手续。我国卫生部颁布的《药品生产质量管理规范（2010年修订）》中明确指出：药品生产质量管理的基本要求包括经批准的生产工艺规程和标准操作规程。

一个药物经过中试放大阶段的研究后，相关研究人员便可根据需要着手拟定该药物的生产工艺规程和标准操作规程，并经过不断改进和完善，最终经过审批形成正式的文件后用于指导药物生产。

一、生产工艺规程

根据 2010 年版 GMP 的规定，"每种药品的每个生产批量均应当有经企业批准的工艺规程，不同药品规格的每种包装形式均应当有各自的包装操作要求。工艺规程的制定应当以注册批准的工艺为依据。""工艺规程不得任意更改。如需更改，应当按照相关的操作规程修订、审核、批准。"

一个化学药物的制备虽然可以采用不同的生产工艺，但在特定条件下，必有一条最为合理、经济且能保证产品质量的工艺适合相应的生产企业。由于生产的医药品种不同，药物生产规程的繁简程度也有很大的差别。对于一种药物的生产，通常需要根据制定的生产工艺路线拟定生产工艺规程，经审批后用于对该药物的生产进行指导，使生产过程有序、高效，最终生产的药物质量具有持续稳定性并符合相应的法律法规规定。因此，生产工艺规程是指导生产的重要文件，也是组织管理生产的基本依据，更是药物生产企业进行质量管理的重要组成部分。生产工艺规程是内部资料，必须按密级妥善管理，注意保管，不得遗失，严防失密，任何人不得外传和泄漏，印制时标明印数，做好印制和发放记录。

1. 生产工艺规程的主要作用

首先，生产工艺规程是组织药品生产的指导性文件。生产的计划、调度只有根据生产工艺的安排，才能保持各个生产环节之间的相互协调，才能按计划完成。如抗坏血酸生产工艺中既有化学合成过程（如高压加氢、酮化、氧化等），又有生物合成（如发酵、氧化和转化等），还有精制及镍催化剂的制备、活化处理、菌种培育等，不同过程的操作工时和生产周期各不相同，原辅材料、中间体质量标准及各中间体和产品质量监控也各不相同，还需注意安排设备及时检修等。只有严格按照生产工艺规程组织生产，才能保证药品的生产质量、保证生产安全、提高生产效率、降低生产成本。

其次，生产工艺规程是生产准备的依据。如生产前原辅料的准备、生产场所和所用设备的说明、关键设备的准备（如清洗、组装、校准、灭菌等）所采用的方法或相应操作规程编号、待包装产品的贮存要求、所需全部包装材料的完整清单等均在 2010 年版 GMP 中明确要求在生产工艺规程中进行详细说明。

最后，生产工艺规程是新建和扩建生产车间或工厂的基本技术条件。在新建和扩建生产车间或工厂时，必须以生产工艺规程为依据，先确定生产所需品种的年产量，其次是反应器、辅助设备的大小和布置，进而确定车间或工厂的面积。此外，还需根据原辅材料的储运、成品的精制、包装等具体要求，最后确定生产工人的工种、等级、数量、岗位技术人员的储备，各辅助部门（如能源、动力保障部门等）也都要以生产工艺规程为依据逐项进行安排。

2. 制定生产工艺规程的基本内容

根据 2010 年版 GMP 第一百七十条的要求，生产工艺规程的基本内容至少应当包括：

（1）生产处方。

① 产品名称和产品代码；

② 产品剂型、规格和批量；

③ 所用原辅料清单（包括生产过程中使用，但不在成品中出现的物料），阐明每一物料的指定名称、代码和用量；如原辅料的用量需要折算时，还应当说明计算方法。

（2）生产操作要求。

① 对生产场所和所用设备的说明（如操作间的位置和编号、洁净度级别、必要的温湿度要求、设备型号和编号等）；

② 关键设备的准备（如清洗、组装、校准、灭菌等）所采用的方法或相应操作规程编号；

③ 详细的生产步骤和工艺参数说明（如物料的核对、预处理、加入物料的顺序、混合时间、温度等）；

④ 所有中间控制方法及标准；

⑤ 预期的最终产量限度，必要时，还应当说明中间产品的产量限度，以及物料平衡的计算方法和限度；

⑥ 待包装产品的贮存要求，包括容器、标签及特殊贮存条件；

⑦ 需要说明的注意事项。

（3）包装操作要求。

① 以最终包装容器中产品的数量、质量或体积表示的包装形式；

② 所需全部包装材料的完整清单，包括包装材料的名称、数量、规格、类型以及与质量标准有关的每一包装材料的代码；

③ 印刷包装材料的实样或复制品，并标明产品批号、有效期打印位置；

④ 需要说明的注意事项，包括对生产区和设备进行的检查，在包装操作开始前，确认包装生产线的清场已经完成等；

⑤ 包装操作步骤的说明，包括重要的辅助性操作和所用设备的注意事项、包装材料使用前的核对；

⑥ 中间控制的详细操作，包括取样方法及标准；

⑦ 待包装产品、印刷包装材料的物料平衡计算方法和限度。

3. 生产工艺规程的制定

药品的生产必须按照生产工艺规程进行。对于新产品的生产，在中试放大阶段或试车阶段结束后，一般先制定临时的生产工艺规程，待经过一段时间生产稳定后，再制定正式的生产工艺规程。

生产工艺规程通常由生产技术部组织工艺员负责起草，生产技术部经理负责组织质量管理部、工程部及各车间等相关部门进行专业审核，生产技术部负责定稿，最后由制药企业负责质量管理的高级管理人员批准后颁发执行。生产工艺规程制定的一般过程如下。

（1）准备阶段。由技术部门组织有关人员学习上级颁发的技术管理办法等有关内容，拟订编写大纲，统一格式与要求。其中，首先要做好工艺文件的标准化工作，即按照上级有关部门规定和本单位实际情况，做好工艺文件种类、格式、内容填写方法，工艺文件中常用名词、术语、符号的统一、简化等方面的工作，做到以最少的文件格式，统一的工程语言正确地传递有关信息。

（2）组织编写。开发此产品的研发部门将小试、中试、文献资料和生产设备情况，提供给生产部主管及质量部主管。随后，生产部主管根据工厂设备情况，编写工艺操作规程、岗位操作规程、批生产记录。质量部主管根据生产工艺规程中的要求，制定中间产品、成品质量标准、检测方法和监督频次。

（3）讨论初审。由车间技术主任召集有关人员充分讨论，广泛征求班组意见，然后拟初稿，由参加编写人员签字，车间技术主任初审签署意见后报企业技术部门。

（4）专业审查。由企业技术部门组织质量、设备、车间等专业部门，对各类数据、参数、工艺、标准、安全措施、综合平衡等方面进行全面审核。

经编制后的工艺规程、中间产品和成品质量标准，分别提交研发部，由研发部组织相关人员进行会审，并将结果以书面形式告知生产部主管、质量部主管。

（5）修改定稿。由生产技术部门复核结果、修改内容、精简文字、统一写法。

（6）审定批准。修改定稿的材料报企业总工程师或厂技术负责人审定批准，车间技术主任、技术部长、总工程师三级签章生效，打印后颁发各有关部门执行。

经审核后的工艺规程，按标准的格式打印，由生产部主管签名、质量部主管签名及工厂总经理批准，并注明批准日期和执行日期。

4. 生产工艺规程的变更与修订

在实际生产过程中，随着技术的进步和生产情况的改变，如工艺中的某一步骤或各步骤的生产地点发生改变、可能与产品质量或工艺表现有影响的工艺参数发生改变、重要原料的供应商的更换或供应商工艺的改变、工艺设备的变更等，生产工艺规程也需要变更或修改。此时，必须与品种生产有关的车间提出申请，说明变更的题目、对象、变更的内容及理由，交生产主管、质量主管审核。重要工艺变更必须提交随同变更审批表提供相关的稳定性数据、验证情况或其他有关数据，特别是对工艺变更内容所造成的潜在影响的分析。

验证领导小组负责确认变更前的验证状态，并将必要的验证工作列入计划。变更生产工艺规程必须填报《工艺变更申请单》，并附有变更方案，按照《工艺变更管理流程》，经批准后方可执行。对变更后的工艺规程需要跟踪前三批产品的质量及操作的可行性、合理性，确认对产品品质没有造成影响后，验证领导小组将工艺规程告知给生产质量部门。一般性变更可经生产部、质量部审核批准后执行，重要变更需经生产部、质量部审核后报药监部门审批后及时备案方可实行。

二、标准操作规程

标准操作规程描述的是与实际操作有关的详细、具体工作，是文件体系的主要组成部分，主要有生产操作、检验操作、设备操作、设备维护保养、环境监测、质量监控、清洁和职责，通常用 SOP（Standard Operating Procedure）表示。标准操作规程与生产工艺规程之间有着深度和广度的关系，后者体现了标准化，而前者反映的则是具体化。

1. 标准操作规程内容

根据 2010 年版 GMP 第一百八十一条规定，"操作规程的内容应当包括：题目、编号、版本号、颁发部门、生效日期、分发部门以及制定人、审核人、批准人的签名并注明日期、标题、正文及变更历史。"

2. 标准操作规程的编写原则

（1）所有设有记录与生产有关的制造、检验文件中的操作均以 SOP 的形式描述。

（2）对 SOP 的每一个步骤的表述应清晰、简明、准确，同时，要求文件形式完整，整个公司内部的 SOP 类文件必须保持一致性。

（3）SOP 的编制人员必须是熟悉了解所描述程序的技术人员或管理人员，SOP 编写完成后必须经各个相关部门或相关操作者讨论后，并经该部门负责人审核、经企业各主管负责人批准后才能颁布执行。

思考题

1. 比较中试放大研究和实验室小试研究有何异同。
2. 中试放大研究中，如何形成稳定的工艺过程控制？
3. 中试放大研究中，如果中试结果未达到预期水平，可从哪些方面思考出现问题的原因？
4. 结合文献，试编写图 4-1 所述步骤的标准操作规程（SOP）。

参考文献

［1］ N. G. Anderson. Practical Process Research and Development：a guide for organic chemists. Academic Press，2012.
［2］ 保晓军 . 浅谈中试放大 . 中国化工贸易，2014，6（10）：155.

第五章
化学制药与环境保护

第一节　概　述

一、环境保护的重要性

　　环境为人类的生存和发展提供了必需的资源和条件，是人类生存和发展的基本前提。随着社会经济的发展，环境问题已经作为一个不可回避的重要问题提上了各国政府的议事日程，并成为全球性问题。为了保护环境，减轻环境污染，遏制生态恶化趋势，环境保护已成为各国政府社会管理的重要任务。

　　环境问题不是一个单一的社会问题，它是与人类社会的政治和经济发展紧密相关的。环境问题在很大程度上是由人类社会发展，尤其是那种以牺牲环境为代价的发展所造成的。对于我国而言，随着国民经济的快速发展，资源消耗日益加剧、环境污染严重、生态系统退化，特别是大气、水、土壤等环境污染严重，已严重危害人民群众的生命健康，也严重制约了我国经济的可持续发展并影响了社会的稳定。

二、我国防治环境污染的方针政策

　　解决全国突出的环境问题，促进经济、社会与环境协调发展和实施可持续发展战略，是我国各级政府面临的重要而又艰巨的任务。1973 年，国务院成立了环保领导小组及办公室，在全国开始"三废"治理和环保教育，标志着我国环境保护工作的开始。经过 40 多年的发展，我国的环境保护政策已经形成了一个较为完整的体系，具体包括三大政策八项制度，即"预防为主，防治结合""谁污染，谁治理"及"强化环境管理"这三项政策和"环境影响评价""三同时""排污收费""环境保护目标责任""城市环境综合整治定量考核""排污申请登记与许可证""限期治理"和"集中控制"八项制度。

　　目前，保护环境已成为我国一项基本国策。近年来，我国先后制定了《中华人民共和国环境保护法》、《中华人民共和国大气污染防治法》、《中华人民共和国水污染防治法》等30 多部相关法律，为保护和改善我国生态环境发挥了重要作用。针对日益突出的制药工业对环境的污染问题，中华人民共和国环境保护部（以下简称环境保护部）于 2012 年颁布了《制药工业污染防治技术政策》（公告 2012 年第 18 号），并于 2015 年公布了《制药工业污染防治可行技术指南（征求意见稿)》，加强了对制药工业的污染防治水平。此外，我国对

于制药项目的立项、建设、验收也进行了专门规定。2016 年，环境保护部分别颁布实施了《建设项目竣工环境保护验收技术规范制药》（HJ 792—2016）和《制药建设项目环境影响评价文件审批原则（试行）》（环办环评［2016］114 号）。这些文件的颁布，有利于我国制药行业的产业结构调整，通过淘汰落后产能和对环境的保护，促使行业可有效的持续性健康发展。

三、化学制药污染的特点与现状

1. 化学制药污染的特点

与其他工业排放物类似，化学制药所产生的"三废"组成复杂，毒性大且浓度高，不易治理。此外，由于化学药物品种多、工艺复杂，不同产品产污情况不同，同一产品也会因工艺、原料不同而产生不同污染物，故化学制药所产生的"三废"还具有数量少、种类多、变动性大、间歇排放、化学需氧量（Chemical Oxygen Demand，COD）高等特点。

2. 化学制药污染的现状

化学制药厂常是环境污染较为严重的企业。从原料药到药品，整个生产过程都有可能是造成环境污染的因素。在许多发达国家，如美国、德国、日本等国家，由于对环境保护的要求日益严格，现已经逐渐放弃了高消耗、高污染的原料药生产，转而专注于下游制剂的开发与生产。我国作为一个发展中国家，制药工业刚刚起步，自然成为原料药的生产和出口大国。此举虽然能够促进我国制药工业的进步，提高经济效益，但同时也产生了大量严重污染环境的物质。从总体上看，我国目前化学制药行业的污染仍然十分严重，治理的形势相当严峻。全行业污染治理的程度不平衡，条件设施好的制药厂已达二级处理水平，即大部分污染物得到了妥善的处理；但仍有相当数量的制药厂仅仅是一级处理，甚至还有一些制药厂没能做到清污分流。个别制药厂的法制观念不强，环保意识不深，随意倾倒污染物，或者将污染物转交不具备处理资质的企业或个人处理，甚至偷排的现象也时有发生，对环境造成了严重的污染。

第二节　防治污染的主要措施

产品的生产既是原料的消耗和产品的形成过程，也是"三废"的产生过程。产品所采取的生产工艺决定了废弃物的种类、数量和毒性。因此，"三废"污染的防治应从药物生产中的头、中、尾三部分抓起：首先，从头做起，就是改进生产工艺，大力推进化学药物的清洁生产，从源头上减少和控制"三废"的排放；其次，在化学药物生产过程中增加预处理环节，尽量减少末端处理的压力和难度；最后，在尾端的处理环节，不仅要开发"三废"处理的新技术、新工艺，如针对化学药物废水的特点，开发包含物化、高级氧化、生化处理的全套解决方案等，还要加强对"三废"中资源的再生利用，变废为宝。

化学药物的"三废"是在生产过程中产生的，因而对污染少或无污染的生产工艺进行研究是减少或消除"三废"污染危害最根本的措施。在选择生产工艺时，应尽量选择污染程度小、"三废"排放少的工艺。对现有污染程度比较高的工艺，要进行工艺改革，以达到减少或消除"三废"的目的。这种方式可节省大量的人力、物力和财力，且对环境保护的效果好。

一、清洁生产工艺的研究与开发

清洁生产是指将整体预防的环境战略持续应用于生产过程的产品中，以期减少对人类和环境的危害。其主要包括三方面内容：清洁生产工艺、清洁产品和清洁能源。对于制药企业，清洁生产工艺主要包括尽量少用、不用有毒有害的原料；中间体无毒、无害；减少或消除生产过程中的各种危险性因素；少废、无废的生产工艺；高效的设备；物料的再循环；简便、可靠的操作和控制；完善的科学量化管理等。在生产过程中，清洁生产工艺要求全过程控制工艺，包括节约原材料和能源，淘汰有毒害的原材料，并在全部排放物和废物离开生产过程之前，尽量减少它们的排放量和毒性，对必须排放的污染物实行综合利用，使废物资源化。

对于清洁生产工艺的研究与开发，主要包括新工艺的研究与开发和旧工艺的优化与升级。新工艺的研究与开发可结合前面章节关于化学药物合成工艺路线的研究来进行，而旧工艺的优化与升级的有效途径包括如下几条。

1. 更换原辅材料

这是最常用的方法，主要方式是采用低毒、无毒的原辅材料代替剧毒、有毒的原辅材料，从而降低或消除生产风险和生产中的污染问题。采用低毒和低污染原料替代高毒和难以去除高毒的原料是清洁生产的重要一环，如美国采用水质溶剂和新的喷涂包衣设备的开发。另外常规薄膜包被变为水膜包衣可使二氯甲烷使用量从每年的60t降为8t。又如在化学合成反应中，可以用空气（氧气）接触氧化替代氧化剂氧化，可以用水质洗涤液取代其他溶剂、溶液，用非氧化溶剂取代氯化溶剂等。

然而对制药业来说，在一个成熟的生产工艺中使用替代原料是十分困难的，因为它需要保证该药在疗效稳定性和纯度上与原来生产的药物一样，而且还要考虑到改变配方的药品通过国家市场监督管理总局审批需花费一定的时间等。因此，在新药的研究开发阶段，就应做好生产过程使用的每种物质中的降低残留物的毒性等工作。

2. 改进操作方法

原辅材料的更换，有时会受到收率、成本、设备、供应条件等多种因素的影响，甚至有时需要更换整条工艺路线。因此，可从改进操作方法的角度进行考虑。例如，安乃近（Analgin）的生产过程中有一步酸水解反应，排出的废气中含有甲酸、甲醇和水蒸气。由于热的甲酸蒸气对设备腐蚀较严重，若缺乏适当的冷凝设备，只能进行排空。根据甲醇在酸存在的条件下通过发生酯化反应生成甲酸甲酯的原理，在生产操作中改用加硫酸进行水解，先不蒸出反应生成的甲酸和甲醇，而是让它们在反应罐中在 $98 \sim 100℃$ 下回流 $10 \sim 30min$ 后酯化生成甲酸甲酯，再从回流冷凝管顶部回收甲酸甲酯。这样既不影响水解反应的正常进行，又减少了甲酸、甲醇等有机蒸气的排放，还可回收甲酸甲酯作为副产品。

3. 采用新技术

在已有的生产工艺中，新技术的采用不但能显著提高生产技术水平，也有利于"三废"的防治与环境保护。如第三章中所介绍的生物酶催化剂在药物合成中的应用，正是近年来快速发展的一个方向。生物酶催化剂的使用，不仅可以大大提高原料的转化效率和产品收率，而且可以避免使用许多有毒有害的化学试剂，减少"三废"排放。

4. 选用高效节能设备

节约资源和能源是防治工业污染的最有效途径,对于效率低下且在生产运输过程中易产生泄漏的装备,必须及时更新。对于不合理的,易于污染环境的装置也需要尽快更新。例如在减压(真空)蒸发、浓缩时采用的力喷射泵,其弊端是会将污染物质抽入水中使清水变成污水,因而若改用机械真空泵则可免于产生废水。其次,在物料输送时应多采用泵输送的方式,这不仅仅是为了操作上的方便,而且可以避免使用真空或压缩气体输送物料时所造成的能耗和物质损耗的增加。

需要注意的是,以上对化学药品旧工艺的优化与升级虽然可有效提高清洁生产水平和减少生产对环境的污染,但需要根据这些变更对生产工艺、产品质量的影响程度进行风险评估和相应的研究工作,其目的是使这些变更不会对药物安全性、有效性和质量可控性产生负面影响。其中,风险评估包括全面分析工艺变更对药物结构、质量及稳定性等方面的影响,如变更所可能引起的杂质种类及含量的变化、原料药物理性质的改变等。研究工作宜重点考察变更前后原料药质量是否一致。

二、提高资源的综合利用水平

对资源的综合利用包括循环套用、能源资源的综合利用和"三废"的综合利用等。

1. 循环套用

在药物合成中,反应往往不能进行彻底,且常常存在副反应,产物也难以从反应混合物中完全分离。因此,反应母液中常含有一定数量的未反应原料、副产物和产物。通过合理的设计,部分药物合成中的反应母液可以循环套用或经适当处理后套用,从而降低原辅料的单耗,提高产品收率,且减少对环境的污染。例如,在氯霉素合成中进行乙酰化时,原工艺是将反应母液蒸发浓缩回收醋酸钠,并将残液废弃(图5-1)。后经改进,将母液按含量代替醋酸钠直接用于下一批反应,实现了母液的循环利用,从而避免了蒸发、结晶、过滤等操作。同时,由于母液中还含有一些反应产物(**5-1**),母液的循环使用不仅减少了废水的处理量,而且提高了产物的收率。

图 5-1　氯霉素合成中的乙酰化反应

又如,甲氧苄氨嘧啶(Trimethoprim)的氧化反应是将三甲氧苯甲酰肼(**5-2**)在氨水及甲苯(Toluene)中用赤血盐钾(铁氰化钾)氧化,得到三甲氧基苯甲醛(**5-3**),同时副产物黄血盐钾氨(亚铁氰化钾氨)溶解在母液中。黄血盐钾氨分子中含有氰基,需处理后方可随母液排放。经过改进,将含有黄血盐钾氨的母液适当处理后,用高锰酸钾进行氧化,使黄血盐钾氨变成原料赤血盐钾后,重新套用于氧化反应中(图5-2)。

上述都是将反应母液进行循环套用的实例,此外,反应所使用的溶剂、催化剂、活性炭等材料经过处理后也可考虑反复套用。如果处理方法得当,对反应材料的套用相当于一个闭路循环,也是一个理想的无害化工艺,可以大大减少"三废"的排放和相应的环境污染。

图 5-2　甲氧苄氨嘧啶合成中的赤血盐钾套用

2. 能源资源的有效综合利用

在制药工业中，使用的能源主要包括水、蒸汽（气）、电力和压缩空气等。对能源资源进行有效综合利用不仅可以为企业节约生产成本，同时也可以有效减少生产过程中的"三废"污染。如蒸汽是制药公司生产所需要的最重要的能源之一，几乎生产中的加热、浓缩、干燥、热交换，包括空调、采暖都要用到蒸汽，而蒸汽在使用过程中因温度发生变化会产生冷凝水，所产生的冷凝水通常被直接排放形成了污水。如果将生产过程中蒸汽所产生的冷凝水进行收集，不仅可以减少废水的排放，同时还可通过换热器用这些冷凝水来预热前期的物料，从而减少部分蒸汽的用量。

3. "三废"的综合处理和再利用

对"三废"进行综合处理和再利用，不仅可以减少废弃物的排放，还可以使这些原本无用，而且易造成环境污染的物质成为具有一定附加值的产品，从而提高企业的经济效益和社会效益。如在喷托维林（Pentoxyverin）的生产过程中所产生的环腈废水，通常需要处理后才能排放。但如果将该废水用本车间制备的二溴丁烷的废酸将 pH 值中和到 5~6，再加活性炭脱色过滤后浓缩至溴化钠浓度达 50% 以上，便可用来代替氢溴酸制备二溴丁烷（图5-3）。

图 5-3　生产喷托维林的环腈废水的综合利用

"三废"的综合利用应尽可能在本单位进行，这样可以降低生产消耗，节省运输费用。但是，也可以考虑利用其他药厂或行业的"废物"应用于本单位的生产。如生产 8-羟基喹啉的原料为邻硝基苯酚，原本需要专门合成，但由于香料行业生产邻硝基苯甲醚所排出的废水中就含有大量的邻硝基苯酚，用 200 号溶剂萃取回收便可用于生产 8-羟基喹啉。这种案例在化学制药行业中是不胜枚举的。

第三节　废水的处理

对于化学制药生产所产生的"三废",虽然可以通过第二节所阐述的一些措施进行防治,从而减少"三废"的产生与排放,但不可能将"三废"完全消除。因此,对"三废"进行无害化处理,是"三废"治理的另一个重要的课题。

在化学制药所产生的"三废"中,废水的数量相对更多、所含废弃物种类复杂、危害更严重,对生产的持续发展影响更大,因此是化学制药企业进行"三废"无害化处理的主要对象。

一、废水处理的基本概念

1. 水质指标

水质指标是表征废水性质的参数。表征废水水质的指标有多种,其中比较重要的包括pH值、悬浮物(Suspended Substance, SS)、生化需氧量(Biochemical Oxygen Demand, BOD)、化学需氧量(Chemical Oxygen Demand, COD)等。

pH值是反映废水酸碱性强弱的重要指标,其对维护废水处理设备的正常运行,防止废水处理及输送设备的腐蚀,保护水生生物和水体自净化功能都有十分重要的意义。通常经过处理后的废水应呈中性或接近中性。

悬浮物是指废水中呈悬浮状态的固体,是反映水中固体物质含量的一个常用指标。悬浮物是造成水浑浊的主要原因,可用过滤法测定,单位为 mg/L。

生化需氧量是指在一定条件下,微生物氧化分解水中的有机物时所需的溶解氧的量,是反映水中有机污染物含量的一个综合指标。其值越大,表示水中的有机物越多,水体被污染的程度越高。在BOD的测量中,通常规定使用20℃、5天的测试条件,并将结果以氧的单位为 mg/L 进行表示,记为五日生化需氧量(BOD_5)。

化学需氧量是指在一定条件下,用强氧化剂氧化废水中的有机物所需的氧的量,单位为 mg/L。一般测量化学需氧量所用的氧化剂为高锰酸钾或重铬酸钾,使用不同的氧化剂得出的数值也不同,因此需要注明检测方法。COD与BOD均可表征水体被污染的程度,但COD能够更精确地表示废水中的有机物含量,且测定时间短,不受水质限制,因此常被用作废水的污染指标。COD与BOD之间的差值,表示未能被微生物分解的污染物含量。

氨氮(Ammonia-Nitrogen)是指水中以游离氨(NH_3)和铵离子(NH_4^+)形式存在的氮。氨氮是水体中的营养物质,如果其在水中的含量过高,易导致水体的富营养化,从而使鱼类或某些水生生物由于缺氧而死亡。

总氮(Total Nitrogen, TN)是水中各种形态的无机和有机氮的总量,包括 NO_3^-、NO_2^-、NH_4^+ 等无机氮和蛋白质、氨基酸、有机胺等有机氮,其值以每升水中含氮的毫克数计,常用于表示水体受营养物质污染的程度。

总有机碳(Total Organic Carbon, TOC)是指水体中溶解性和悬浮性有机物含碳的总量。水中有机物的种类很多,目前尚无法全部进行分离鉴定,故采用总有机碳作为一个综合指标进行快速鉴定,并以碳的数量表示水中有机物的总含量。总有机碳通常作为评价水体有机物污染程度的重要依据,但由于其无法反映水中有机物的种类和组成,故不能反映总量相同的总有机碳所造成的不同污染后果。

2. 清污分流

清污分流是将高污染水（如制药生产过程中排放的各种废水）和未污染或低污染水（如间接冷却水、雨水和生活用水等）分开输送、排放或贮留，从而有利于高污染水的处理和未污染或低污染水的循环套用。清污分流对于废水的处理是十分重要的。通常，未污染或低污染水的量远超过生产废水等高污染水的量，采用清污分流，不仅大幅降低废水的处理量，还可以节约水资源的使用。

除了清污分流，还应将某些特殊废水与一般废水分开，以利于特殊废水的单独处理和一般废水的常规处理。如某些含剧毒物质（如重金属）的废水应与准备生物处理的废水分开；含氰废水、含硫化物废水与酸性废水不能混合等。

3. 废水的处理级别

按照处理程度不同，废水的处理通常分为一级、二级和三级三个级别。

一级处理通常是使用物理或简单的化学方法除去废水中的漂浮物和部分悬浮物，以及调节废水的 pH 值等。一级处理是二级生物处理的预处理过程，只有一级处理出水水质符合要求，才能保证二级生物处理运行平稳，进而确保二级出水水质达标。针对不同污水中存在的不同污染物，应实施与之相对应的一级处理工艺。比如酸碱污水应当采取中和处理，含盐污水应当采取离子交换、电解或膜法处理，对超高浓度有机污水就应当采取萃取法处理。经过一级处理的污水，BOD 一般可去除30%左右。

二级处理主要指废水的生物处理。废水经过一级处理后，再经过二级处理，可除去废水中大部分有机污染物，将废水中各种复杂有机物氧化分解为简单物质。经过二级处理，废水中可被微生物分解的有机物去除率可达90%左右，水质可以得到大大改善。

三级处理又称为深度处理，用于进一步处理难降解的有机物、氮和磷等能够导致水体富营养化的可溶性无机物等。根据三级处理出水的具体去向和用途，其处理流程和组成单元有所不同。如果为防止受纳水体富营养化，则采用除磷和除氮的处理单元过程；如果为保护下游饮用水源或浴场不受污染，则应采用除磷、除氮、除毒物、除病原体等处理单元过程；如果直接作为城市饮用水以外的生活用水，例如洗衣、清扫、冲洗厕所、喷洒街道和绿化地带等用水，其出水水质要求接近于饮用水标准，则要采用更多的处理单元过程。

二、废水处理的控制指标

根据国家《污水综合排放标准》（GB 8978—1996），按污染物对人体健康的影响程度，将污染物分为两类。其中，第一类污染物是指能在环境或动植物体内蓄积，对人体健康产生长远不良影响的，共13 种；第二类污染物是指其长远影响小于第一类污染物的污染物质，在排污单位排出口取样，其污染物检测指标主要包括pH 值、色度、悬浮物、五日生化需氧量、化学需氧量等。

对于化学合成类制药废水，大部分为高浓度有机废水，盐含量高，pH 值变化大，部分原料或产物具有生物毒性或难被生物降解，如酚类化合物、苯胺类化合物、重金属、苯系物、卤代烃等。水污染物包括常规污染物和特征污染物，即 TOC、COD、BOD_5、SS、pH、氨氮、总氮、总磷、色度、急性毒性、挥发酚、硫化物、硝基苯类、苯胺类、二氯甲烷、总锌、总铜、总氰化物和总汞、总镉、烷基汞、六价铬、总砷、总铅、总镍等污染物，其来源及水质特点如表 5-1 所示。

表 5-1　化学合成类制药废水来源及水质特点表

废水来源	水质特点	一般水质指标/(mg/L)
母液类	包括各种结晶母液、转相母液、吸附残液等，污染物浓度高，盐含量高，废水中残余的反应物、生成物等浓度高，有一定生物毒性、难降解	COD 一般在数万，最高可达几十万；BOD$_5$/COD 一般在 0.3 以下；盐含量一般在数千以上，最高可达数万，乃至几十万
冲洗废水	包括过滤机械、反应容器、催化剂载体、树脂、吸附剂等设备及材料的洗涤水。其污染物浓度高、酸碱性变化大	COD：4000~10000 BOD$_5$：1000~3000
辅助过程排水	包括循环冷却水系统排污，水环真空设备排水，去离子水制备过程排水、蒸馏（加热）设备冷凝水等	COD≤100
生活污水	与企业的人数、生活习惯、管理状态相关，但不是主要废水	同一般生活污水

为了规范化学制药企业的水污染物排放，环境保护部于 2008 年颁布实施了《化学合成类制药工业水污染物排放标准》（GB 21904—2008），规定了化学合成类制药工业企业水污染物排放限值、监测和监控要求，并规定企业向设置污水处理厂的城镇排水系统排放废水时，有毒污染物总镉、烷基汞、六价铬、总砷、总铅、总镍、总汞在本标准规定的监控位置执行相应的排放限值；其他污染物的排放控制要求由企业与城镇污水处理厂根据其污水处理能力商定或执行相关标准，并报当地环境保护主管部门备案；城镇污水处理厂应保证排放污染物达到相关排放标准要求。此外，建设项目拟向设置污水处理厂的城镇排水系统排放废水时，由建设单位和城镇污水处理厂按前款的规定执行。该标准中，对于水污染物排放浓度限值要求如表 5-2 所示。

表 5-2　水污染物排放浓度限值　　　单位：mg/L（pH 值、色度除外）

序号	污染物	现有企业	新建企业	序号	污染物	现有企业	新建企业
1	pH 值	6~9	6~9	14	挥发酚	0.5	0.5
2	色度（稀释倍数）	50	50	15	硫化物	1.0	1.0
3	悬浮物	70	50	16	硝基苯类	2.0	2.0
4	五日生化需氧量（BOD$_5$）	40（35）	25（20）	17	苯胺类	2.0	2.0
5	化学需氧量（COD$_{Cr}$）	200（180）	120（100）	18	二氯甲烷	0.3	0.3
6	氨氮（以 N 计）	40（30）	25（20）	19	总汞	0.05	0.05
7	总氮	50（40）	35（30）	20	烷基汞	不得检出	不得检出
8	总磷	2.0	1.0	21	总镉	0.1	0.1
9	总有机碳	60（50）	35（30）	22	六价铬	0.5	0.5
10	急性毒性(HgCl$_2$ 毒性当量)	0.07	0.07	23	总砷	0.5	0.5
11	总铜	0.5	0.5	24	总铅	1.0	1.0
12	总锌	0.5	0.5	25	总镍	1.0	1.0
13	总氰化物	0.5	0.5				

注：1. 烷基汞检出限：10ng/L。

2. 括号内排放限值适用于同时生产化学合成类原料药和混装制剂的联合生产企业。

3. 现有企业指本标准实施之日前已建成投产或环境影响评价文件已通过审批的化学合成类制药企业或生产设施，新建企业是指本标准实施之日起环境影响评价文件通过审批的新建、改建和扩建化学合成类制药工业建设项目。

4. 1~18 号污染物排放监控位置为企业废水总排放口，19~25 号污染物排放监控位置为车间或生产设施废水排放口。

5. 目前，所有企业均按新建企业的水污染物排放标准执行。

此外，在国土开发密度较高、环境承载能力开始减弱，或水环境容量较小、生态环境脆弱，容易发生严重水环境污染问题而需要采取特别保护措施的地区，化学合成类药物生产企业的污染排放行为应按照表5-3所规定的水污染物特别排放限值严格控制，具体执行水污染物特别排放限值的地域范围、时间，由国务院环境保护行政主管部门或省级人民政府规定。

表5-3 水污染物特别排放限值 单位：mg/L（pH值、色度除外）

序号	污染物	排放限值	序号	污染物	排放限值
1	pH值	6～9	14	挥发酚	0.5
2	色度（稀释倍数）	30	15	硫化物	1.0
3	悬浮物	10	16	硝基苯类	2.0
4	五日生化需氧量（BOD$_5$）	10	17	苯胺类	1.0
5	化学需氧量（COD$_{Cr}$）	50	18	二氯甲烷	0.2
6	氨氮（以N计）	5	19	总汞	0.05
7	总氮	15	20	烷基汞	不得检出
8	总磷	0.5	21	总镉	0.1
9	总有机碳	15	22	六价铬	0.3
10	急性毒性（HgCl$_2$毒性当量）	0.07	23	总砷	0.3
11	总铜	0.5	24	总铅	1.0
12	总锌	0.5	25	总镍	1.0
13	总氰化物	不得检出			

注：1. 总氰化物检出限：0.25mg/L。

2. 烷基汞检出限：10ng/L。

3. 1～18号污染物排放监控位置为企业废水总排放口，19～25号污染物排放监控位置为车间或生产设施废水排放口。

以上水污染物排放浓度限值适用于单位产品实际排水量不高于单位产品基准排水量的情况。对于不同类别化学合成类制药产品的生产，其单位产品基准排水量见表5-4。若单位产品实际排水量超过单位产品基准排水量，须按下式将实测水污染物浓度换算为水污染物基准水量排放浓度，并以水污染物基准水量排放浓度作为判定排放是否达标的依据。产品产量和排水量统计周期为一个工作日。

$$\rho_{基} = \frac{Q_{总}}{\Sigma Y_i Q_{i基}}\rho_{实} \tag{5-1}$$

式中，$\rho_{基}$为水污染物基准水量排放浓度，mg/L；$Q_{总}$为排水总量，m^3；Y_i为第i种产品产量，t；$Q_{i基}$为第i种产品的单位产品基准排水量，m^3/t；$\rho_{实}$为实测水污染物排放浓度，mg/L。若$Q_{总}$与$\Sigma Y_i Q_{i基}$的比值小于1，则以水污染物实测浓度作为判定排放是否达标的依据。

表5-4　化学合成类制药工业单位产品基准排水量　　　　单位：m³/t

序号	药物种类	代表性药物	单位产品基准排水量
1	神经系统类	安乃近	88
		阿司匹林	30
		咖啡因	248
		布洛芬	120
2	抗微生物感染类	氯霉素	1000
		磺胺嘧啶	280
		呋喃唑酮	2400
		阿莫西林	240
		头孢拉定	1200
3	呼吸系统类	愈创木酚甘油醚	45
4	心血管系统类	辛伐他汀	240
5	激素及影响内分泌类	氢化可的松	4500
6	维生素类	维生素E	45
		维生素B_1	3400
7	氨基酸类	甘氨酸	401
8	其他类	盐酸赛庚啶	1894

注：排水量计量位置与污染物排放监控位置相同。

　　对企业排放废水的采样应根据监测污染物的种类，在规定的污染物排放监控位置进行，有废水处理设施的，应在该设施后监控。在污染物排放监控位置应设置永久性排污口标志。新建企业应按照《污染源自动监控管理办法》的规定，安装污染物排放自动监控设备，并与环境保护主管部门的监控设备联网，保证设备正常运行。对企业水污染物排放情况进行监测的频次、采样时间等要求，按国家有关污染源监测技术规范的规定执行。对企业排放水污染物的浓度采用相关的标准方法测定。

三、废水处理的基本方法

　　废水处理的目的就是对废水中的污染物以某种方法分离出来，或者将其分解转化为无害稳定物质，从而使污水得到净化。一般要达到防止毒物和病菌的传染，避免有异嗅和恶感的可见物，以满足不同用途的要求。

　　废水处理相当复杂，处理方法的选择，必须根据废水的水质和数量，排放到的接纳水体或水的用途来考虑。同时还要考虑废水处理过程中产生的污泥、残渣的处理利用和可能产生的二次污染问题，以及絮凝剂的回收利用等。常用的废水处理基本方法可以分为以下几种：物理法、化学法或生化法，或几种方法配合使用以去除废水中的有害物质。

　　物理法是利用物理作用处理、分离和回收废水中的污染物。例如用沉淀法除去水中相对密度大于1的悬浮颗粒，同时回收这些颗粒物；浮选法（或气浮法）可除去乳状油滴或相对密度近于1的悬浮物；过滤法可除去水中的悬浮颗粒；蒸发法用于浓缩废水中不挥发性的可溶性物质等。

　　化学法是利用化学反应或物理化学作用回收可溶性废物或胶体物质。例如，中和法用于中和酸性或碱性废水；萃取法利用可溶性废物在两相中溶解度不同的"分配"，回收酚类、重金属等；氧化还原法用来除去废水中还原性或氧化性污染物，杀灭天然水体中的病原菌等。

生化法是利用微生物的生化作用处理废水中的有机物。例如，生物过滤法和活性污泥法用来处理生活污水或有机生产废水，使有机物转化降解成无机盐而得到净化。

以上方法各有其适应范围，必须取长补短，相互补充，往往很难用一种方法就能达到良好的治理效果。一种废水究竟采用哪种方法处理，首先是根据废水的水质和水量、水排放时对水的要求、废物回收的经济价值、处理方法的特点等，然后通过调查研究，进行科学试验，并按照废水排放的指标、地区的情况和技术可行性而确定。

四、废水处理的常用工艺

对于化学药物的废水处理，其可行控制技术工艺流程和水污染物排放可行控制技术及排放水平分别如图 5-4 和表 5-5 所示。

图 5-4　化学合成类制药工业水污染物排放可行控制技术工艺流程

表 5-5　化学合成类制药工业水污染物排放可行控制技术及排放水平

序号	名　称	适用情况（混合废水污染物浓度）	可行控制技术	排放水平
1	高含盐废水污染控制可行技术	盐含量 >100g/L	多效蒸发预处理后，进入混合废水处理系统	盐去除率 >95%
2	高氨氮废水污染控制可行技术	氨氮 >1000mg/L	吹脱或汽提预处理后，进入混合废水处理系统	氨氮去除率 60%～90%
3	高 SS 废水污染控制可行技术	SS >500mg/L	混凝沉淀/气浮预处理后，进入混合废水处理系统	SS 去除率 >90%
4	高浓度废水污染控制可行技术	可生化性差，$BOD_5/COD < 0.3$	Fe-C 技术预处理后，进入混合废水处理系统	预处理 COD 去除率 20%～50%，$BOD_5/COD > 0.3$
			Fenton 试剂等高级氧化技术预处理后，进入混合废水处理系统	预处理 $BOD_5/COD > 0.3$

序号	名　称	适用情况（混合废水污染物浓度）	可行控制技术	排放水平
5	混合废水污染控制可行技术	—	水解酸化＋二级好氧生化处理＋混凝沉淀/气浮技术	COD：200～500mg/L
			水解酸化＋二级好氧生化处理＋Fenton试剂技术（臭氧氧化＋BAF技术）	COD＜120mg/L

以下对一些常用的化学合成类制药工业废水的处理方法进行介绍。

1. 物理法

根据制药废水的水质特点，在其处理过程中需要采用物理处理作为生化处理的预处理或后处理工序。目前应用的物理处理方法主要包括混凝、气浮、吸附、氨吹脱、电解、离子交换和膜分离法等，现选择其中几个重要方法介绍。

（1）混凝法。该技术是目前国内外普遍采用的一种水质处理方法，它被广泛用于制药废水预处理及后处理过程中。该方法是通过向废水中投加混凝剂，使其中的胶粒物质发生凝聚和絮凝而分离出来，以达到净化废水的目的。混凝是凝聚作用与絮凝作用的合称。前者是因投加电解质，使胶粒电动电势降低或消除，以致胶体颗粒失去稳定性，脱稳胶粒相互聚结而产生；后者是由高分子物质吸附搭桥，使胶体颗粒相互聚结而产生。混凝剂可归纳为两类：① 无机盐类，有铝盐（硫酸铝、硫酸铝钾、铝酸钾等）、铁盐（三氯化铁、硫酸亚铁、硫酸铁等）和碳酸镁等；② 高分子物质，有聚合氯化铝，聚丙烯酰胺等。影响混凝效果的因素有：水温、pH值、浊度、硬度及混凝剂的投放量等。高效混凝处理的关键在于恰当地选择和投加性能优良的混凝剂。近年来混凝剂的发展方向是由低分子向聚合高分子发展，由成分功能单一型向复合型发展。

（2）气浮法。气浮法是通过向废水中通入空气，利用高度分散的微小气泡作为载体去黏附废水中的悬浮物，使其随气泡升到水面而去除。其处理对象是乳化油以及疏水性细微固体悬浮物，通常包括充气气浮、溶气气浮、化学气浮和电解气浮等多种形式。该方法的优点在于气浮过程中增加了水中的溶解氧，浮渣含氧，不易腐化，有利于后续处理；气浮池表面负荷高，水力停留时间短，池深浅，体积小；浮渣含水率低，排渣方便；投加絮凝剂处理废水时，所需的药量较少。但缺点是耗电多，运营费用偏高；废水悬浮物浓度高时，减压释放器容易堵塞，管理复杂。

（3）吸附法。吸附法处理是利用多孔性固体物质吸收分离水中污染物的水处理过程，一般采用固定床吸附装置。废水处理过程中采用吸附法处理，可去除废水中重金属离子（如汞、铬、银、镍、铅等），还可净化废水中低浓度有机废气，如含氟、硫化氢的废气等。影响吸附的主要因素有吸附剂的物理化学性质、吸附质的物理化学性质、废水pH值、废水的温度、共存物的影响和接触时间等，常用的吸附剂有活性炭、活性煤、腐殖酸类、吸附树脂等。

（4）膜分离法。膜分离是通过膜对混合物中各组分的选择渗透作用的差异，以外界能量或化学位差为推动力对双组分或多组分混合的气体或液体进行分离、分级、提纯和富集的方法膜技术。膜分离法是一种新的废水处理方法，它包含微滤、超滤、渗析、电渗析、纳滤、反渗透、渗透蒸发和液膜等。该技术的主要特点是设备简单、操作方便、无相变及化学变化、处理效率高和节约能源等，但廉价、性能完备的膜制备和膜污损问题影响着膜分离技术在废水处理中的广泛应用。

2. 化学法

化学法是通过化学反应和传质作用来分离、去除废水中呈溶解、胶体状态的污染物或将其转化为无害物质的废水处理法。

（1）中和法。中和法是利用中和作用处理废水，使之净化的方法。其基本原理是，使酸性废水中的 H^+ 与外加 OH^-，或使碱性废水中的 OH^- 与外加的 H^+ 相互作用，生成弱解离的水分子，同时生成可溶解或难溶解的其他盐类，从而消除它们的有害作用。反应服从当量定律。采用此法可以调节酸性或碱性废水的 pH 值，处理并回收利用酸性废水和碱性废水。常用的方法有：酸、碱废水相互中和法，投药中和法和过滤中和法等。

含酸废水和含碱废水是两种重要的工业废液。一般而言，酸含量大于 3%～5%，碱含量大于 1%～3% 的高浓度废水称为废酸液和废碱液，这类废液首先要考虑采用特殊的方法回收其中的酸和碱。酸含量小于 3%～5% 或碱含量小于 1%～3% 的酸性废水与碱性废水，回收价值不大，常采用中和处理方法，使其 pH 值达到排放废水的标准。

（2）化学沉淀法。化学沉淀法是向废水中投加某些化学物质，使其和废水中欲去除的污染物发生直接的化学反应，生成难溶于水的沉淀物而使污染物分离除去的方法。但由于化学法普遍要加入大量的化学物质，并以沉淀物的形式沉淀出来。这就决定了化学法处理后会存在大量的二次污染，如大量废渣的产生。化学沉淀法经常用于处理含有汞、铅、铜、锌、六价铬、硫、氰、氟、砷等有毒化合物的废水。利用向废水中投加氢氧化物、硫化物、碳酸盐、卤化物等生成金属盐沉淀可以去除废水中的金属离子，向废水中投加钡盐可用于处理含六价铬的工业废水生成铬酸盐沉淀，向废水中投加石灰生成氟化钙沉淀可以去除水中的氟化物。根据使用的沉淀剂不同，常见的化学沉淀法有氢氧化物沉淀法、硫化物沉淀法、碳酸盐沉淀法、钡盐沉淀法、卤化物沉淀法等。

（3）氧化还原法。氧化还原法是通过药剂与污染物的氧化还原反应，把废水中有毒害的污染物转化为无毒或微毒物质的处理方法。在氧化还原反应中，有毒有害物质有时是作为还原剂的，这时需要外加氧化剂如空气、臭氧、氯气、漂白粉、次氯酸钠等。当有毒有害物质作为氧化剂时，需要外加还原剂如硫酸亚铁、氯化亚铁、锌粉等。

由于多数氧化还原反应速率很慢，因此，在用氧化还原法处理废水时，影响水溶液中氧化还原反应速率的动力因素对实际处理能力有更为重要的意义，这些因素包括：① 反应剂和还原剂的本性。其影响很大，影响程度通常要由实验观察或经验来决定。② 反应物的浓度。一般情况下浓度升高，速率加快，其定量关系与反应机理有关，可根据实验观察来确定。③ 温度。一般情况下温度升高，速率加快，其定量关系可由阿仑尼乌斯公式表示。④ 催化剂及某些不纯物的存在。近年来异相催化剂（如活性炭、黏土、金属氧化物）等在水处理中的应用受到重视。⑤ 溶液的 pH 值。影响很大，其影响途径主要有 H^+ 或 OH^- 直接参与氧化还原反应、OH^- 或 H^+ 为催化剂、溶液的 pH 值决定溶液中许多物质的存在状态及相对数量。

目前，随着技术的进步，高级氧化技术（Advanced Oxidation Processes，AOP）被越来越多的应用于废水处理。20 世纪 80 年代，高级氧化技术逐步开始发展，其能够利用光、声、电、磁等物理和化学过程产生具有强氧化能力的羟基自由基（HO·），再进一步通过氧化反应去除或降解水中污染物。高级氧化技术主要用于将大分子难降解有机物氧化降解成低毒或无毒小分子物质的水处理场合，而这些难降解有机物采用常规氧化剂如氧气、臭氧或氯等时不能氧化。目前的高级氧化技术主要包括化学氧化法、电化学氧化法、湿式氧化法、超临界水氧化法和光催化氧化法等。

3. 生化法

对于大多数有机废水，目前化学制药企业均采用生化法进行处理。借助微生物的作用，几乎所有的有机物都能被相应的微生物氧化分解，从而使废水中呈溶解和胶体状态的有机污染物转化为无害物质，以实现水体的净化。根据生化处理过程中微生物对氧气的需求不同，生化法主要有好氧生物处理法和厌氧生物处理法。前者是利用悬浮于水中的微生物群对有机物进行氧化分解，主要有活性污泥法和生物膜法；后者是利用附着于载体上的微生物群进行有机物分解。化学制药工业的废水种类繁多、水质各异，故而需根据废水的水量、水质等具体情况，选择合适的生化法进行处理。

（1）好氧生物处理法。好氧生物处理法是废水中有分子氧存在的条件下，利用好氧微生物（包括兼性微生物，但主要是好氧细菌）降解有机物，使其分解无害化的处理方法。在有机物的好氧分解过程中，废水中呈溶解状态的有机物透过细菌的细胞壁为细菌所吸收，固体和胶体状的有机物首先被细菌吸附，在细菌分泌的外酶的作用下，水解成溶解性物质，再渗入细菌细胞内。进入细胞内的溶解性有机物在内酶的作用下，一部分被氧化分解成简单的无机物，如 CO_2、H_2O、NH_3、NO_3^-、SO_4^{2-} 和 PO_4^{3-} 等，同时释放能量，这种现象称为异化作用。同时，细菌利用这部分能量作为生命活动的能源。另一部分有机物作为其生长繁殖的营养物质，使细菌繁殖，这种现象称为同化作用。在有机物氧化和合成的同时，有一部分细胞物质被氧化分解，同时释放出能量，为细菌的内源呼吸。当环境中的有机物充足时，细胞物质大量合成，内源呼吸不明显，当环境中的有机物不足时，内源呼吸就成为细菌生命活动所需能量的主要来源。在进行好氧生物处理时，要供给好氧微生物以充足的氧和各种必要的营养源如碳、氮、磷以及钾、镁、钙、硫、钠等元素，同时应控制微生物的生存条件，如 pH 宜为 6.5～9，水温宜为 10～35℃ 等。

① 活性污泥法。活性污泥法是一种重要的废水好氧生物处理法。该法是在人工充氧条件下，对污水和各种微生物群体进行连续混合培养，形成活性污泥。利用活性污泥的生物凝聚、吸附和氧化作用，以分解去除污水中的有机污染物。然后使污泥与水分离，大部分污泥再回流到曝气池，多余部分则排出活性污泥系统。

典型的活性污泥法是由曝气池、二次沉淀池、污泥回流系统和剩余污泥排除系统组成。污水和回流的活性污泥一起进入曝气池形成混合液。从空气压缩机站送来的压缩空气，通过铺设在曝气池底部的空气扩散装置，以细小气泡的形式进入污水中，目的是增加污水中的溶解氧含量，还使混合液处于剧烈搅动中，呈悬浮状态。溶解氧、活性污泥与污水互相混合、充分接触，使活性污泥反应得以正常进行（图5-5）。

图 5-5　活性污泥法的基本流程

活性污泥法处理废水主要分为两个阶段。第一阶段也称为吸附阶段，废水中的有机污染物被活性污泥颗粒吸附在菌胶团的表面上，这是由于其存在巨大的比表面积和多糖类黏性物质。同时一些大分子有机物在细菌胞外酶作用下分解为小分子有机物。吸附作用进行得十分迅速，如果是生活污水，往往在 10~30min 内就可以基本完成，也就是说在曝气池起端较短距离内就已经基本完成吸附作用。在这一阶段，除吸附外，还进行了吸收和氧化的作用，但吸附是主要作用。第二阶段也称氧化阶段，即微生物在氧气充足的条件下，吸收这些有机物，并氧化分解，形成二氧化碳和水，同时将一部分有机物供给自身的增殖繁衍。活性污泥反应使污水中有机污染物得到降解而去除，活性污泥本身得以繁衍增长，污水则得以净化处理。这个阶段进行得相当缓慢，比第一阶段所需的时间长得多。

经过活性污泥净化作用后的混合液进入二次沉淀池，混合液中悬浮的活性污泥和其他固体物质在这里沉淀下来与水分离，澄清后的污水作为处理水排出系统。经过沉淀浓缩的污泥从沉淀池底部排出，其中大部分作为接种污泥回流至曝气池，以保证曝气池内的悬浮固体浓度和微生物浓度；增殖的微生物从系统中排出，称为剩余污泥。事实上，污染物很大程度上从污水中转移到了这些剩余污泥中，而这些污泥如不妥善处理，同样会造成环境污染。剩余污泥一般先浓缩脱水，然后再进行无害化处理及综合利用，包括焚烧、用作建筑材料掺和物、用作肥料和用以繁殖蚯蚓等。

② 生物膜法。生物膜法又称固定膜法，也是废水好氧生物处理法的一种，是利用附着生长于某些固体物表面的微生物（即生物膜）进行有机污水处理的方法。生物膜是由高度密集的好氧菌、厌氧菌、兼性菌、真菌、原生动物以及藻类等组成的生态系统，其附着的固体介质称为滤料或载体。生物膜自滤料向外可分为厌氧层、好氧层、附着水层、运动水层。生物膜法的原理是生物膜首先吸附附着水层有机物，由好氧层的好氧菌将其分解，再进入厌气层进行厌氧分解，运动水层则将老化的生物膜冲掉以生长新的生物膜，如此往复以达到净化污水的目的。根据装置的不同，生物膜法可分为生物滤池、生物转盘、接触氧化和生物流化床法等。

生物膜法处理系统中，废水经升流式厌氧污泥床、初次沉淀池后进入生物膜反应器（生物接触氧化池），废水在生物膜反应器中经需氧生物氧化去除有机物后，再通过二次沉淀池出水（图 5-6）。微生物在填料表面聚集附着形成生物膜后，由于生物膜的吸附作用，其表面存在一层薄薄的水层，水层中的有机物已经被生物膜氧化分解，故水层中的有机物浓度比进水时要低得多，当废水从生物膜表面流过时，有机物就会从运动着的废水中转移到附着在生物膜表面的水层中去，并进一步被生物膜所吸附，同时，空气中的氧也经过废水而进入生物膜水层并向内部转移。生物膜上的微生物在有溶解氧的条件下对有机物进行分解和机体本身进行新陈代谢，因此产生的二氧化碳等无机物又沿着相反的方向，即从生物膜经过附着水层转移到流动的废水中或空气中去。这样一来，出水的有机物含量减少，废水得到了净化。

图 5-6 生物膜法的基本流程

在小规模分散型废水处理中大量使用生物膜法污水处理工艺，比使用活性污泥法工艺更有优势。首先，微生物方面，各种生物膜工艺中参与净化反应的微生物多样化，微生物的食物链较长，世代时间较长的微生物易于存活，在分段运行中每段都能够形成优势菌种；其次，在处理工艺上，各种生物膜工艺对水质水量变化均有较强的适应性，污泥沉降性能良好、易于固液分离，能够处理低浓度的污水，易于维护、节能。

（2）厌氧生物处理法。厌氧生物处理法是利用兼性厌氧菌和专性厌氧菌将废水中大分子有机物降解为低分子化合物，进而转化为甲烷、二氧化碳的有机废水处理方法。厌氧生物处理工艺按微生物的凝聚形态可分为厌氧活性污泥法和厌氧生物膜法。厌氧活性污泥法包括普通消化池、厌氧接触消化池、升流式厌氧污泥床（Upflow Anaerobic Sludge Bed，UASB）、厌氧膨胀颗粒污泥床（Expanded Granular Sludge Bed，EGSB）等；厌氧生物膜法包括厌氧生物滤池、厌氧流化床和厌氧生物转盘。

厌氧生物处理是一个复杂的微生物生物化学过程，主要依靠三大细菌类群——水解产酸细菌、产氢产乙酸细菌和产甲烷细菌的联合作用完成。可以相应地将厌氧消化过程粗略划分为三个连续的阶段：水解酸化阶段、产氢产乙酸阶段和产甲烷阶段。

① 水解酸化阶段。复杂的大分子物质、不溶性有机物在微生物胞外酶的作用下水解为小分子、溶解性有机物，然后渗入细胞内，分解产生挥发性有机酸、醇类、醛类等。由于简单碳水化合物的分解产酸作用比含氮有机物的分解产酸作用迅速，故蛋白质的分解在碳水化合物分解后产生，此阶段主要产生高级脂肪酸。含氮有机物分解产生的 NH_3 除了提供合成细胞物质的氮源外，其在水中有部分电离而形成的 NH_4HCO_3 具有缓冲作用，调节 pH，故有时也把继碳水化合物分解后的蛋白质分解产氨过程称为酸性减退期。

② 产氢产乙酸阶段。在产氢产乙酸细菌的作用下，第一阶段产生的各种有机酸被分解转化成乙酸和氢气，在降解奇数碳素有机酸时还形成二氧化碳。

③ 产甲烷阶段。产甲烷细菌将乙酸、乙酸盐、二氧化碳和氢气等转化为甲烷。此过程由两组生理上不同的产甲烷菌完成，一组把氢和二氧化碳转化成甲烷，另一组从乙酸或乙酸盐脱羧产生甲烷，前者约占总量的 1/3，后者约占 2/3。

虽然厌氧消化过程可分为以上三个阶段，但实际上，这三个阶段在厌氧反应器中是同时进行的，并保持某种程度的动态平衡，这种动态平衡一旦被 pH 值、温度、有机负荷等外加因素所破坏，产甲烷阶段首先受到抑制，其结果会导致低级脂肪酸的存积和厌氧过程的异常变化，甚至会导致整个厌氧消化过程停滞。

第四节　废气的处理

化学制药排出的废气主要具有种类繁多、组成复杂、数量大和危害严重等特点，其污染源主要包括四部分：蒸馏、蒸发浓缩工段产生的有机不凝气，合成反应、分离提取过程产生的有机溶剂废气；使用盐酸、氨水调节 pH 值产生的酸碱废气；粉碎、干燥排放的粉尘；污水处理厂产生的恶臭气体。排放的大气污染物主要有氯化氢、溶剂（丁酯、丁醇、二氯甲烷、异丙醇、丙酮、乙腈、乙醇等）、粉尘、氨气。

按照其所含污染物的性质，化学制药排出的废气可分为含尘废气、含无机污染物废气和含有机污染物废气三类。对于含尘废气的处理，其实是一个气、固两相混合物的分离过程，可利用粉尘质量较大的特点，通过外力的作用将其分离出来；而对于含无机或有机污染物废气的处理，则要按照其所含污染物的物理和化学性质，选择冷凝、吸收、吸附、燃烧、催化等合适的方法进行无害化处理。

目前，对于化学制药所产生的废气管理，主要的依据是《中华人民共和国环境保护法》、《中华人民共和国大气污染防治法》、《煤炭工业污染物综合排放标准》（GB 20426—2006）、《恶臭污染物排放标准》（GB 14554—93）等一系列相关法律法规。

一、含尘废气的处理

化学制药厂所排出的含尘废气主要源自于粉碎、碾磨、筛分等机械过程中所产生的粉尘以及锅炉燃烧灰尘等，其主要处理方法有：机械除尘、洗涤除尘和过滤除尘三种。

1. 机械除尘

机械除尘是利用机械力（如重力、惯性力、离心力等）将悬浮的粉尘颗粒从气流中分离出来。这种设备结构简单、运转费用低，适用于含尘浓度高及悬浮颗粒较大（$5 \sim 10\mu m$ 以上）的气体，但对于细小的粒子分离效果不好。为提高分离效果，可采用多级联用的形式，或在使用其他除尘器之前，将机械除尘作为一级除尘使用。

2. 洗涤除尘

洗涤除尘又称湿式净化，是利用洗涤液（一般为水）与含尘气体充分接触，将尘粒洗涤下来而使气体净化的过程，可有效将直径 $0.1 \sim 100\mu m$ 的液态或固态粒子从气流中除去，同时也可脱除部分气态污染物。洗涤除尘法具有除尘效率高、除尘器结构简单、造价低、占地面积小和操作维修方便等优点，适宜处理高温、高湿、易燃、易爆的含尘气体。但该方法需要消耗一定量的洗涤液（如水），需对洗涤后的含尘废液、污泥进行处理；净化含有腐蚀性的气态污染物时，设备易腐蚀，故洗涤除尘器比一般干式除尘器的操作费用高，能耗大；但是，该方法在寒冷地区不适用。

3. 过滤除尘

过滤除尘是将棉、毛或人造纤维等材料加工成织物作为滤料，制成滤袋对含尘气体进行过滤的过程。当含尘气流通过滤料孔隙时粉尘被阻留下来，清洁气流穿过滤袋之后排出。沉积在滤袋上的粉尘通过机械振动，从滤料表面脱落至灰斗中。在使用一段时间后，滤布的孔隙会被尘粒堵塞，导致气流阻力增加，故需要使用专门清扫滤布的机械对其进行定期或连续清扫。过滤除尘适用于处理含尘浓度低，尘粒较小（$0.1 \sim 20\mu m$）的废水，但不适用于温度高、湿度大或腐蚀性强的废气。

由于各种除尘设备各有优缺点，对于那些粒径分布幅度较宽的含尘废气，常将两种或多种不同性质的除尘器组合使用，以提高除尘效果。

二、含无机污染物废气的处理

对于化学制药而言，废气中常见的无机污染物包括氯化氢、硫化氢、二氧化硫、氮氧化物、氯气、氨气等。对于含无机污染物废气的处理，主要方法有吸收法、吸附法、催化法和燃烧法等，其中以吸收法最为常用。

吸收是利用气体混合物中不同组分在吸收液中的溶解度不同，或者通过与吸收液发生选择性化学反应，将污染物从气流中分离出来的过程。吸收处理通常是在吸收装置中进行，其目的是使气体能与吸收液充分接触，实现气液两相之间的传质。用于气体净化的吸收装置主要有填料塔、板式塔和喷淋塔。

三、含有机污染物废气的处理

根据废气中所含有机污染物的特点、性质和回收的可能性，可采用不同的净化和回收方法。目前，处理含有机污染物废气的方法主要有冷凝法、吸收法、吸附法、燃烧法和生物法。

1. 冷凝法

通过冷却，可使废气中所含的有机污染物凝结成液体，从而达到分离处理的效果。冷凝法的特点是设备简单、操作方便，适用于处理有机污染物含量较高的废气。当要求的净化程度很高，或处理的有机废气浓度较低时，由于需要将废气冷却到很低的温度，因此经济性较差。

2. 吸收法

与处理含无机污染物废气类似，吸收法在处理含有机污染物废气时，也是通过选用合适的吸收剂，并通过一定的吸收流程，达到净化废气的目的。但是，利用吸收法处理含有机污染物的废气不如处理含无机污染物的废气应用广泛，其主要原因是选择适宜的吸收剂比较困难。

吸收法可用于处理有机污染物含量较低或沸点较低的废气，并可将其回收。如用水或乙二醛水溶液吸收废气中的胺类化合物、用硫酸吸收废气中的吡啶类化合物、用水吸收废气中的醇类和酚类化合物、用亚硫酸氢钠溶液吸收废气中的醛类化合物、用柴油或机油吸收废气中的某些有机溶剂等。但当废气中所含有机污染物浓度过低时，吸收效率会显著下降，因此本方法不适宜处理有机污染物含量过低的废气。

3. 吸附法

吸附法是将废气与大表面多孔吸附剂接触，使废气中的污染成分吸附到吸附剂的固体表面，从而达到净化废气的目的。吸附是一个动态平衡的过程，当气相中某组分被吸附剂吸附的同时，部分已被吸附的该组分又可以脱离固体表面回到气相中，形成脱附。当吸附速率与脱附速率相等时，该吸附剂的吸附达到饱和，失去继续吸附的能力。因此，当吸附过程接近或达到吸附平衡时，应采用适当的方法将被吸附的组分从吸附剂中解吸下来，以恢复吸附剂的吸附能力，而该过程称为吸附剂的再生。

与吸收法类似，选择适宜的高效吸附剂是吸附法处理含有机污染物废气的关键，常用的吸附剂包括活性炭、活性氧化铝、硅胶、分子筛和褐煤等。吸附法的净化效率较高，特别是当废气中有机污染物的浓度较低时本方法仍有很强的净化能力。因此，吸附法特别适用于处理对排放要求较高或有机污染物浓度较低的废气，但一般不适用于处理高浓度、大气量的废气处理，否则需频繁对吸附剂进行再生处理，不但影响吸附剂的使用寿命，也增加了处理成本。

4. 燃烧法

燃烧法是在有氧的条件下将废气加热到一定的温度，使其中的可燃污染物发生燃烧或高温分解为无害物质，从而达到废气的净化目的。当废气中易燃污染物的浓度较高或热值较高时，可将废气直接通入焚烧炉中燃烧，燃烧产生的热量可予以回收。燃烧过程中，一般控制温度为 $800 \sim 900℃$，为了降低燃烧温度，也可采用催化燃烧法，使废气的可燃组分或可高温分解的组分在较低的温度下转化为 CO_2 和 H_2O。

燃烧法是一种常用的处理含有机污染物废气的方法，工艺比较简单、操作比较方便，并可回收一定的热量。但其缺点是不能回收有用的物质，且易造成二次污染。

5. 生物法

生物法处理含有机污染物废气的原理是利用微生物的代谢作用，使废气所含的有机污染物转化为低毒或无毒的物质。与其他方法相比，本方法设备比较简单，且处理效率较高，运行成本较低。但生物法只能处理含有机污染物较少的废气，且不能回收有用物质。

第五节　废渣的处理

制药工业的废渣是在制药过程中产生的固体、半固体或浆状废物。废渣的来源很多，如活性炭脱色精制工序所产生的废活性炭，铁粉还原工序所产生的铁泥，锰粉氧化工序产生的锰泥，废水处理产生的污泥，反应后处理结束后所产生的残渣、废盐、失活催化剂等。通常废渣的数量比废水、废气少，污染程度相对较小，但其组成复杂，且大多数含有高浓度的有机污染物，甚至是剧毒、易燃、易爆的物质。因此，对于废渣仍然需要进行适当的处理，以免造成环境污染和安全事故。

防治废渣污染应遵循"减量化、资源化和无害化"的"三化"原则。首先要采取措施，最大限度从"源头"减少废渣的产生和排放；其次，对于必须排出的废渣，要尽量能够综合利用，从废渣中回收有价值的资源和能量；最后，对无法综合利用或经综合利用后的废渣进行无害化处理。目前，对于废渣的处理方法主要有化学法、焚烧法、热解法和填埋法等。

1. 化学法

化学法是利用废渣中所含污染物的化学性质，通过化学反应将其转化为稳定、安全的物质，是一种常用的无害化处理技术。例如，铬渣中常含有对环境有严重危害的可溶性六价铬，可利用还原剂将其还原为无毒的三价铬。再如，含有氰化物的废渣有剧毒，不能随意排放，可将氢氧化钠溶液加入含有氰化物的废渣中，再用氧化剂使其转化为无毒的氰酸钠，或再加热回流数小时后用次氯酸钠分解，使氰基转化为 CO_2 和 N_2，从而避免其对环境的危害。

2. 焚烧法

焚烧法是使被处理的废渣与过量的空气在焚烧炉中进行氧化燃烧反应，从而使废渣中所含污染物在高温下氧化分解，是一种高温处理和深度氧化的综合工艺。焚烧法不仅可大大减少废渣的体积，消除其中许多有害物质，而且可以回收一定的热量，是一种可同时实现减量化、无害化和资源化的处理技术。因此，对于一些暂时无回收价值的可燃性废渣，特别是用其他方法不能解决或处理不彻底时，焚烧法是一个有效的方法。

焚烧法可使废渣中的有机污染物完全氧化成无害物质，有机物的化学去除率可达99.5%以上，故适宜处理有机物含量较高或热值较高的废渣。当废渣中的有机物含量较少时，也可加入辅助燃料。但该方法的缺点是投资较大，运行成本较高。

3. 热解法

热解法是在无氧或缺氧的高温条件下，使废渣中的大分子有机物裂解为可燃的小分子燃料气体、油和固态碳等。与焚烧法不同，废渣中大分子有机物的热解过程是吸热的，而焚烧过程是放热的，且热量可以回收利用；此外，热解所生成的物质主要为可回收利用的可燃小分子化合物，如气态的氢、甲烷，液态的甲醇、丙酮、乙酸、乙醛等有机物以及焦油和溶剂油等，固态的焦炭或炭黑，而焚烧的产物主要是二氧化碳和水，无利用价值。

4. 填埋法

填埋法是将一时无法利用、又无特殊危害的废渣埋入土中，利用微生物的长期分解作用使其中的有害物质降解的方法。一般情况下，废渣首先要进行减量化和资源化处理，然后才对剩余的无利用价值的残渣进行填埋处理。同其他处理方法相比，此方法的成本较低，且简便易行，但常有潜在的危险性。例如，废渣的渗滤液可能会导致填埋场地附近的地表水和地下水严重污染；某些含有机物的废渣分解时要产生甲烷、氨气和硫化氢等气体，造成场地恶臭，严重破坏周围的环境卫生，而且甲烷的积累还可能引起火灾或爆炸。因此，要仔细选择填埋场地，并采取妥善措施，防止对水源造成污染。

除以上几种方法，废渣的处理方法还有生物法、湿式氧化法等多种方法。生物法是利用微生物的代谢作用将废渣中的有机污染物转化为简单、稳定的化合物，从而达到无害化的目的。湿式氧化法是在高压和150～300℃的条件下，利用空气中的氧对废渣中的有机物进行氧化，以达到无害化，整个过程在有水的条件下进行。

 思考题

1. 化学制药企业应如何应对制药产生的"三废"？
2. 化学制药企业应如何处理企业运行过程中所产生的废水？
3. 好氧和厌氧生物处理废水的基本原理和特点是什么？
4. 简述化学制药所产生的有机废气和有机废渣的处理方法。

参考文献

［1］国家食品药品监督管理总局药品审评中心. 已上市化学药品变更研究的技术指导原则（一）. 北京：国家食品药品监督管理总局，2008.
［2］国家食品药品监督管理总局药品审评中心. 已上市化学药品生产工艺变更研究技术指导原则. 北京：国家食品药品监督管理总局，2017.
［3］国家环境保护总局. GB 8978—1996 污水综合排放标准. 北京：中国标准出版社，1998.
［4］环境保护部. GB 21904—2008 化学合成类制药工业水污染物排放标准. 北京：环境保护部，2008.
［5］宋鑫，任立人，吴丹等. 制药废水深度处理技术的研究现状及进展. 广州化工，2012，40（12）：29-31.
［6］王渭军. 制药企业废气处理. 低碳世界，2017（17）：13-14.
［7］环境保护部办公厅. 环办函［2015］70号 关于征求制药工业污染防治可行技术指南意见的函. 2015.

第六章

化学制药中的"危险工艺"

第一节 概 述

一、"危险工艺"的危险性

化学制药属于精细化工，生产规模通常远远小于人们熟知的石油化工、煤化工等大化工行业，但在生产过程中需要使用纷繁复杂的有毒、有害化学品，并存在许多极易导致泄漏、火灾、爆炸、中毒的工艺——"危险工艺"。2017年12月9日，连云港聚鑫生物科技有限公司在以间二硝基苯为原料进行氯化反应生产二氯苯的工段车间，年产3000t间二氯苯装置发生爆炸事故，造成4人死亡，1人受伤，6人被困，间二氯苯装置与其东侧相邻的3-苯甲酸装置整体坍塌，部分厂房坍塌、建筑物受损严重。究其事故原因，正是由于相关人员漠视该"危险工艺"的危险性，擅自更改生产工艺，结果造成重大人员和财产损失。因此，在化学药物合成工艺的研发过程中，对所涉及的"危险工艺"应尤其重视，以避免和减少这些"危险工艺"可能造成的严重后果。

2009年和2013年，国家安全生产监督管理总局（以下简称国家安全监管总局）先后公布了两批重点监管的危险化工工艺目录，共计18类，其中包括光气及光气化、氯化、硝化、氟化、加氢、重氮化、氟化、氧化、过氧化、氨基化、磺化、烷基化、偶氮化等。此外，化学制药工业中还存在一些应用范围较小的危险工艺或危险反应，如以格氏试剂、烷基锂化合物等为代表的有机金属化合物参与的反应，有氰化物参与的氰化反应，有氢化钠或氨基钠为代表的强碱参与的反应等。以上这些工艺的危险性主要体现在：① 所用原料或试剂剧毒，在使用、储运过程中安全隐患大；② 反应原料、介质或产物具有易燃易爆等危险性；③ 反应速率快，放热量大，若移热不及时，不但会影响反应结果，还可能导致超温超压，引发爆炸事故；④ 介质或产物腐蚀性强，容易造成设备泄漏，使人员发生中毒事故。

二、"危险工艺"的应对措施

化学制药工业中，"危险工艺"所包含的化学反应往往在合成工艺研究中难以回避。对于这些"危险工艺"，从保护操作人员生命健康和安全的角度而言，最优的方法是采用自动化控制和安全联锁方式。自动化控制不仅能严格控制工艺参数、避免手动操作的安全隐患，还能降低劳动强度、改善作业环境，更好地实现高产、优质、长周期的安全运行。但是，考虑到产品的产量、企业的投入能力等实际因素，并非所有的"危险工艺"都能或需要采用自动化控制的方式解决。因此，如何正确应对化学制药中的"危险工艺"仍是研究人员需要面对的问题。

1. 合成工艺的设计

合成工艺的设计是从源头上应对"危险工艺"的关键阶段，主要包括以下几方面。

首先，由于化学药物生产所需原辅材料复杂多样、存在形式不定，许多材料还具有易燃、易爆、易腐蚀等特性，有时可能由于环境的变化使残存的原料或产品与混入的空气形成爆炸性混合气体，且一旦发生火灾往往火势迅猛，损失严重，因此危险系数相对较高。因此，在化学药物合成工艺设计时应透彻了解并且熟记这些物质的危险特性，这是危险辨认、防治的重要基础。对于工艺生产中危险物质的有效辨认分析是从物质的稳定性、理化性以及化学反应和燃烧、爆炸特性、毒性等方面进行深入研究，从而使发生危险的概率最低。

其次，化学药物生产工艺路线往往过程复杂、操作条件苛刻，若某一环节或设备发生故障，即会破坏正常的生产链，造成事故。本教材第二章曾经介绍，化学药物生产工艺可能存在多条路线，而需重视的是哪一条工艺路线的使用可以更好地减少或者去除危险物的成分。在工艺设计中，应做到：① 尽量选用危险性小的物料；② 尽量缓和过程条件苛刻度。比如采用催化剂或更好的催化剂，采用稀释进料或采用气相进料代替液相进料，以缓和反应的剧烈程度；③ 删繁就简，避开干扰，确保本质安全。对一台设备完成多种功能的情况，能否采用多台设备，分别完成一个功能，提高设备、自控、电气的可靠性及本质安全程度，以增加生产可靠性；④ 尽量减少危险介质单位使用量，危险介质单位使用量越大，发生事故时的损失和影响范围越大。如可用膜式蒸馏代替蒸馏塔、用闪蒸干燥代替盘式干燥塔、用离心抽提代替抽提塔等；⑤ 减少生产废料。设计的合成工艺中，尽量减少原料、助剂、溶剂、载体、催化剂等的使用并加以回收循环使用；对于生产废料尽量进行综合利用或无害化处理，以减少对环境的污染和对人体的伤害。

第三，化学反应是整个化学药物产品生产的核心，需要通过反应装置才能得到所需的产物，因此装置的状态也带来了许多危险性因素。在设备选型时，要认真研究工艺的适应性、安全性问题，并根据工艺总的操作范围和操作特性之间的关系，通过对各设备的分析来确定设备的型式。设备使用的材料应考虑工艺流体、流速、温度、压力以及流体反应特性和腐蚀特性等各种因素，选择满足耐腐蚀性、满足强度要求以及可加工性（特别是可焊性、机械加工性）的材料。同时需要注意的是，杂质也可能影响化学反应的温度，从而引发异常的反应速率，致使反应不稳定并产生危险。有些污染甚至会起到同催化剂一样的作用，引起不需要的反应，因此一些测温测压、同样会接触物料的管件材质也应慎重选用。

第四，注意对反应条件的控制。物质的化学反应千变万化，在工艺设计种类繁多的物质原料中，很难做到对其疏而不漏的控制。对于一些操作简单，容易控制的反应器，控制工作的完成也相对简单。但是，当一些反应速率快、放热量大或由于设计上的原因使反应器的稳定操作区域很小时，反应器控制方案的设计成为一个棘手的问题。例如，如何避免由于缺少物质的反应或分解速率及热效应数据导致反应失控？一旦反应失控，如何降低反应速率、将反应停止或者放空？必要时如何迅速使反应物不参与反应或进行处理？以上这些都是潜在的危险因素。由于化学反应的不稳定性和不可预见性，一些物质的化学反应在一定条件下是非常稳定的，人们对其规律的掌握也相当熟悉。但如果出现冷却效果变差或过量加热、搅拌能力失效、反应物加入过量、反应物加入顺序不当、反应器外部火灾、传热介质漏入容器等问题，就可能发生反应失控现象。因此，在工艺设计时应确保温度等各方面控制在预定范围内，以免反应失控，难以掌握。如在工艺设计中可采用减少进料量、控制某种物料的加热速率，加大冷却能力（如采用外循环冷却器）或采用多段反应等措施来控制反应。如还不能避免反应失控，则应考虑其他保护措施，如给反应器通入低温介质，使反应器降温；向反应器内输入易挥发的液体，通过其挥发来吸收热量；向反应器内加入阻聚剂来抑制反应速率。当设备内部充满易燃物质时，要采用正压操作，以阻止外部空气渗入设备内等。

2. "危险工艺"的风险辨识与评估

在合成工艺设计的基础上，研究人员在"危险工艺"实施前，还应对工艺的危险性进行有效辨识，并对其可能产生的不良后果进行风险评估，以便对"危险工艺"实施过程中出现的各种主要问题做到有效掌控。

（1）"危险工艺"的风险辨识。风险辨识是运用系统分析的方法，发现并识别生产工艺、设备设施以及作业环境中存在的各类危险因素，采用系统工程的原理对危险因素进行控制和治理，并持续提升控制手段的方法和过程。化学制药工业中，"危险工艺"的风险辨识除了对危险工艺种类的分析，还应对工艺所涉及的危险源进行分析，其中主要包括危险化学品和反应装置。对于前者，国家安全监管总局颁布的《危险化学品目录（2015版）》将其分为爆炸品、压缩品、液化气体、易燃液体、易爆固体、自燃固体以及有害物体等几大类，并分别做了深入的阐述。此外，还可依据国家颁布的《危险化学品重大危险源辨识》（GB 18218—2009）进行分级；对于反应装置的危险性，主要体现在原材料、产品和工艺条件等因素当中，设备的安装、操作、维护方面都存在着一定的安全风险。如反应装置的使用、设置未经过科学严谨的计算与分析，致使反应过程中产生的大量气体和热量无法及时移除，则该生产过程必然存在严重隐患。

对于"危险工艺"的风险辨识方法，主要有直接经验类比法、安全检查表法等定性描述方法，而事件树（Event Tree Analysis，ETA）、事故树（Fault Tree Analysis，FTA）等安全系统分析法由于操作复杂且缺乏基础数据，均未被应用于日常的风险因素辨识中。为了便于风险因素辨识工作的开展，降低辨识结果的偏离程度，我国研究人员相继开发了一些可半定量化或定量化进行风险辨识的方法，主要包括如下。

① 工艺生产过程危险、有害因素辨识表。本着"危险等级是由危险严重程度和出现概率决定"的法则，该表基于国外常用的预先危险性分析法（Preliminary Hazard Analysis，PHA），以国家标准《企业职工伤亡事故分类》（GB 6441—86）和《生产过程危险和有害因素分类与代码》（GB/T 13816—2009）中规定的危险和有害因素为依据，分别对各装置（设备）进行危险等级赋值，得到危险严重程度，然后根据该危险和有害因素在整个工艺过程中出现的频度或该装置危险严重程度在整个工艺过程危险严重程度中所占比重得到危险出现概率，进而得到危险等级并排序，以辨识出整个工艺过程的主要危险、有害因素或危险装置。随后，根据危险严重程度，将各个工艺过程或生产设备可能在开车状态、正常运行状态、事故状态、检修状态出现的危险情况进行分级，并按照一定条件赋值，危险严重程度越高，等级赋值越大，赋值者可根据实际情况插值（一般为整数值），最后以各危险、有害因素的得分之和划分出危险等级。

② 危险工艺辨识取值表。该表的编制借鉴了日本劳动省"六阶段"的定量评价表，结合我国《石油化工企业设计防火规范》（GB 50160—2008）、《压力容器中化学介质毒性危

害和爆炸危险程度评价分类》（HG 20660—2000）等技术规范标准，规定了"危险工艺"的危险性大小由物质的固有危险性、温度、压力、危险物质容量、腐蚀、反应类型以及操作7个项目共同确定，其危险分值分别按照 A = 10 分、B = 5 分、C = 2 分、D = 0 分赋值计分，由累计分值确定"危险工艺"的危险程度。

（2）"危险工艺"的风险评估。风险评估，也称安全评价，目前在国内外已被广泛应用。随着核工业、化工、石油、建筑、煤炭等领域的发展，一些较为成熟的评价方法被相继提出。如美国陶氏（DOW）化学公司的火灾爆炸指数危险评价法、日本劳动省"六阶段"安全评价法和综合安全评价法等。1974 年英国帝国化学工业集团（ICI）在陶氏（DOW）化学公司评价方法的基础上提出了"蒙德火灾、爆炸、毒性指数评价法"。我国有关学者近些年来深入研究了安全评价的理论和方法，将安全评价与现代数学方法和计算机技术相结合，为安全评价开拓了一个更为广阔的应用前景，例如以模糊数学为基础的模糊概率评价法、以人工神经网络技术等为基础的安全评价系统等。

对于化学制药中的"危险工艺"的风险评估，其具体步骤为（图6-1）：

图 6-1 "危险工艺"的风险评估步骤

① "危险工艺"风险定性分析。根据"危险工艺"的概念，划分出"危险工艺"的种类，对工艺进行风险分析，从而确认风险程度以及划分风险等级。

②指标体系的建立。在掌握"危险工艺"的风险上合理地选择指标，然后从工艺所需使用的物质危险性、装置设备的危险性、反应危险性、工艺条件以及安全控制等方面着手，建立指标体系。

③方法的选择。考虑到信息的主观性和不确定性，引入模糊数学综合法进行计算。在模型建立和计算过程中，应充分利用一些实际可得到的数据，并结合专家的意见。

④ 根据所提出的方法进行风险评估，并对结果进行讨论。

3. "危险工艺"过程的安全控制

为了确保"危险工艺"的安全实施，化学制药企业还应根据实际情况，在"危险工艺"的实施过程中采取相应的安全控制措施。

（1）工艺物料的监测和评估。企业应组织专业人员对化工原料的物理和化学性质进行严格的检验，且还应充分考虑到反应活性、燃烧特性、稳定性以及毒性等方面，为工作人员操作提供数据支持。

（2）化学反应装置和储罐性能的检查。企业应高度重视化学反应装置及储罐的功能，保证储罐及反应装置的密封性能，避免出现化工原料泄漏的情况。依据化工原料反应特性挑选不同的反应装置和贮藏设备，特别对易燃易爆、腐蚀有毒的化工原料更应挑选特别原料的反应装置。

（3）工艺管道科学合理。"危险工艺"过程中，企业应充分考虑输送管道的原料、管路排布等方面的因素，依据运送化工原（物）料实际情况挑选不同管道原料、法兰结构，以确保管道具有高密封性，且还应对管道接口以及拐弯处进行特别处理，以确保运送管道在工作过程中的安全性。

（4）提高人员的综合素质。"危险工艺"的难度系数高，要求从业人员具有较高的专业知识技术，因而企业应该对人员进行教育训练，并经过科学的奖赏机制激起从业人员的积极性和创造性，进而降低生产过程中因人为失误造成的安全危险。

（5）建立动态智能的监控预警系统。企业应该建立完善的监控系统，这样能够确保"危险工艺"进程以及相关的生产活动都处于监控之中，便于第一时间发现安全隐患，确保安全隐患能够被及时消除，智能化的预警系统也能够进一步辨认安全隐患，从而能够降低安全事故发生的频率，确保工作人员的生命安全。

第二节　化学制药中常见的"危险工艺"

本节将主要针对化学制药过程中常见的几类"危险工艺"，结合其相关反应原理，对该工艺的控制方法与措施进行介绍。

一、光气及光气化工艺

光气及光气化工艺包含光气的制备工艺及其使用工艺，主要分气相和液相两种。光气化反应具有高度的危险性，主要体现在：① 光气为剧毒气体，在储运、使用过程中若发生泄漏易造成大面积污染、中毒事件；② 反应介质具有燃爆危险性；③ 副产物氯化氢具有腐蚀性，易造成设备和管线泄漏，使人员中毒。

1. 光气及光气化工艺反应物质

用于光气化反应的物质通常有三种，分别为光气、双光气和三光气。它们的主要物理性质如表6-1所示。

表6-1　光气、双光气和三光气的主要物理性质

化合物	结构式	外观	沸点/℃	熔点/℃	蒸气压（20℃）/mmHg	毒性
光气		无色气体	8	-118	1215	第三类A级
双光气		无色液体	128	-57	10	代替光气
三光气		白色固体	203～206	81～83	—①	一般有毒物

① 在90℃左右吸湿，开始分解为光气和双光气。

光气又称碳酰氯、氧氯化碳，分子式 $COCl_2$，微溶于水，较易溶于苯、甲苯等。光气属于无色剧毒气体，毒性比氯气约高 10 倍，人高浓度吸入可致肺水肿，但在体内无蓄积作用。常温下有腐草味，化学性质不稳定，遇水迅速水解，生成氯化氢。

双光气又称氯甲酸三氯甲酯，化学式 $ClCO_2CCl_3$，无色液体，有刺激性气味，难溶于水，可作其他毒剂的溶剂。双光气为一种窒息性毒剂，即对人体的肺组织造成损害，导致血浆渗入肺泡引起肺水肿，从而使肺泡的气体交换受阻，机体因缺氧而窒息死亡。

三光气又称固体光气、碳酸三氯甲基酯、双（三氯甲基）碳酸酯等，为白色固体，有类似光气的气味，溶于乙醇、苯、乙醚、四氢呋喃、氯仿、环己烷等。三光气稳定性较强，其运输和使用过程均比光气和双光气安全得多。

2. 光气及光气化工艺反应原理

光气化反应的一个重要用途是制备异氰酸酯类化学品，其中甲苯二异氰酸酯（Toluene Diisocyanate，TDI）和二苯基甲烷二异氰酸酯（Diphenylmethane Diisocyanate，MDI）是最重要的异氰酸酯，其产量占总产量的 90% 以上。下面以有机异氰酸酯的合成为例，对光气化反应原理进行介绍。

对异氰酸酯而言，其具体反应过程可分为两个阶段：第一阶段，胺和光气反应生产酰氯和氯化氢，反应放出的氯化氢又可能和反应物的氨基结合形成胺盐，反应过程剧烈放热 [图 6-2，式（1）、式（2）]，称为冷反应；第二阶段，酰氯分解生成异氰酸酯和氯化氢，胺盐也进一步和光气反应生成异氰酸酯和氯化氢，反应为吸热反应 [图 6-2，式（3）、式（4）]，称为热反应。此外，在反应过程中还可能发生副反应 [如图 6-2，式（5）、式（6）]，并产生残渣。

主反应：

$$R-NH_2 + COCl_2 \longrightarrow R-NHCOCl + HCl - Q_1 \tag{1}$$

$$R-NH_2 + HCl \longrightarrow R-NH_2 \cdot HCl - Q_2 \tag{2}$$

$$R-NHCOCl \longrightarrow R-NCO + HCl + Q_3 \tag{3}$$

$$R-NH_2 \cdot HCl + COCl_2 \longrightarrow R-NCO + HCl + Q_4 \tag{4}$$

副反应：

$$R-NH_2 + R-NHCOCl \longrightarrow R-NHCONH-R + HCl \tag{5}$$

$$R-NH_2 + R-NCO \longrightarrow R-NHCONH-R \tag{6}$$

图 6-2 有机异氰酸酯的光气化反应式

对于以上光气化反应过程，人们形成的共识是冷反应速率非常快，而热反应速率较慢，副反应速率则介于两者之间。其中，产生酰氯 [式（1）] 和盐酸盐 [式（2）] 的反应是整个光气化反应过程的关键步骤。一般情况下，人们希望光气化反应能产生更多的酰氯和尽量少的盐酸盐，因为酰氯更容易分解成产品异氰酸酯和副产物氯化氢 [式（3）]，而盐酸盐再与光气反应生成目标产物异氰酸酯 [式（4）] 则要缓慢得多。因此，对冷反应的控制是整个光气化反应过程的核心关键。

生产异氰酸酯的光气化反应主要有"一步法"和"两步法"工艺。前者是指整个光气化反应一步完成，即冷反应和热反应在一个反应器内完成。"一步法"反应工艺所需设备少、反应压力低、易于控制、安全性较高，但副产物较多、反应总收率较低、原材料消耗大、总成本较高。因此，目前大多数生产异氰酸酯的光气化反应均采用"两步法"工艺（图 6-3），即冷反应和热反应在不同的反应器内进行。首先，在冷反应器中，胺与光气发生反应，生成氨基甲酰氯和副产物氯化氢气体。后者继续与原料反应后将其转化为氨基盐酸盐；随后，在热反应器1中，冷反应器所生成的氨基盐酸盐继续与光气反应，生成氨基甲酰氯和副产物氯化氢；此后，在热反应器2中，氨基甲酰氯受热分解为目标化合物异氰酸酯和副产物氯化氢；最后，将所得到的产物分离，并将过量的光气与氯化氢分离后循环使用。相比于"一步法"工艺，"两步法"工艺的优点在于胺和产物异氰酸酯没有接触的机会，从而大大减少了副反应的发生。

图6-3 "两步法"光气化反应生产异氰酸酯的工艺流程图

3. 光气及光气化工艺危险性分析及安全控制措施

（1）光气及光气化工艺的危险性分析。从光气化反应机理可以看出，光气化工艺存在两个致命缺点，而这些缺点也正是光气化工艺的危险性所在。

首先，光气作为反应物在反应过程中出现。光气是一种剧毒物质，其毒性气体对人体的危害指标（Threshold Limit Values，TLV）只有 $0.1\mu L/L$，而在常温常压下，光气以气体形式存在，其密度高于空气。因此，一旦生产装置的含光气设备发生故障造成光气泄漏，会对当地居民造成巨大的伤害，这也是目前含光气的装置不能在人口聚集地附近设置的原因。

其次，氯化氢在产物中的出现。氯化氢之所以在产物中出现，也是使用光气作为反应物的一个间接后果，因为光气中只有 C 原子和 O 原子进入目标产品异氰酸酯中，而两个 Cl 原子则进入副产物氯化氢中。副产物氯化氢的出现带来两方面的缺点：一是从反应的原子经济性上，光气中有效的原子利用率只有 28.5%，而作为副产品的氯化氢，其经济价值极低；二是副产物氯化氢的存在，使得整个工艺装置对设备材质和工艺物料中水含量的要求极高，因为氯化氢一旦遇水后形成盐酸，对金属材质腐蚀性极强，易造成设备和管线泄漏使人员发生中毒事故。

（2）光气及光气化工艺的安全控制措施。根据国家安全生产监管总局发布的《首批重点监管的危险化工工艺目录的通知》（安监总管三［2009］116号），对于光气及光气化工艺安全控制的基本要求包括：设立"事故紧急切断阀；紧急冷却系统；反应釜温度、压力报警联锁；局部排风设施；有毒气体回收及处理系统；自动泄压装置；自动氨或碱液喷淋装置；光气、氯气、一氧化碳监测及超限报警；双电源供电"等。"光气及光气化生产系统一旦出现异常现象或发生光气及其剧毒产品泄漏事故时，应通过自控联锁装置启动紧急停车并自动切断所有进出生产装置的物料，将反应装置迅速冷却降温，同时将发生事故设备内的剧毒物料导入事故槽内，开启氨水、稀碱液喷淋，启动通风排毒系统，将事故部位的有毒气体排至处理系统"。

此外，由于大多数光气化反应属于放热反应，故重点监控的工艺单元在于光气化反应釜。而对于反应所产生的尾气，其包含部分未反应的光气和副产物氯化氢气体。将该光气与氯化氢气体分离后，经冷凝器冷凝，一部分光气以液相的形式返回光气化反应，没有冷凝的光气经排气分离器进入高压光气吸收塔。

4. 三光气参与的光气及光气化工艺原理

为了改进光气及光气化工艺的安全性，人们相继开发了双光气和三光气等光气替代品。其中，三光气的使用较光气安全方便，且其参与进行的化学合成反应具有范围广、反应计量准确、反应温和并易于控制等优点，故在许多光气化工艺中均采用三光气来替代光气进行反应。

在三乙胺、吡啶、二异丙基乙基胺和二甲基甲酰胺等辅助亲核试剂（Nu）的作用下，一分子的三光气可生成三分子的活性中间体——$ClCONu^+Cl^-$，该中间体可以与碳、氧、氮等亲核试剂在温和的条件下反应（图6-4）。三光气与碳亲核试剂的反应是与一些带高电子密度的碳中心作为亲核部位反应生成新的碳-碳键；与氧亲核体的反应是指与羟基反应生成氯甲酸酯或碳酸酯；与氮亲核体的反应是指与胺类化合物的反应，如与伯胺反应可生成异氰酸酯或脲，若与仲胺反应可生成氯酰化衍生物。

图6-4 三光气反应机理

此外，三光气是一种很好的氯化剂，可与羧酸反应制备各种酰氯和酸酐，尤其是芳香酸酐和酰氯。三光气还可与由碳、氮、氧组成的双官能团亲核体反应生成各种多元杂环化合物等。

二、硝化工艺

硝化工艺是指包含硝化反应的工艺过程。该工艺通过在有机化合物中引入硝基得到硝基化合物，而硝基化合物可进一步转化为氨基、重氮化合物等衍生物，并用于多种化学药物及其中间体的合成。

硝化工艺可分为直接硝化法、间接硝化法和亚硝化法。直接硝化法是直接引入硝基的反应，典型工艺如丙三醇与混酸反应制备硝酸甘油、氯苯硝化制备邻硝基氯苯或对硝基氯苯、苯硝化制备硝基苯等。间接硝化法是指间接向分子中引入硝基的方法，如磺化-硝化法，典型工艺如苯酚采用磺酰基的取代硝化制备苦味酸等。亚硝化法是有机化合物分子中的氢被亚硝基取代的反应，主要用于酚、酚醚、二级胺、三级芳胺等的亚硝化，典型工艺如 2-萘酚与亚硝酸盐反应制备 1-亚硝基-2-萘酚等。

1. 硝化工艺的硝化剂

硝化工艺所涉及的硝化反应的常用硝化剂包括浓硝酸、混酸（浓硝酸与浓硫酸的混合物）、氮的氧化物（如 N_2O_4、N_2O_5 等）、有机硝化剂（如有机硝酸酯和有机硝酸盐）等。其中，混酸的配制过程为：首先在搅拌和冷却条件下将浓硫酸缓慢加入水中稀释，并控制温度。随后，在继续搅拌和冷却条件下加入浓硝酸，并注意严格控制温度和酸的配比，直至充分搅拌均匀为止。

对于亚硝化反应所使用的亚硝化剂，一般采用亚硝酸盐。在反应中，先将反应物溶于酸（盐酸、稀硫酸或醋酸）中，再将亚硝酸盐水溶液逐滴加到反应物中，使生成的亚硝酸立即与反应物作用。

2. 硝化工艺的反应机理

硝化工艺中最主要的硝化反应是芳烃的硝化，其过程是一种亲电取代反应，活泼亲电物质是 NO_2^+（图 6-5）。动力学研究表明，硝化反应速率与 NO_2^+ 浓度成正比。

图 6-5 芳烃硝化反应机理

3. 硝化工艺危险性分析及安全控制措施

（1）硝化工艺的危险性分析。硝化工艺的危险性主要在于其固有危险性和工艺过程危险性。

① 固有危险性。首先，被硝化的物质（如苯、甲苯等）具有燃爆危险性，有的兼具毒性，如使用或储存管理不当，易造成火灾。其次，硝化反应是放热反应，温度越高，硝化反应的速率越快，放出的热量越多，越易造成温度失控而爆炸。此外，硝化产品大都具有火灾、爆炸危险性，尤其是多硝基化合物和硝酸酯，受热、摩擦、撞击或接触点火源，都极易着火或爆炸。第三，硝化剂（如浓硝酸、混酸等）具有强烈的氧化性和腐蚀性，与油脂、有机化合物（尤其是不饱和有机化合物）接触能引起燃烧或爆炸。此外，硝化剂与人的皮肤和眼睛接触可产生强烈化学灼伤，且浓硝酸蒸气对人体呼吸道具有强烈的刺激作用，过量吸入可引起肺水肿。

② 工艺过程危险性。首先，硝化工艺生产中反应热量大，温度不易控制。硝化反应一般在较低温度下便会发生，硝化反应过程中，引入一个硝基，可释放出 153kJ/mol 左右的热量。在生产操作过程中，如投料速率过快、搅拌中途停止、冷却不足都会造成反应温度过高，从而导致爆炸事故。此外，混酸配制时亦会产生大量热量，甚至释放的热量足以造成硝酸分解。如果存在部分硝基化合物，还可能引起硝基化合物爆炸。其次，反应组分分布或接触不均匀，可能产生局部过热。大多数硝化反应是在非均相中进行的，反应组分不易分散均匀，从而导致局部过热和危险的产生。第三，硝化反应易发生副反应和过反应。许

多硝化反应具有深度氧化占优势的连锁反应和平行反应的特点，同时还伴有磺化、水解等副反应，直接影响生产的安全。如氧化反应出现时，反应体系会释放大量褐色氧化氮气体，硝化混合物易随着体系温度的迅速升高而从设备中喷出，并产生爆炸。此外，芳香族化合物的硝化反应常伴随生成硝基酚的氧化副反应，硝基酚及其盐类化合物性质不稳定，极易燃烧、爆炸。而在蒸馏硝基化合物（如硝基甲苯）时，所得的热残渣易发生爆炸，这是由于热残渣与空气中的氧气相互作用的结果。

（2）硝化工艺的安全控制措施。根据国家安全监管总局发布的《首批重点监管的危险化工工艺目录的通知》（安监总管三〔2009〕116号），对于硝化工艺安全控制的基本要求包括：设立"反应釜温度的报警和联锁；自动进料控制和联锁；紧急冷却系统；搅拌的稳定控制和联锁系统；分离系统温度控制与联锁；塔釜杂质监控系统；安全泄放系统等。"宜采用的控制方式为："将硝化反应釜内温度与釜内搅拌、硝化剂流量、硝化反应釜夹套冷却水进水阀形成联锁关系，在硝化反应釜处设立紧急停车系统，当硝化反应釜内温度超标或搅拌系统发生故障，能自动报警并自动停止加料。分离系统温度与加热、冷却形成联锁，温度超标时，能停止加热并紧急冷却。硝化反应系统应设有泄爆管和紧急排放系统。"

此外，对于硝化工艺的安全控制，除了操作人员应做好必要的人身防护措施外，还应注意以下几点：① 严格控制硝化反应温度；② 禁止使用普通机油或甘油作为搅拌器润滑剂和温度计套导热剂，避免其与硝化物料接触；③ 防止冷却水漏进硝化体系；④ 硝化原料在使用前应进行检验，并仔细地配制反应混合物并彻底除去其中的易氧化组分；⑤ 消除生产过程及后处理过程的不安全因素。如硝化设备应确保严密不漏，防止硝化物料溅落到蒸汽管道等高温设施的表面上而引起燃烧或爆炸；在蒸馏硝基化合物时，必须采取有效的防爆措施来处理残渣等；⑥ 车间内禁止火种；⑦ 硝化装置设置防爆构筑物；⑧ 严格工艺纪律，强化安全技术执行规程。

三、加氢工艺

加氢反应是指在有机化合物分子中加入氢原子或减少氧原子，或者二者皆有的反应，涉及加氢反应的工艺过程为加氢工艺，主要包括不饱和键加氢、芳环化合物加氢、含氮化合物加氢、含氧化合物加氢、氢解等。

1. 加氢工艺的反应机理

加氢过程可分为两大类：第一类是氢与一氧化碳或有机化合物直接加氢，例如一氧化碳加氢合成甲醇、己二腈加氢制己二胺等；第二类是氢与有机化合物反应的同时，伴随着化学键的断裂，这类加氢反应又称氢解反应，包括加氢脱烷基、加氢裂化、加氢脱硫等。

加氢反应是可逆、放热和分子数减少的反应。根据吕·查德里原理，低温、高压有利于化学平衡向加氢反应方向移动。加氢过程所需的温度取决于所用催化剂的活性，活性高者温度可较低。对于在反应温度条件下平衡常数较小的加氢反应（如由一氧化碳加氢合成甲醇），为了提高平衡转化率，反应过程需要在高压下进行，并且也有利于提高反应速率。采用过量的氢，不仅可加快反应速率和提高被加氢物质的转化率，而且有利于导出反应热，同时过量的氢可循环使用。

2. 加氢工艺危险性分析及安全控制措施

（1）加氢工艺的危险性分析

① 火灾危险性。首先,部分氢化反应使用的金属类催化剂(如雷尼镍、钯碳等)属于易燃固体,可以自燃。

其次,氢气的爆炸极限为4%～75%,具有高燃爆危险特性,其与空气混合能成为爆炸性混合物,遇火星、高热能引起燃烧。室内使用或储存氢气,当有漏气时,氢气上升滞留屋顶,不易自然排出,遇到火星时会引起爆炸。

第三,加氢反应的原料及产品多为易燃、可燃物质。例如:苯、萘等芳香烃类;环戊二烯、环戊烯等不饱和烃类;硝基苯、乙二腈等硝基化合物或含氮烃类。

第四,在氢化反应过程中产生的副产物如硫化氢、氨气多为可燃物质。

② 爆炸危险性。第一,化学爆炸危险性。加氢工艺中,氢气爆炸极限为4%～75%,当出现泄漏,或装置内混入空气或氧气,易发生爆炸危险。

第二,物理爆炸危险性。加氢工艺多为气相或气液相反应,在整个加氢过程中,装置内反应基本处在高压条件下进行。在操作条件下,氢腐蚀设备产生氢脆现象,降低设备强度。

③ 工艺过程危险性。首先,加氢反应过程为放热反应,且反应温度、压力较高,所用原料大多易燃易爆,部分原料和产品有毒性、腐蚀性。

其次,加氢反应均为气相或气液相反应,设备操作压力均为高压甚至超高压,因此对反应器的强度、连接处的焊接、法兰连接有较高的要求。

第三,加氢反应均为放热反应,反应物反应不均匀、管式反应器堵塞、反应器受热不均匀等原因会造成反应器内温度、压力急剧升高导致爆炸或局部温度升高产生热应力导致反应器泄漏而爆炸。

(2)加氢工艺的安全控制措施。根据国家安全生产监管总局发布的《首批重点监管的危险化工工艺目录的通知》(安监总管三〔2009〕116号),对于加氢工艺安全控制的基本要求包括:设立"温度和压力的报警和联锁;反应物料的比例控制和联锁系统;紧急冷却系统;搅拌的稳定控制系统;氢气紧急切断系统;加装安全阀、爆破片等安全设施;循环氢压缩机停机报警和联锁;氢气检测报警装置等。"宜采用的控制方式为:"将加氢反应釜内温度、压力与釜内搅拌电流、氢气流量、加氢反应釜夹套冷却水进水阀形成联锁关系,设立紧急停车系统。加入急冷氮气或氢气的系统。当加氢反应釜内温度或压力超标或搅拌系统发生故障时自动停止加氢,泄压,并进入紧急状态。安全泄放系统。"

对于加氢工艺的安全控制的基础在于做好预防工作,其核心是控制人的不安全行为和消除物的不安全状态,如做好人员的安全培训和设备的维护与保养。此外,还应注意以下安全技术要点与操作要求:

① 做好加氢前的装置检查工作,包括施工安装是否符合设计要求,工艺管线、设备是否具备引入水、电、气(汽)及进行全面吹扫、冲洗等条件。

② 对装置工艺管线和流程进行全面、彻底的吹扫贯通,以清除残留物和脏物,进一步检查管道过程质量,保证管线设备畅通,促使操作人员进一步熟悉工艺流程,为正式生产做好准备。

③ 在全面吹扫工作完成、确保系统干净的基础上,对装置进行试压,检查并确认设备及所有工艺管线的密封性能是否符合规范要求,使操作人员进一步了解、熟悉和掌握各岗位主要管道的试压等级、试压标准、试压方法、试压要求和试压流程。

④ 氮气置换。

⑤ 加氢过程中重点监控加氢反应釜或催化剂床层温度、压力；加氢反应釜内搅拌速度；氢气流量；反应物质的配料比；系统氧含量；冷却水流量；氢气压缩机运行参数、加氢反应尾气组成等。

⑥ 若加氢过程中出现非正常情况，首先应对人员和设备采取紧急保护措施，并尽可能按接近正常状态的操作步骤停止加氢流程。

四、重氮化工艺

重氮化反应是一级胺与亚硝酸在低温下作用，生成重氮盐的反应。脂肪族、芳香族和杂环的一级胺都可以进行重氮化反应。涉及重氮化反应的工艺过程为重氮化工艺。通常重氮化试剂是由亚硝酸钠和盐酸作用临时制备的。除盐酸外，也可以使用硫酸、高氯酸和氟硼酸等无机酸。脂肪族重氮盐很不稳定，即使在低温下也能迅速自发分解，芳香族重氮盐较为稳定。

1. 重氮化工艺的反应机理

对于重氮化反应而言，芳香族重氮盐相对较为稳定，且其重氮基可以被其他基团取代，生成多种类型的产物。因此，芳香族重氮化反应在化学药物合成中应用更为广泛。在工业生产过程中，重氮化反应的操作方法一般是将芳伯胺溶解于过量的酸中，将溶液冷却后，慢慢加入亚硝酸钠溶液，同时进行冷却和搅拌。

重氮化反应的机理是由一级胺与重氮化试剂结合后，通过一系列质子转移生成重氮盐。重氮化试剂的形式与所用的无机酸有关。当用较弱的酸时，亚硝酸在溶液中与 N_2O_3 达成平衡，有效的重氮化试剂是 N_2O_3。当用较强的酸时，重氮化试剂是质子化的亚硝酸和亚硝酰正离子。因此重氮化反应中，控制适当的 pH 值是很重要的。

芳香族一级胺碱性较弱，需要用较强的亚硝化试剂，所以通常在较强的酸性下进行反应。其具体反应过程机理如图6-6所示。

$$NaNO_2 \xrightarrow{HCl} HNO_2 \underset{}{\overset{HCl}{\rightleftharpoons}} NOCl$$

$$ArNH_2 + NOCl \xrightarrow{慢} [Ar\!-\!\overset{+}{N}H_2\!-\!NO] + Cl^-$$

$$[Ar\!-\!\overset{+}{N}H_2\!-\!NO] \xrightarrow{快} Ar\!-\!\overset{+}{N}\!\!\equiv\!\!N + H_2O$$

图6-6 重氮化反应机理

2. 重氮化工艺危险性分析及安全控制措施

（1）重氮化工艺的危险性分析

① 重氮盐在温度稍高或光照的作用下，特别是含有硝基的重氮盐极易分解，有的甚至在室温时也能分解。在干燥状态下，有些重氮盐不稳定，活性强，受热或摩擦、撞击等作用能发生分解甚至爆炸。

② 重氮化生产过程所使用的亚硝酸钠是无机氧化剂，175℃时能发生分解、与有机物反应导致着火或爆炸。此外，亚硝酸钠还具有还原剂的性质，遇强氧化剂能被氧化而导致燃烧或爆炸。

③ 在重氮化工艺中，所用原料大多数为芳伯胺类化合物，这些反应原料具有燃爆危险性，且具有一定毒性。

（2）重氮化工艺的安全控制措施。依据国家安全生产监管总局发布的《首批重点监管的危险化工工艺目录的通知》（安监总管三［2009］116号），重氮化工艺的安全控制的基本要求包括：设立"反应釜温度和压力的报警和联锁；反应物料的比例控制和联锁系统；紧急冷却系统；紧急停车系统；安全泄放系统；后处理单元配置温度监测、惰性气体保护的联锁装置等。"

此外，应注意控制以下几点。

① 无机酸的用量配比。从重氮化反应机理可知，无机酸的理论用量为芳伯胺的2倍当量。重氮盐一般易分解，只有在过量的酸液中才比较稳定。因此，进行重氮化反应时无机酸的实际用量需过量很多，常达3倍当量或以上，反应完毕时体系应呈强酸性（pH值为3），对刚果红试纸呈蓝色。在重氮过程中经常检查介质的pH值是十分必要的。

② 亚硝酸盐（钠）的用量配比。重氮化反应时，必须严格控制亚硝酸钠的投料量。一般亚硝酸钠用量会比理论值略高，目的是使芳胺反应完全。但如果亚硝酸钠用量过多，重氮化反应速率就会加快，释放的热量增多，导致生成的重氮盐分解而发生事故。

③ 亚硝酸盐（钠）的投料速率。亚硝酸盐的投料速率也是一个潜在危险因素。投料过慢，来不及反应的芳香族胺类会和重氮盐作用发生自我偶合反应；投料过快，亚硝酸盐易产生局部过量，重氮化反应速率就会增高，释放的热量同时快速增多，将导致生成的重氮盐分解而发生事故。因此，亚硝酸钠投料速率的控制应根据芳香族胺类的碱性不同而有所区别，原料为碱性较强的芳香族胺类时，亚硝酸钠的投料速率一定要缓慢。

④ 反应温度。大部分重氮盐只有在低温下才能保持稳定，故重氮化反应一般在0~5℃下进行。但是，即使在0℃时，重氮盐的水溶液也只能保持数小时，而当反应的温度超过5℃时，重氮盐就会分解。根据重氮盐分解反应动力学实验结果可知：反应温度每升高10℃，其分解速率加快2倍，而其中具有供电子取代基的芳环重氮盐分解速率增加得更快。为了得到稳定的重氮盐，通常需在反应体系中加入可与重氮基反应的试剂，如四氟硼酸等。

在较高反应温度的情况下，反应釜内过量的亚硝酸也会加速分解，产生大量的NO气体，产生的NO还会进一步与空气发生氧化反应生成NO_2，同时释放出大量热量。此外，反应温度过高会引起亚硝酸分解而爆炸，产生的NO气体逸出，遇有机物质会引起火灾。

因此，传统的重氮化反应设备必须加入冷冻装置以维持低温。同时，重氮化反应釜和重氮盐干燥设备都应配置自动控制调温系统，例如反应釜配置温度探测、调节、搅拌、冷却联锁装置；干燥设备配置温度测量、加热热源开关、惰性气体保护的联锁装置。

⑤ 处理工艺安全措施。应采用陶瓷、玻璃或木质设备进行重氮化反应或储存重氮化合物，不能用铁、铜、锌等金属设备。重氮化反应完毕后，应将场地和设备用水冲洗干净。后处理过程中，要经常清除粉碎车间设备上的粉尘，防止物料洒落在干燥车间的热源上，或凝结在输送设备的摩擦部位。

五、氟化工艺

氟化反应是化合物的分子中引入氟原子的反应。在药物研究中，由于氟原子原子半径小，因而被认为是用于替代氢原子最理想的元素。此外，氟原子电负性极大，所形成的C—F键比C—H键的键能大得多，故氟原子的引入可极大改变药物分子的物理、化学性质，并有效提高药物分子的生物活性、生物利用度和脂溶性等。目前，已有多种含氟药物成功上市，如喹诺酮类抗生素便是一系列含氟的人工化学合成药物。

涉及氟化反应的工艺过程为氟化工艺。氟与有机化合物作用是强放热反应，放出大量的热可使反应物分子结构遭到破坏，甚至着火爆炸。

1. 氟化典型工艺

（1）亲电氟化法。近半个世纪以来，有多种亲电氟化试剂问世，如氟化高氯氧（$FClO_3$）、二氟化氙（XeF_2）、氟氧化合物（如酰基次氟酸盐、CF_3OF、$CsSO_4F$ 等）以及氟氮化合物（$R_2N—F$ 或 $R_3N—F$）。在低温下，元素氟（F_2）也可进行亲电氟化反应，但必须在极性溶剂和路易斯酸存在的条件下进行。

（2）亲核氟化法。最基本的亲核氟化试剂是 HF，现已大量用于基础氟化物的生产，技术已经非常成熟。但是，由于 HF 具有毒性和腐蚀性，人们开发出很多属于这一类型的其他氟化试剂来替代 HF，如碱金属氟化物 NaF、KF、KHF_2、CaF_2、CsF 等，通常情况下，在 KF 中添加 CaF_2 来提高 KF 的氟化能力。

在亲核氟化法中，卤素交换氟化法和氟代脱硝法是两种常用的选择性亲核氟化法，因为它们具有原料易得、反应条件温和、选择性高等诸多优点。卤素交换氟化法是依据氟能够置换其他卤素离子的原理，将芳香化合物中的卤素基团置换为氟原子的过程。该类反应的氟化剂通常以干燥粉末状态加入反应，并且常伴有相转移催化剂来使反应加速进行。常用的氟化剂主要为碱金属氟化物，如 LiF、CsF、RbF、NaF、KF 等，较常用且反应效果最好的是 KF。氟代脱硝法主要针对芳环硝基化合物，其与卤素交换氟化相比具有更大的优越性：首先，硝基比氯原子具有更大的诱导效应，使得其取代反应在相同的活化条件下更易进行；其次，卤素交换的一个限制是在卤素邻位或者对位存在吸电子基团时可以提高产率，而较难合成间氟芳香化合物，但氟代脱硝法可以合成间氟芳香化合物；第三，氟代脱硝的反应条件更加温和，主要是由于硝基比卤素更容易离去。

（3）重氮化法。重氮化法是将芳香族化合物与重氮盐混合，在一定的条件下形成含氟化合物的反应方法。重氮化法中最典型的反应是 Balz-Schiemann 反应，该反应先将芳香伯胺类化合物重氮化，然后与氟硼酸钠反应转变为不溶于水的硼氟酸盐，或直接在硼氟酸存在下重氮化，再加热分解重氮盐，从而得到氟化物。例如，第三代喹诺酮类抗菌药芦氟沙星（Rufloxacin）的中间体——2，6-二氯氟苯（**6-1**）便采用了 Balz-Schiemann 重氮化法进行制备（图6-7）。

图6-7　2，6-二氯氟苯的制备

2. 氟化工艺危险性分析及安全控制措施

（1）氟化工艺的危险性分析。氟化反应是一个放热过程，一般都在较高温度下进行氟化，反应剧烈，速率快，热量变化较大。所用的原料大多具有燃爆危险性、毒性或腐蚀性，一旦泄漏危险性较大。因此，氟化工艺的危险性主要包括如下。

① 爆炸危险性。氟化反应涉及的原料、产品、中间产品等部分具有燃爆性，如三氯乙烯遇明火高热能引起燃烧爆炸，黄磷受摩擦、撞击或与氧化剂接触能立即燃烧甚至爆炸。氟化使用的浓硫酸具有强氧化性，与有机物接触能剧烈反应，与普通金属反应放出氢气，极易发生爆炸等。

② 腐蚀及其他危险性。氟化反应涉及的氟化氢、浓硫酸等均为强腐蚀性物质，部分氟化反应产生粉尘，能对人体造成伤害，如使用浓硫酸与萤石（氟石）制备氟化氢的过程中，生成的硫酸钙。此外，多数氟化剂有剧毒。

③ 反应过程的危险性。氟化反应是一个放热过程，尤其在较高温度下进行氟化，反应更为剧烈。如果放出的热量不能及时移出，就会造成反应温度的进一步升高，而氟化所用的原料多为有机易燃物和强氧化剂，容易造成泄漏，导致有毒物质扩散，并且在这样高的温度下，如果物料泄漏还会导致着火或引起爆炸。

④ 原料储存过程的危险性。氟化反应中氟化剂有气态氟化氢、固体黄磷和各种浓度的酸。这些物质大多具有毒性、强腐蚀性或易燃易爆性，一旦泄漏或爆炸，将会造成重大安全和环境事故。

（2）氟化工艺的安全控制措施。依据国家安全生产监管总局发布的《首批重点监管的危险化工工艺目录的通知》（安监总管三〔2009〕116号），氟化工艺的安全控制的基本要求包括：设立"反应釜内温度和压力与反应进料、紧急冷却系统的报警和联锁；搅拌的稳定控制系统；安全泄放系统；可燃和有毒气体检测报警装置等。"宜采用的控制措施包括："氟化反应操作中，要严格控制氟化物浓度、投料配比、进料速率和反应温度等。必要时应设置自动比例调节装置和自动联锁控制装置。将氟化反应釜内温度、压力与釜内搅拌、氟化物流量、氟化反应釜夹套冷却水进水阀形成联锁控制，在氟化反应釜处设立紧急停车系统，当氟化反应釜内温度或压力超标或搅拌系统发生故障时自动停止加料并紧急停车。安全泄放系统。"

第三节　连续流反应技术及其在"危险工艺"中的应用

一、连续流反应技术

"连续流动化学"（Continuous Flow Chemistry）又称为"间断式流动化学"（Plug Flow Chemistry）或"流动化学"（Flow Chemistry），是一种通过泵向流动反应器中输送两个或更多的反应物料，使之混合后在热量控制的条件下以连续流动的模式进行的化学反应技术。

近20年来，连续流反应技术在学术界和工业界越来越受到人们的欢迎。相比于传统的釜式反应器，连续流反应器有着自身的优点，主要体现为：① 反应器尺寸小，传质传热迅速，易实现过程强化。反应物可以在几秒内实现扩散与混合，反应温度可以高于溶剂的沸点，反应更快。② 参数控制精确，反应选择性好，尤其适合于抑制串联副反应。在高的比表面积与体积比率的反应器中，反应物可以被快速加热或冷却从而精准控制温度，使得连续流动反应设备中的化学反应选择性更好，反应更彻底。③ 在线物料量少，微小通道固有阻燃性能，小结构增强装置防爆性能，连续流工艺本质安全。单位时间里反应器中只有少量危险的中间体生成与少量的反应热量产生，因此反应更安全。④ 可进行连续化操作，效率高。⑤ 容易实现自动化控制，增强操作的安全性，节约劳动力资源。

对于传统的间歇釜式生产方式，反应器传质传热效率低，易造成温度、浓度不均匀，从而导致收率低、生产效率低、间歇操作产品质量稳定性差等缺点。尤其在处理"危险工艺"时，由于釜式生产方式所使用的危险化学品数量和种类多、反应容积大、生产装置和管线复杂，因此具有相当大的安全隐患。而对于连续流反应器，其可以是简单的管道、管线或者复杂的微结构集成装置，这些组合的装置和反应器可以维持设定的温度和压力范围，通过优化参数来促进所希望的反应快速与成功进行。如在连续流动电化学或光化学反应条件下，反应器可置于电流或光照条件下来促进反应顺利进行。同时，连续流动化学与自动化设备的集成，使得化学反应条件可以实现连续式操作，并在微升规模进行反应时间、温度、流量、泵体积和压力等参数的快速调节。独立便捷的溶剂清洗操作保证反应可以依次接连进行，利于进行快速反应条件优化。稳定的物料混合和热量传送将化学反应的放大效应减到最小，较高的流速和较大的反应器配套使用帮助实现公斤级与吨级产品的安全生产。无论在单一微反应器中还是集成的连续流动反应装置里，选择连续流动反应可以提供许多优势功能和参数选择，为化学药物的安全、清洁和高效生产提供了可能性。因此，利用连续流反应技术的优势，可以在一定程度上解决传统釜式工艺存在的问题，并使化学制药中的"危险工艺"在安全高效的模式下运作。

连续流微通道反应器是目前应用比较多的一类连续流动反应装置，是由微通道反应器与高效液相色谱泵、蠕动泵或注射泵三者之一相连而成（图6-8）。根据通道直径的大小，连续流微通道反应器可分为小规模、中规模和大规模连续流反应器。小规模连续流反应器通道直径为 $50 \sim 1000\mu m$，体积一般为 $0.001 \sim 1mL$，可合成制备 $<100g$ 的产品；中规模连续流反应器通道直径为 $1 \sim 10mm$，能生产 $10 \sim 100kg$ 级的产品；大规模连续流反应器通道直径 $>10mm$，能生产吨级以上的产品。

图6-8　连续流微通道反应器装置示意图

二、连续流反应技术在"危险工艺"中的应用

1. 光气及光气化工艺

光气及光气化工艺包含光气和以光气为原料的下游产品的制备，其危险性主要在于：① 光气为剧毒气体，在储运、使用过程中发生泄漏后，易造成大面积污染、中毒事故；② 副产物氯化氢具有腐蚀性，容易造成设备和管线泄露，使人员发生中毒事故。

利用硅材质连续流微反应器，人们以 CO 和 Cl_2 为原料，在活性炭的催化下制备光气，随后直接通入溶有环己胺的甲苯溶液。氯气和环己胺可以在该连续流微反应器中完全转化，并生成环己基异氰酸酯（**6-2**，图6-9）。相比于传统的釜式生产，该工艺实现了现场按需制备光气，不存在光气的储存以及运输问题。同时，该反应所用的连续流微反应器硅基表面有一层氧化膜，可以防止反应生成的 HCl 对设备的腐蚀，从而可以保护操作人员和操作环境。

对于三光气参与的光气化反应，人们同样利用连续流微反应器，使羧酸在微反应器通道内被三光气活化，然后与胺反应生成酰胺化合物（图6-10）。两步反应的停留时间仅分别为 0.5s 和 4.3s，便可得到相应的酰胺化合物，收率可达74% ~98%。与传统的间歇式工艺相比，连续流反应的收率更高，所需反应停留时间也远远少于间歇式反应。

图 6-9　连续流微反应器中环己基异氰酸酯的合成

图 6-10　连续流微反应器中酰胺化合物的合成

2. 硝化工艺

硝化工艺的危险性主要在于：反应速率快，放热量大；反应物料具有燃爆危险性；硝化剂具有强腐蚀性、强氧化性，与油脂、有机化合物（尤其是不饱和有机化合物）接触能引起燃烧或爆炸；硝化产物、副产物均具有爆炸危险性。

与传统的合成方法相比，采用连续流反应技术可有效提高硝化产物的选择性，并可在高温下完成硝化反应。如阿斯利康（Astra Zeneca）公司以 3-甲基吡唑（6-3）为原料，采用连续流反应技术可合成出公斤级规模的 3-甲基-4-硝基吡唑（6-4），并通过控制温度避免了双硝化副产物 3-甲基-4，5-二硝基吡唑（6-5）的生成（图 6-11）。诺华（Novartis）公司在进行 8-溴-1-氢-喹啉-2-酮（6-6）的硝化反应研究时，发现该反应在传统反应模式下放热非常剧烈。出于安全考虑，反应规模只能控制在 0.1mol 以下（图 6-12）。然而，当采用连续流反应技术时，8-溴-1-氢-喹啉-2-酮（6-6）的硝化反应时间不仅可以大大缩短（从传统反应条件下的 20min 缩减为 3min），而且反应可以在 90℃下平稳进行，产量可以提高至 97g/h。

图 6-11　连续流反应器中 3-甲基-4-硝基吡唑的合成

3. 加氢工艺

氢化反应通常是气-液-固多相催化反应，主要影响因素是氢气穿过液体到达固体表面的传质效率。在连续流反应技术中，人们通过将催化剂固定在通道表面，气相在通道内流动，液相沿通道壁流动，使反应物之间有比较大的接触面积，从而可有效提高反应速率和效率。此外，多数氢化反应属于放热反应，在反应过程中需要进行有效的散热。相比于传统的釜式反应器，连续流反应装置具有更大的比表面积，从而可使氢化反应所产生的热量有效散除，因而具有更高的安全性。

1，4-苯二氮䓬骨架（6-8）是地西泮等镇静催眠药物的母核，传统的釜式催化加氢反应中，采用钯或钌作为催化剂时几乎得不到预期产物（6-9）；使用铁或亚铁盐催化时还原收率较低，仅为 51%。而通过连续流反应，同样采用钌作为催化剂时，目标产物的收率可达 94%，且固载催化剂易于回收利用，催化效能持久（图 6-13）。

图 6-12　连续流反应器中 8-溴-1-氢-喹啉-2-酮的硝化反应

图 6-13　连续流反应器中 1，4-苯二氮䓬骨架的合成

4. 重氮化工艺

重氮化工艺的危险性主要在于：重氮盐在温度稍高或光照的作用下，特别是含有硝基的重氮盐极易分解，有的甚至在室温时也能分解。在干燥状态下，有些重氮盐不稳定，活性强，受热或摩擦、撞击等作用能发生分解甚至爆炸；重氮化生产过程所使用的亚硝酸钠是无机氧化物，175℃时能发生分解，与有机物反应可导致火灾或爆炸；反应原料具有燃爆危险性。

在连续流反应技术中，反应物之间接触面积大，且反应物料停留于反应通道内的时间较短，因此可避免重氮化工艺中所生成的重氮盐等不稳定中间体的积聚，也可有效避免偶合等副反应的发生。如以 2-乙基苯胺（6-10）为起始原料，经重氮化-还原反应制备 2-乙基苯肼盐酸盐（非甾体抗炎药依托度酸的关键中间体，6-11）的连续流多步反应工艺中，反应总停留时间少于 31min，产物收率可达 94%，纯度为 99%（图 6-14）。

5. 氟化工艺

氟化是在化合物的分子中引入氟原子的反应，相应工艺的危险性在于：反应物料具有

图 6-14 连续流反应器中 2-乙基苯肼盐酸盐的合成

燃爆危险性；氟化反应为强放热反应，不及时排出反应热量，易导致超高温高压，引发设备爆炸事故；多数氟化试剂具有强腐蚀性和剧毒性，在生产、贮存、运输、使用等过程中容易因泄露、操作不当以及其他意外而造成危险。

以氟单质（F_2）为氟源是最直接的氟化手段，原子经济性好，反应收率高。但此类反应非常剧烈，且伴有大量热量放出，故在传统釜式反应器中操作时存在较高的危险性。而连续流反应器具有传热迅速的优点，可有效解决反应放热剧烈的问题，因此采用连续流反应技术是解决氟单质直接氟化具有危险性的非常有效的手段。人们利用镍-聚三氟氯乙烯（PCTFE）材质的微通道反应器，实现了多种有机化合物的氟单质直接氟化。反应中，反应物与溶剂通过注射泵注入反应器，氟单质（氟气）用氮气稀释后从气缸直接通过一个质量流量控制器进入反应器，并通过调节反应条件，使气-液两相在反应器形成"管流状"（图6-15），并增大了气-液两相的接触面积，从而使直接氟化反应快速、平稳的进行。

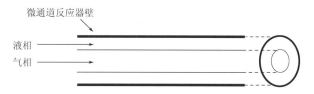

图 6-15 连续流反应器中的"管流状"反应

由于氟气具有强烈的毒性、腐蚀性、氧化性等危险性质，人们常使用其他相对安全的氟化试剂进行替代使用，如二乙胺基三氟化硫（DAST）、1-氯甲基-4-氟-1，4-二氮杂双环［2，2，2］辛烷二（四氟硼酸）盐（Tetrafluoroborate）等。但是，这些用以替代氟气的氟化试剂也存在一定的危险因素，如 DAST 受热时由于不稳定易剧烈分解，故在加热使用DAST 时应非常小心，且温度不宜超过 90℃。在辉瑞（Pfizer）公司药物化学部，禁止在室温以上的温度加热使用 DAST。但是，由于连续流反应器可以提供封闭的反应环境和在线猝灭过量的氟化试剂，因此可安全地加热使用 DAST。

作为一门新兴技术，除了在上述"危险工艺"中的应用，连续流反应技术还可用于其他多种类型的化学反应，如光催化反应、电化学反应、无机化学反应等。虽然连续流反应技术依然面临着一些问题，如连续流反应器制作成本较高、制作材料较苛刻等，但其自身所具有的优势也非常明显，如安全性、便捷性、环境的友好性、反应的高效性和高选择性等。随着化学家们对连续流动化学知识和经验的增长，相信其应用技术和范围将不断拓展，并为制药行业带来革命性的变化。

思考题

1. 什么是"危险工艺"? 其易产生哪些危险后果?
2. 如何正确应对"危险工艺"?
3. 什么是连续流反应技术? 其有哪些优点?
4. 结合文献检索,举出 1~2 项采用连续流反应技术进行工业化应用的"危险工艺"。

参考文献

[1] 国家安全生产监督管理总局. 安监总管三 [2009] 116 号国家安全监管总局关于公布首批重点监管的危险化工工艺目录的通知. 2009.
[2] 胡玢,靳江红,王晓冬. 生产工艺过程危险、有害因素辨识方法. 安全与环境学报,2008,8 (1): 166-169.
[3] 曾晓,张礼敬,陶刚等. 危险化工工艺风险辨识方法研究. 工业安全与环保,2011,37 (5): 47-49.
[4] 周仲园,陶刚,张礼敬等. 危险化工工艺的风险评估研究方法综述. 工业安全与环保,2013,39 (2): 87-89.
[5] 毕荣山,胡明明,谭心舜等. 光气化反应技术生产异氰酸酯的研究进展. 化工进展,2017,36 (5): 1565-1572.
[6] 王璇. 重氮化工艺的风险控制. 劳动保护,2008 (3): 102-103.
[7] Malet-San z L,Susanne F,Continuous Flow Synthesis. A Pharma Perspective. Journal of Medicinal Chemistry,2012,55: 4062-4098.
[8] 苏为科,余志群. 连续流反应技术开发及其在制药危险工艺中的应用. 中国医药工业杂志,2017,48 (4): 469-482.

第七章

化学手性制药工艺

目前，手性药物已占据全球药品市场的重要地位。在 2010 年，全球手性药物市场销售额就已达到 2500 亿美元，50% 以上的畅销药物均为手性药物。手性药物技术门槛高、经济效益好，同时具有疗效高、毒副作用小、用药量少等特点，使得手性药物的研发已成为制药工业的一个重要发展方向。

第一节　概　　述

一、手性与手性药物

1. 手性及其表示方式

手性（Chirality）是指化合物分子的一种不对称性，手性分子的基本特性是自身与其镜像的分子结构不能重合，如同人的左右手的关系一样。分子的手性通常是由连接四个互不相同原子或基团（包括未成键的电子对）的不对称碳、硫、氮、磷等原子引起，也可由分子中所具有的手性面、手性轴、手性螺旋等不对称元素引起。

目前，手性的表示主要有 D/L 和 R/S 两种方法。

（1）D/L 法。1951 年，人们以甘油醛的构型作为标准，将其他有机物看作由甘油醛衍生而来，对甘油醛两种异构体采用 D/L 法命名，其具体方法见图 7-1。

D-甘油醛　　　　　L-甘油醛

图 7-1　D-甘油醛与 L-甘油醛

即当—OH 在手性碳原子右侧时为 D 型，在左侧时为 L 型。D/L 法只适用于分子中仅简单具有一个手性碳原子的物质，而对于分子中有一个以上的手性中心时，这种命名法不能明确每个手性原子的构型。因此，目前除糖类化合物和氨基酸外，其他有机化合物几乎不

121

再使用 D/L 法命名。

（2）R/S 法。1970 年，国际纯粹和应用化学协会（IUPAC）建议采用 R/S 法对手性化合物进行命名。目前，绝大多数的手性化合物均采用 R/S 法进行命名。R/S 法命名规则是以手性原子自身的结构为依据，根据手性原子直接相连的四个互不相同原子或基团（包括未成键的电子对）所占据的空间位置，按照它们序列的大小来确定手性中心的构型，将最小基团置于观察者最远位置，以其他基团大小排序、观察。若为顺时针方向，为 R 型；若为逆时针方向，为 S 型。如前所述的甘油醛，其手性碳原子所连接的四个基团的优先顺序为—OH ＞—CHO ＞—CH₂OH ＞—H，故若按 R/S 法命名则为（图 7-2）：

图 7-2　（R）-甘油醛与（S）-甘油醛

对于手性化合物的不同表示方法，需要注意以下两点：第一，D/L 法和 R/S 法是两种不同的构型表示方法，二者之间并无直接的逻辑对应关系；第二，任何一种命名法所表示的手性化合物构型与该化合物的旋光方向无对应关系。当偏振光照射手性化合物时，透过的偏光平面会向顺时针（或逆时针）方向旋转，所旋转的角度称为旋光度，相应的旋转方向采用（＋）或（−）表示。对于旋光性为（＋）或（−）的手性化合物，其手性构型可以是 D/L 和 R/S 命名法中的任何一种。

2. 手性药物

手性是自然界的普遍特征。在生命的产生和演变过程中，自然界往往对一种手性有所偏爱，如自然界中组成多糖和核酸的天然单糖大多为 D-构型，氨基酸大都为 L-构型，蛋白质和 DNA 的螺旋构象又都是右旋的等。作为自然界的一部分，人类的生命本身就依赖于手性识别。如人们对 L-氨基酸和 D-糖类能够消化吸收，而其对映体对人类没有营养价值或有副作用。作为调节人类生命活动而起到治疗作用的药物，如果在参与人体内的生理过程时涉及手性分子或手性环境，则该药物分子中所具有的不同立体构型所产生的生物活性就有可能不同，其中具有药物功能或用途的手性异构体才适用于作为药物。根据原国家食品药品监督管理总局药品审评中心颁布的《手性药物质量控制研究技术指导原则》，"手性药物是指分子结构中含有手性中心（也称不对称中心）的药物，它包括单一的立体异构体、两个以上（含两个）立体异构体的不等量的混合物以及外消旋体。"

对于手性药物的纯度，除了考虑其化学纯度，更应注意控制其光学纯度。光学纯度的表示方法是将一定条件下测定的该手性化合物的旋光度（$[\alpha]_{obs}$）与其同等条件下的标准旋光度（$[\alpha]_{max}$）相比，所得结果即为该手性化合物的光学纯度。

$$光学纯度/\% = \frac{[\alpha]_{obs}}{[\alpha]_{max}} \times 100\%$$

光学纯度表示法主要用于已知手性化合物的质量检测及其生产过程的质量控制。对于新手性化合物，由于缺乏标准旋光度值，难以计算其光学纯度，故更多采用"对映体过量"（Enantiomeric Excess, e. e. %）或"非对映体过量"（Diastereomeric Excess, d. e. %）来表示一个对映体或非对映体相对于其对映异构体或非对映异构体过量的程度，其具体表示方法为：

$$e.e.\% = \frac{[对映体1] - [对映体2]}{[对映体1] + [对映体2]} \times 100\%$$

$$d.e.\% = \frac{[非对映体1] - [非对映体2]}{[非对映体1] + [非对映体2]} \times 100\%$$

二、手性药物的药理作用

对于具有手性中心或不对称性的化学药物而言，由于人体内的手性环境可以识别药物的手性异构体，并与其中某种特定的异构体相互作用，因此药物间不同的手性异构体的药理活性往往表现出质和量的差异。根据手性药物中对映体之间的药理活性和毒副作用的差异，可将分子结构具有手性的药物分为以下几类。

1. 对映体之间有相同的某一药理活性，且作用强度相近，可以采用外消旋体形式给药。如普罗帕酮（Propafenone，**7-1**）的两个对映异构体具有相同的抗心律失常的作用，异丙嗪（Promethazine，**7-2**）的两个对映异构体具有相同的抗组织胺的活性和毒性（图7-3）。

图7-3　普罗帕酮和异丙嗪

2. 两个对映体中，药物的生物活性完全或主要由其中的一个对映体产生，另一个则无明显作用。如抗生素氧氟沙星（Ofloxacin，**7-3**）的活性主要由 S-构型异构体产生，而 R-构型异构体几乎无药理活性。用于治疗关节炎的 S-萘普生（S-Naproxen，**7-4**）在体外试验的镇痛作用比其 R-构型异构体强35倍（图7-4）。

图7-4　氧氟沙星和S-萘普生

3. 两个对映体有不同的药理作用，上市后用于不同的适应证。例如丙氧酚（Propoxyphene）的（2S，3R）-构型异构体（**7-5**）是镇痛药，（2R，3S）-构型异构体（**7-6**）具有镇咳作用（图7-5）。若将其以外消旋体形式给药时，互相产生副作用，而分开给药时，则都是有效的治疗药物。

图7-5　丙氧酚的对映异构体

4. 两个对映体的生物活性不同，但合并用药有利。如降压药奈必洛尔（Nebivolol，**7-7**）的右旋体为 β-受体阻滞剂，而左旋体能降低外周血管的阻力，并对心脏有保护作用；抗高血压药物茚达立酮（Indacrinone，**7-8**）的 R-构型异构体具有利尿作用，但同时有增加血中尿酸的副作用，而 S-构型异构体却有促进尿酸排泄的作用，可有效降低 R-构型异构体的副作用，两者合并用药有利（图7-6）。进一步的研究表明，S-构型异构体与 R-构型异构体的比例为 1:4 或 1:8 时治疗效果最好。

图7-6　奈必洛尔和茚达立酮

5. 两个对映体具有完全相反的生物活性。如新型苯哌啶类镇痛药哌西那朵（Picenadol，**7-9**）的右旋异构体为阿片受体的激动剂，而其左旋异构体则为阿片受体的拮抗剂。扎考必利（Zacopride，**7-10**）的 R-构型异构体为 5-HT$_3$ 受体拮抗剂，而 S-构型异构体则为 5-HT$_3$ 受体激动剂（图7-7）。

图7-7　哌西那朵和扎考必利

6. 两个对映体中一个起治疗作用，而另一个对映体有严重的毒副作用。如驱虫药四咪唑（Tetramisole，**7-11**）的呕吐副作用是由其右旋体产生的。抗心率失常药双异丙吡胺（Disopyramide，**7-12**）的负性心肌效应由其 R-构型异构体产生的（图7-8）。

图7-8　四咪唑和双异丙吡胺

由于手性药物的不同立体构型异构体在药效、药代及毒理等方面都可能存在差异，因此应对手性药物的活性进行充分的研究，这对拟开发手性药物的给药及上市形式有重要的指导作用。

三、手性药物的制备方法

手性药物的制备主要有三种途径：一是从天然产物中提取手性药物或其手性中间体；二是利用拆分法对外消旋的手性药物或其手性中间体进行分离，其中主要包括结晶拆分法、化学拆分法、动力学拆分法、色谱拆分法和生物酶拆分法等；三是利用不对称反应对手性药物或其手性中间体进行合成，主要包括化学合成法和生物合成法。

对于从天然产物中提取，该方法主要是从动植物体内分离提取得到天然生成或生物转化产生的手性化合物，如手性抗癌药紫杉醇最早便是从红豆杉中提取制得的。但天然的原料通常是有限的，通过提取的方式不能够获得大量的低价药物，因此该方法具有较大的局限性。此外，从天然产物中提取的机制比较复杂，且除分离提取外，对其工艺的控制与通常情况下所采用的拆分或合成的方式不同，故本章将主要针对第二、第三种途径进行阐述。

对手性化合物的外消旋体进行拆分是一种经典的分离方法，在工业生产中已有 100 多年的历史，目前是用来获取手性药物最常用的方法。拆分法的原理是在手性助剂的作用下，用物理、化学或生物等方法将外消旋体分离成单一异构体。拆分法操作简便、实用性强、重现性好，但其最大的缺点是产物的理论收率最高仅为 50%。因此，有时在拆分的同时需要将非目标对映异构体进行外消旋化，使其不断转化为需要的对映异构体，从而提高原料的利用率和产品的拆分收率。

不对称合成又被称为手性合成，是获得手性药物最直接的方法。手性药物的不对称合成包括从手性分子出发合成目标手性产物，或在手性试剂、催化剂或助剂等手性底物的作用下将潜在手性化合物转变为含一个或多个手性中心的化合物。对于成功的不对称合成，其衡量标准包括：① 产物是否具有较高的对映体过量（$e.e.\%$）；② 手性辅剂是否易于制备和循环利用；③ 是否可以得到对映异构体中的任意一种；④ 反应最好是催化性的合成，因为不对称催化（包括化学催化和生物催化）是唯一具有手性放大作用的手性合成方法。

四、手性药物合成工艺研究的技术指导原则

20 世纪 80 年代前，由于技术条件的限制，手性药物均以外消旋体的形式上市。但一些外消旋体药物在使用过程中出现了严重的副作用，如 1960 年欧洲出现的"反应停"（沙利度胺，Thalidomide）事件，许多母亲由于在怀孕期间服用了镇静剂——沙利度胺，结果导致全球范围内约有 8000～12000 名畸形婴儿出生，另有大约 5000～7000 名婴儿在出生前就已经因畸形而死亡。导致这一悲剧的原因正是外消旋沙利度胺中的 S-构型异构体具有致畸性，而此事件也促使人们越发重视对手性药物中不同异构体进行相应的研究。1992 年，美国食品药品监督管理局（FDA）首次发布了针对手性药物的指导原则，要求对所有在美国上市的消旋体药物均要说明其中所含异构体各自的药理作用、毒性和临床效果。此后，各国（地区）的药品监管部门均对手性药物的研发、上市做出了类似的规定，以规范和指导手性药物的研究开发。2006 年 12 月，我国食品药品监督管理总局药品审评中心颁布了《手性药物质量控制研究技术指导原则》，对手性药物的合成工艺、结构确证及质量控制研究等方面需要进行的研究工作做出了规范性的要求，明确了我国手性药物药学研究的基本思路。

1. 手性药物合成工艺控制

对于任意一种手性药物的制备方法，除了要遵循已有的各项药学研究技术指导原则外，还需要针对手性药物的特点进行研究，尤其是要注重药物合成各阶段对手性中心光学纯度的严格控制。首先，在研究手性药物制备工艺时，应根据手性中心的引入方式，采取有效的过程控制手段，严格控制手性原料与每步反应产物的光学纯度，引入手性中心后的各反应中间体也应结合反应机理，对可能产生的立体异构体杂质进行有效的分离、控制。这样就能与终产品的质量控制相结合，达到全面控制产品光学纯度的目的。

2. 起始原料的控制

根据《手性药物质量控制研究技术指导原则》的规定，"终产品中的手性中心是从光学纯的起始原料或试剂中引入的，在后续的制备过程中，不再涉及手性中心的构型改变，或涉及的构型改变是可控的。因此，终产品的光学纯度主要取决于以下两个方面：起始原料或试剂的光学纯度；后续反应过程是否会影响到已有的手性中心，从而产生外消旋化的可能性及程度。所以在进行工艺研究时，首先要采用立体专属性的分析方法严格控制起始原料或试剂的光学纯度，制定合理可行的手性杂质的限度。其次要根据后续反应的机理，充分分析后续反应是否会影响已有手性中心的构型，如可能会产生影响时，应研究与优化工艺条件，尽量避免或减少外消旋化的产生。

由于在后续反应中存在构型变化的可能性，所以，在制备工艺中仅控制起始原料或试剂的光学纯度还不够，尤其是当终产品中存在多个手性中心，且难以对终产品中的所有立体异构体杂质进行有效控制时，就需要结合工艺中的过程控制来综合控制终产品的光学纯度。这就要求在进行工艺研究时，对引入手性中心后的每步反应的中间体中的立体异构体杂质进行检测，分析与监测外消旋化的可能性。如没有发生外消旋化，则只需根据工艺优化与验证的结果，在制备工艺中严格控制工艺操作参数即可；如可能会发生部分外消旋化，则除了需严格控制工艺操作参数外，还需采用可靠的指标对中间体的光学纯度进行控制，即对该步反应中间体中的立体异构体杂质进行严格的控制。"

3. 产品的结构确证

由于手性药物具有立体结构，并且在非手性条件下，对映体一般具有相同的熔点、溶解度、色谱保留行为、红外光谱（Infrared Spectroscopy，IR）、核磁共振谱（Nuclear Magnetic Resonance，NMR），因此手性药物结构确证具有一定的特殊性，在进行结构确证时，除应符合结构确证的一般原则外，还应特别注意对其构型进行研究与确证。

4. 制剂及工艺控制

手性药物制剂研究的总体目标与普通化学药物是一致的，但其不同之处在于研究过程中要保证手性药物构型不变。手性药物构型的稳定情况也是手性药物制剂剂型选择时需要考虑的重要因素，如其稳定的 pH 范围，固态及液态下构型稳定情况，对光、热、空气等因素的稳定情况等。如果研究显示手性药物在溶液状态下构型不够稳定，可发生构型变化，则不宜选择注射剂、口服溶液等液体剂型。

5. 质量研究与质量标准控制

在对手性药物进行质量研究时，应结合工艺与各手性中心的稳定性确定需研究控制的立体异构体杂质，并注意验证各种手性分析方法的立体专属性；在制定质量标准时，应综合各方面的研究数据，合理有效地监控产品的光学特性与光学纯度；在稳定性研究时，应设立灵敏、立体专属性的光学纯度检测指标，以监测构型的稳定性。

6. 稳定性研究

根据研究目的不同，稳定性研究内容可分为影响因素试验、加速试验与长期留样试验等。手性药物稳定性研究基本原则和方法总体上与普通化学药物一致，但手性药物稳定性试验还需重点考察药物构型的稳定性，即通过设立适宜的光学纯度检查项目和采用灵敏、立体专属性的检查方法（如立体异构体检查等），考察原料药或制剂中手性药物的光学纯度或立体异构体比例变化情况。

第二节 外消旋体拆分

外消旋体拆分又称手性拆分（Chiral Resolution）或光学拆分（Optical Resolution），是立体化学上用以分离外消旋化合物成为两个不同的对应异构体的方法，是生产具有光学活性药物的重要工具。本节将主要介绍结晶拆分法、化学拆分法和动力学拆分法。

一、结晶拆分法

结晶拆分法又称为优先结晶法，其最早报道的应用是肾上腺素的拆分，目前已应用于大规模生产氯霉素、（－）-薄荷醇和甲基多巴等手性药物，另外部分氨基酸的拆分也可使用这种方法。结晶拆分法是向外消旋混合物的热饱和或过饱和溶液中加入一种纯光学活性的对映异构体晶种，然后冷却到一定的温度，这时稍微过量的与晶种相同的对映异构体就会优先结晶出来。滤去晶体后，重新加热剩下的母液，并补加外消旋混合物使溶液达到饱和，再冷却到一定的温度。这时另一种稍微过剩的异构体就会结晶出来。反复进行上述过程，便可以将一对外消旋混合物拆分成为两种光学纯的对映异构体。这种拆分方法原料损耗小、设备简单、成本较低，是比较理想的大规模拆分方法。但该方法也存在一定的局限性，如需采用间断式结晶，生产周期长；工艺条件的控制要求精度较高；直接拆分所得对映异构体的光学纯度往往由于不能达到标准而需进一步纯化等。

在使用结晶拆分法前，首先需要界定所拆分的外消旋体属于外消旋混合物，而非外消旋化合物。外消旋混合物和外消旋化合物是两种不同的外消旋体，后者较为常见，约占所有外消旋体的90%。外消旋混合物是等量的两种对映异构体晶体的机械混合物，虽然该混合物没有光学活性，但每个晶核仅包含一种对映异构体；而外消旋化合物的晶体是两种对映异构体分子完美有序地排列，每个晶核包含等量的两种对映异构体。由等量的对映异构体组成的外消旋混合物是一种低共熔混合物，两种对映异构体互相作用，使得该外消旋混合物的熔点低于任一对映异构体，而溶解度要高于任一对映异构体。基于以上原因，当采用结晶拆分法使外消旋混合物中一种对映异构体析出时，外消旋混合物及大量的另一对映异构体仍会留在母液中，从而达到拆分的目的。对于部分外消旋化合物，虽然不能直接通过结晶拆分法进行拆分，但可以通过与非手性酸或碱成盐转变为外消旋混合物后再采用本法拆分。如DL-多巴（Levodopa，**7-13**）和DL-赖氨酸（Lysine，**7-14**）便可分别通过与盐酸和对氨基苯磺酸成盐后采用结晶拆分法拆分（图7-9）。

7-13 **7-14**

图7-9 DL-多巴和DL-赖氨酸

二、化学拆分法

化学拆分法是一种常用的外消旋体拆分法，具体而言，化学拆分法首先将需拆分的外消旋体与另一种光学纯的手性化合物（即拆分试剂）作用（一般为酸碱成盐或成酯），使

之生成两种理化性质差异较大的非对映异构体，再利用该非对映异构体的物理性质差异将二者分离（如溶解性的差异，一种非对映异构体可充分溶解在溶剂中，而另一种结晶析出）。分离所得的非对映异构体经进一步纯化后脱去并回收所使用的拆分试剂，从而得到原外消旋体中的一种对映异构体。拆分母液中所含的另一种非对映异构体经过类似处理后，可得到原外消旋体中的另一种对映异构体。

化学拆分法中，拆分试剂的选择十分关键。适宜的拆分试剂通常需满足以下条件：① 拆分试剂自身需要具有足够高的光学纯度；② 拆分试剂与外消旋体反应生成的非对映异构体具有较大的物理性质差异，易于分离；③ 拆分试剂易于从拆分所得的非对映异构体中脱去；④ 拆分试剂的成本较低。部分常见的化学拆分试剂如表 7-1 所示，包括天然拆分试剂和合成拆分试剂两种。自然界存在或通过发酵可大规模生产的各种手性酸或碱是拆分试剂的主要来源，一些容易合成的手性化合物也可作为拆分试剂。

表 7-1　部分常见的化学拆分试剂

外消旋体	拆分试剂
酸	麻黄碱、奎宁、α-苯乙胺等
碱	酒石酸、扁桃酸、樟脑等
醇	转化为酸性酯后，用活性碱拆分
醛、酮	光学活性的肼、酰肼等

度洛西汀（Duloxetine）是 Eli Lilly 公司开发的一个 5-羟色胺和去甲肾上腺素再摄取抑制剂，可用于治疗某些心理疾病如抑郁症和焦虑症以及缓解中枢性疼痛如糖尿病外周神经病性疼痛和妇女纤维肌痛等。本书第二章中对其逆合成分析方法进行了介绍，其 S-构型羟基胺（7-15）前体的制备便采用了化学拆分法。首先将外消旋的羟基胺（7-16）溶于甲基叔丁基醚（MTBE）中，加入溶于乙醇的光学纯（S）-扁桃酸（7-17）作为拆分试剂，将所得混合物加热回流后冷却至室温，（S）-构型羟基胺（7-15）会与（S）-扁桃酸形成难溶的非对映异构体盐 [（S）-构型羟基胺扁桃酸盐]（7-18）析出，而（R）-构型羟基胺（7-19）则留在溶液中。将析出的（S）-构型羟基胺扁桃酸盐（7-18）进行过滤收集后用氢氧化钠处理，便可得到具有光学纯度的（S）-构型羟基胺（7-15）。同时，留在溶液中的（R）-构型羟基胺（7-19）可以在盐酸作用下发生差向异构，转变为外消旋的羟基胺（7-16）后用于下一次拆分（图 7-10）。

在化学拆分法中，一类比较特殊的方法是"不对称转换法"。该方法是近年来用于制备 α-氨基酸的一种拆分技术，可省去经典拆分法中的外消旋化步骤，避免另一种对映体的损失，也避免了经典拆分法中易出现的夹带析出现象，从而大大提高了拆分收率，并使拆分产物的光学纯度得到了可靠保证。对于发酵方式生产的天然 α-氨基酸而言，均为 L-型氨基酸，而人们可通过"不对称转换法"将廉价的 L-型氨基酸转化为非天然的 D-型氨基酸。其具体过程为：伴随着加热、酸或碱的加入，L-型氨基酸原位生成的中间体衍生物倾向于外消旋化。随着该外消旋的中间体衍生物的原位脱保护，所得外消旋氨基酸中的 D-型异构体与体系中加入的手性拆分试剂成盐后析出，从而达到 L-型氨基酸向非天然的 D-型氨基酸转化的目的。如 D-型脯氨酸（7-20）作为一种重要的非天然氨基酸，其传统的制备工艺是以丁二醛为原料先通过四步反应得到外消旋脯氨酸，再通过经典化学拆分法制得。整个制备过程步骤比较长，总收率偏低，经济效益差。而通过"不对称转换法"，人们可将作为原料的 L-型脯氨酸（7-21）与丁醛（7-22）作用后，几乎全部转化为 D-型脯氨酸（7-20）的

（2*R*，3*R*）-酒石酸盐（**7-23**），最后经35%的氨水解离，所得 D-型脯氨酸（**7-20**）重结晶后收率可达85%，光学纯度为100%（图7-11）。

图7-10　度洛西汀(*S*)-构型羟基胺前体的化学拆分制备

图7-11　"不对称转换法"制备 D-型脯氨酸

三、动力学拆分法

与前面两种拆分方法不同，动力学拆分是在手性试剂或手性催化剂作用下，利用两个对映异构体反应速率不同的性质使其分离的过程。经典动力学拆分是基于两个对映异构体对于某一反应的动力学差异。反应在不对称环境中进行到一定程度时，两个对映异构体相对的剩余量和由二者所转化的产物相对生成量具有较大差异时，便可以分别进行回收或分离。动力学拆分的优点在于：① 过程简单，生产效率高；② 可以通过调整转化程度提高剩余底物的对映异构体量。理论上讲，动态动力学拆分方法（Dynamic Kinetic Resolution，DKR）可以把所有的底物都转换成某种单一的异构体并且产率达到100%，其核心过程是底物的原位消旋，目前底物原位消旋的方法主要有化学法消旋和酶法消旋。

外消旋的环氧氯丙烷（**7-24**）是一种重要且便宜易得的化工原料和精细化工产品，其手性对映异构体(*S*)-环氧氯丙烷（**7-25**）在药物合成领域具有广泛的用途，如可用于制备抗生素利奈唑胺（Linezolid）、β-受体阻断剂（S）-普萘洛尔 [（S）-Propranolol] 等药物。目前，（S）-环氧氯丙烷（**7-25**）便是通过水解动力学拆分外消旋的环氧氯丙烷（**7-24**）进行制备的。该方法的优点在于：① 采用水作为亲核试剂，安全可靠；② 产物具有较高的收率和光学纯度；③ 催化剂用量少，并可回收利用；④ 拆分所得产物（S）-环氧氯丙烷（**7-25**）与副产物（R）-3-氯-1，2-丙二醇（**7-26**）沸点差异大，易分离纯化；⑤ 副产物（R）-3-氯-1，2-丙二醇（**7-26**）同样是一种重要的化工和医药中间体。

外消旋环氧氯丙烷（**7-24**）的水解动力学拆分过程采用Salen-Co[Ⅲ] [（R，R）-N，N'-双（3，5-二叔丁基水杨基）-1，2-环己二胺乙酸钴（Ⅲ）] 作为手性催化剂，该催化剂对末端环氧化物具有良好的立体选择性。对于外消旋的环氧氯丙烷（**7-24**），它优先选择催化（R）-环氧氯丙烷（**7-27**）进行水解开环反应，而大部分（S）-环氧氯丙烷（**7-25**）由于难以被催化而得以保留，从而实现了外消旋环氧氯丙烷（**7-24**）的水解动力学拆分（图7-12）。水解反应结束后，利用产物（S）-环氧氯丙烷（**7-25**）与副产物（R）-3-氯-1，2-丙二醇（**7-26**）的沸点差异，可采用减压蒸馏的方法分别分离纯化得到（S）-环氧氯丙烷（**7-25**）与（R）-3-氯-1，2-丙二醇（**7-26**）。

图7-12　外消旋环氧氯丙烷的水解动力学拆分

除了以上方法，对于外消旋体的拆分还包括酶法拆分、生物膜法拆分、色谱法拆分等技术。总体而言，每种拆分方法均有其优缺点，在具体工作中应根据手性药物或其手性中间体的性质来决定所选用的拆分手段，同时也要注意各种分离拆分方法之间的相互佐证，以确保拆分的正确性和高效性。

第三节　不对称合成反应

1894 年，E. Fischer 首次提出"不对称合成"的概念，按照 Morrison 和 Mosher 的定义，不对称合成是"一个有机反应，其中底物分子整体中的非手性单元由反应剂以不等量地生成立体异构产物的途径转化为手性单元"。即不对称合成可以将潜手性单元转化为手性单元，并产生不等量的立体异构产物。这里，反应剂可以是化学试剂、催化剂、溶剂或物理因素。

不对称合成一直是化学合成的研究重点和热点，也是制备手性药物的一类重要方法。2001 年，诺贝尔化学奖被授予在不对称合成领域做出突出贡献的三位有机化学家 W. S. Knowles、R. Noyori 和 K. B. Sharpless。20 世纪 70 年代初，Knowles 教授在美国孟山都（Monsanto）公司利用不对称氢化法实现了工业合成治疗帕金森综合征的手性药物 L-多巴（L-Levodopa），成为世界上第一例工业化手性合成的例子。此后，R. Noyori 教授对其工作进行了创造性的发展，发明了以手性双膦 BINAP [2，2'-双-（二苯膦基）-1，1'-联萘] 为代表的配体分子，通过与合适的金属配位形成了一系列新颖高效的手性催化剂用于不对称催化氢化反应，得到高达 100% 的产物立体选择性，日本高砂（Takasago）公司用此技术进行了 L-薄荷醇的大规模生产。Sharpless 教授开发了一系列关于烯烃的不对称环氧化反应、不对称羟胺化反应和不对称双羟基化反应，这些反应具有极高的适用性，合成了抗艾滋病药物、三唑类广谱抗真菌抗生素等药物。

不对称合成通常有三种方式制备手性产物：① 利用手性化合物作为起始反应物；② 若起始反应物为非手性化合物，可将手性中心引入反应物后，再进行不对称合成反应，最后将引入的手性中心脱去；③ 利用手性试剂、手性溶剂、手性催化剂等构建手性环境，促进不对称合成的进行。

一、手性底物控制的不对称反应

$$S^* \xrightarrow{R} T^*$$

手性底物控制的不对称反应又称手性源法，是指通过反应物中原有手性中心的诱导，在产物中形成新的手性中心。在反应中，新手性单元的结构常常通过与非手性试剂反应而产生，而该手性单元的立体构型则是由与之相邻的底物原有手性单元所诱导生成。该类型反应的优点是无需额外加入手性试剂诱导产物中新手性单元的形成，但缺点是有时手性底物控制或诱导生成新手性中心的效果不理想。

（3R，4R）-3-［（R）-1-叔丁基二甲基硅氧乙基］-4-乙酰氧基-2-氮杂环丁酮（4-AA，**7-28**）是合成青霉烯和碳青霉烯类抗生素的关键中间体。目前，已有不少关于从小分子合成 4-AA 的文献报道，其中一类方法便是采用 L-苏氨酸（L-Thr）、L-丝氨酸（L-Ser）、L-天冬氨酸（L-Asp）、糖类等廉价易得的手性原料，利用其手性中心作为手性源进行的不对称合成。如采用 L-苏氨酸（L-Thr，**7-29**）为原料时，经重氮化、溴化得代产物（**7-30**）。该溴化物（**7-30**）在氢氧化钾作用下分子内亲核取代得环氧化物（**7-31**），所得环氧化物（**7-31**）与取代的苯胺（**7-32**）生成酰胺（**7-33**）。酰胺（**7-33**）在碳酸钾作用下闭环得到具有 3 个手性中心的内酰胺（**7-34**），再经一系列转化得到 4-AA（**7-28**）（图7-13）。其中，环氧化物（**7-31**）与内酰胺（**7-34**）的立体构型正是基于它们相应前体中所具有的手性中心的诱导。

图 7-13 手性底物控制的 4-AA 不对称合成

二、手性辅助试剂控制的不对称反应

$$A \xrightarrow{S^*} AS^* \longrightarrow T^*S^* \longrightarrow T^*$$

手性辅助试剂法是将手性辅助试剂或基团与无手性单元的反应底物作用生成手性化

合物，利用所引入的手性辅助试剂或基团的手性诱导进行后续的不对称合成反应，最后脱去并回收该手性辅助试剂或基团后得到目标手性分子。用于不对称合成的手性辅助试剂通常需要具备以下条件：① 便宜易得且具有很高的光学纯度；② 该手性辅助试剂或基团诱导的不对称反应选择性高；③ 新生成的手性中心或其他手性元素易与该手性辅助试剂或基团分离且不发生外消旋化；④ 该手性辅助试剂或基团的回收率高且回收后不降低其光学纯度。

与手性底物控制的不对称反应相比，首先，本方法需要先将反应底物与手性辅助试剂或基团作用，待目标手性中心构建完毕后再将其脱去，故操作比较麻烦。同时，本方法需要使用至少与反应底物等当量的手性辅助试剂或基团，故成本相对较高。但手性底物控制的不对称反应只能是单一底物控制的反应，而本方法具有更为广泛的应用范围，如 (R)-和 (S)-1-氨基-2-甲氧甲基吡咯烷 （RAMP 和 SAMP） 既可用于各种酮，也可用于醛邻位的不对称烷基化。其次，本方法反应所得的非对映异构体的选择性有时不一定很好，但容易通过纯化得到较高光学纯度的产物，而手性底物控制的不对称反应相对比较困难。第三，许多手性辅助试剂或基团的两种对映异构体都可以得到，因此通常可通过相同途径分别用于制备目标产物的对映异构体，而手性底物控制的不对称反应难以实现。

在制药工业中，有许多利用手性辅助试剂或基团合成手性药物的例子，如 (S)-萘普生 [(S)-Naproxen，7-4] 的合成。萘普生是一种良好的非甾体消炎解热镇痛药，其 (S)-对映异构体的抗炎活性是 (R)-对映异构体的 28 倍。将 (S)-萘普生 （7-4） 应用于临床，可避免 (R)-对映异构体所引起的副作用。在 (S)-萘普生 （7-4） 的合成路线中，(2R, 3R)-酒石酸二甲酯 （7-39） 作为手性辅助试剂与反应中间体萘缩酮 （7-38） 生成手性缩酮 （7-40） 后，利用酒石酸二甲酯片段的手性中心对酮羰基 α-位的溴化反应进行立体选择性诱导。得到具有较高立体选择性的溴化物 （7-41） 后，通过重排、水解、还原脱溴得到目标产物 (S)-萘普生 （7-4），（图 7-14）。

图 7-14　手性辅助试剂控制的 (S)-萘普生不对称合成

三、手性催化剂控制的不对称反应

$$A \xrightarrow{Cat^*} T^*$$

与手性试剂法类似，手性催化剂控制的不对称反应也是通过催化剂对反应底物作用（通常是活化反应物）后提供的手性环境而进行反应的不对称性诱导，但本方法无需加入与反应底物等当量的手性催化剂。手性催化剂控制的不对称反应又称不对称催化反应，其具体反应过程是：在反应体系中加入少量手性催化剂（Cat*），其通过活化反应底物后形成活性很高的中间体，而手性催化剂中的手性单元可以控制该中间体后续反应的立体选择性，从而得到手性产物，该手性催化剂可以在反应中循环使用。

如前所述，世界上第一例工业化手性合成的例子便是美国孟山都（Monsanto）公司利用不对称催化氢化法实现的手性药物 L-多巴（L-Levodopa，**7-45**）的合成（图 7-15）。但是，虽然不对称催化反应法在化学合成领域是研究热点，但其工业化实例不是很多，主要由于以下限制因素：① 催化剂的选择性，包括化学选择性和立体选择性。虽然手性催化剂具有手性增殖或手性放大效应，但所得产物的光学纯度通常难以一次性满足药物的要求，仍需进一步纯化；② 手性催化剂所用金属及配体的价格；在很多情况下，催化剂所用的金属为贵重金属，如金、银、铑、钯、钌等，且其手性配体有时需要复杂的合成，这在一定程度上限制了其在工业化生产中的应用，尤其是针对低值产品，手性拆分法相对而言成本更低；③ 手性催化剂体系对空气和湿度的敏感程度；④ 手性催化剂在产物中的分离与回收，尤其是对于一些毒性较大的金属手性催化剂，在产物后处理过程中应严格控制其残留。

图 7-15 手性催化剂控制的 L-多巴不对称合成

目前，除了化学法制备手性药物，利用酶促反应或微生物转化等生物法制备手性药物或其手性中间体的方式越来越受到人们的重视。相比于化学法，生物酶法具有许多明显的优势，如反应条件温和，一般在接近中性的溶液中室温下反应；酶催化的效率和反应速率极高，通常为化学催化的 $10^6 \sim 10^{12}$ 倍；酶催化的立体选择性好、副反应少、产率高；生物酶对环境友好等。但是，能用于工业化生产的生物酶和微生物种类仍十分有限，能够催化的反应类型也比较少，对工业生产的条件要求也比较苛刻；此外，生物酶的开发周期比较长，稳定性较差，价格也比较昂贵。

　　对于手性药物或其手性中间体的制备，要结合相关化合物的性质、产品所需的光学纯度等质量标准、手性单元构建的成本等多方面因素，综合考虑生产中应采取的制备方式，例如：① 在多步反应中缩短反应步骤比提高收率的影响更大，因为在多步反应的放大中，会面临更多的风险和工艺问题；② 不对称诱导合成工艺中，如果使用大分子量的手性辅助试剂，其结果往往没有拆分工艺经济，因为回收再生手性辅助试剂的费用更高；③ 拆分过程尽可能安排在整条工艺路线的前面，除非可以进行动力学拆分。总之，从工业角度考虑的合成工艺路线才是经济、一流的。

思考题

1. 如何进行手性药物的药学研究？
2. 手性拆分法与不对称合成法各有何优劣之处？
3. 外消旋混合物与外消旋化合物有何异同？
4. 目前，在手性药物的合成工艺中，为何手性拆分依然是主要的制备手段？

参考文献

［1］国家食品药品监督管理总局药品审评中心. 手性药物质量控制研究技术指导原则. 北京：国家食品药品监督管理总局，2006.
［2］吴秀兰，江金凤，覃丽娟等. 浅谈手性药物拆分技术研究进展. 海峡药学，2014，26（7）：11-16.
［3］Berglund R A. Asymmetric synthesis. US 5362886. 1994-11-08.
［4］Shiraiwa T, Shinjo K, Kurokawa H. Facile Production of（R）-Proline by Asymmetric Transformation of（S）-Proline. Chemistry Letters，1989，212（8）：1413-1414.
［5］张雅文，金筱青，李明等. Co（Ⅲ）（Salen）催化的外消旋环氧化合物不对称开环. 有机化学，2001，21（2）：150-154.
［6］黄文才，杨玉社. 青霉烯和碳青霉烯类抗生素关键中间体 4-AA 的合成研究进展. 中国医药工业杂志，2008，39（2）：130-135.

第八章
质量源于设计

第一节 概　述

近年来，国际上药品质量管理的理念不断发展变化，从"药品质量是通过检验来控制的"到"药品质量是通过生产过程控制来实现的"，进而又发展到"药品质量是通过良好的设计而生产出来的"，即"质量源于设计"（Quality by Design，QbD）。这种发展意味着药品从研发开始就要考虑最终产品的质量，在配方设计、工艺路线确定、工艺参数选择、物料控制等各个方面都要进行深入研究，积累翔实的数据，并依此确定最佳的产品配方和生产工艺。

20世纪70年代，日本丰田公司为了提高汽车质量创造性提出了"质量源于设计"的相关理念，并经过在通信、航空等领域的发展逐渐形成相关理论。2002年，美国制药企业认为FDA监管过严，使企业在生产过程中没有丝毫的灵活性。例如，通常一个新药的专利保护期有10多年，在这10多年中，尽管科学技术有很大突破，但制药企业几乎都不愿意改进工艺和管理规程，因为修改必须向FDA提出申请，既耽误时间，又有风险。于是，FDA考虑给予制药业一定的自治，但前提是要让FDA了解包括产品质量属性、工艺对产品的影响、变量的来源、关键工艺参数等内容，即药品质量审评的范畴。换言之，即制药企业要把这些研究信息与FDA共享，以增加FDA的信心。因此，如果制药企业对产品质量属性有透彻的理解，在研发和工艺设计阶段对产品的工艺和管理规程设计有充分的认识，工艺的科学研究有大量实验和数据支持，对质量风险有科学的评估，而不是简单地满足药监法规和检测标准，则该企业可以在一定程度上改进工艺和管理规程设计，而不必重新申报。而面对成千上万的药物主文件（Drug Master File，DMF），由于FDA药品审评人员有限，以及这些有限的人力资源要用在现场国际GMP规范（cGMP）认证的现场检查和突发事件处理上，因此，用于质量审评的人员数量非常有限。为了协调各方面的矛盾，药品QbD理念应运而生，它有利于药品监管人员、企业界和患者的三方共赢。

2004年，美国FDA发布《21世纪制药cGMP——基于风险的方法》，首次提出药品QbD概念，并被人用药品注册技术要求国际协调会（International Conference on Harmonization，ICH）纳入药品质量管理体系中。2006年，FDA正式推出药品QbD，指导药物研发，并于2013年后不再接受无QbD要素的注册文件。2010年，我国颁布的新版GMP法规中，也引入了部分QbD内容。2012年5月，ICH发布的《原料药开发与制造（化学实体和生物技术/生物制品实体，Q11）》指南中，指出原料药的开发可以按照传统方法、QbD 方法或联合两种方法进行。

一、"质量源于设计"的概念

"质量源于设计"是以预先设定的目标产品质量概况（Quality Target Product Profile，QTPP）为研发的起点，在了解关键物质属性（Critical Material Attribute，CMA）的基础上，通过试验设计（Design of Experiments，DOE），理解产品的关键质量属性（Critical Quality Attribute，CQA），确立关键工艺参数（Critical Process Parameter，CPP），在原料特性、工艺条件、环境等多个影响因素下，建立能满足产品性能的且工艺稳健的设计空间（Design Space，DS），并根据设计空间，建立质量风险管理，确立质量控制策略和药品质量体系（Product Quality System，PQS），整个过程强调对产品和生产的认识。QbD 包括上市前的产品设计和工艺设计，以及上市后的工艺实施。简单地说，QbD 就是在确定研究对象和想要达到目标的基础上，通过大量的处方筛选和工艺研究，找到影响处方和工艺的关键变量以及这些变量的变化范围，由此建立药品的质量体系。从数学角度上讲，QbD 是药物（API）、辅料、工艺和包装的函数。即药物、辅料、工艺和包装都是自变量，药品质量是因变量。

"质量源于设计"的理念强调通过设计来提高产品的质量，是一种全面主动的药物开发方法，标志着药品质量管理模式的重大变迁，即从过去单纯依赖最终产品的检验，到对生产过程的控制，再到对产品的设计和研究阶段的控制。

1. "质量源于检验"

该模式是药品质量管理的第一阶段，即"检验控制质量"。它是在生产工艺固定的前提下，以药典标准为基础，按其质量标准进行检验，合格后放行出厂。其劣势主要体现在两个方面：其一，检验仅是一种事后的行为，一旦产品检验不合格，虽说可以避免劣质产品流入市场，但毕竟会给企业造成较大的损失；其二，每批药品的数量较大，检验时只能按比例抽取一定数量的样品，当药品的质量不均一时，受检样品的质量并不能完全反映整批药品的质量。

2. "质量源于生产"

该模式又称为"生产控制质量"，它将药品质量控制的支撑点进行了前移，即结合生产环节来综合控制药品的质量，是药品质量管理的第二阶段。这一模式的关键是首先要保证药品的生产要严格按照经过验证的工艺进行，然后再通过终产品的质量检验，能较好地控制药品的质量。这一模式抓住了影响药品质量的关键环节，综合控制药品的质量，比单纯依靠终产品检验的"检验控制质量"模式有了较大的进步。但是，"生产控制质量"模式并不能解决所有的问题，其不足之处在于，如果在药品的研发阶段，该药品的生产工艺并没有经过充分的优化、筛选、验证，那么即使严格按照工艺生产，仍不能保证所生产药品的质量。

3. "质量源于设计"

即"设计控制质量"模式。本阶段将药品质量控制的支撑点进一步前移至药品的设计与研发阶段，其目的在于消除因药品及其生产工艺设计不合理而可能对产品质量带来的不利影响。根据这一模式，在药品的设计与研发阶段，首先要进行全面的考虑，综合确定目标药品，然后通过充分的优化、筛选、验证，确定合理可行的生产工艺，再根据"生产控制质量"模式的要求进行生产、"检验控制质量"模式的要求进行检验，从而比较全面地控制药品的质量。

QbD 理念贯穿于药品的整个生命周期，其对药品的研发、生产、工程、质量管理、上市、退市等进行了系统、规范化的管理。

二、"质量源于设计"的基本内容

"质量源于设计"首先在产品开发阶段应定义产品期望的性能，确定产品的关键质量属性，指导设计配方和生产工艺，以达到产品的关键质量属性。其次是了解材料属性和工艺参数可能对产品质量的影响，确认并控制材料与生产工艺的变异，在生产时持续监测并更新生产工艺以确保质量。传统的制药开发是凭经验的单变量试验，QbD 强调的是系统的多变量试验，在生产时各种参数可在设计空间内调整，并可持续修正。

"质量源于设计"的基本内容具体包括以下几个方面。

1. 目标产品质量概况（Quality Target Product Profile，QTPP）

该理念是确保药品安全、有效的质量特征概述。通俗地说，就是产品最终制定的质量标准。这种质量标准或质量目标可确保药品在生产时质量可控、在使用时安全有效。例如，对于口服速释固体制剂而言，典型的目标产品质量概况一般包括性状、鉴别、含量或含量均匀性、纯度或有关物质、溶出度等。又如在一个片剂中，主药含量应为标示量的 90%～110%，单个最大杂质对应的峰面积不应大于主峰面积的 0.5%，30 min 时药物溶出度应在 80% 以上等。

由于不同制剂产品对原料药质量要求不同，对于原料药的研发，必须以与其制剂产品相适应作为目标产品，总结出原料药的质量概况。目标产品质量概况是研发的起点，应该包括产品的质量标准，但不仅局限于质量标准。

2. 关键质量属性（Critical Quality Attribute，CQA）

即影响产品质量的关键特征，包括产品的某些物理和化学性质、微生物学或生物学（生物制品）特性，且必须在一个合适的限度或范围内分布时，才能确保预期产品质量符合要求。如对于一些片剂，其关键质量属性包括混合均匀性、堆密度、休止角、硬度、脆碎度、崩解时限、溶出度、杂质含量、重金属含量、水分含量、有机溶剂残留、多晶型、粒度分布等。

在原料药研发中，如果涉及多步化学或生物反应或分离时，每一步产物都应有其关键质量属性，中间体的质量属性对成品有决定作用。通过进行工艺实验研究和风险评估，可确定关键质量属性。

3. 关键物质属性（Critical Material Attribute，CMA）

为达到目标产品质量，关键物质的物理、化学、生物、生物药剂性质必须限定、控制在一定范围内，或在一定范围内分布。物理性质一般包括粒径、形态、粒径分布、不同 pH 下溶解度、吸湿性、熔点、多晶型等；化学性质包括 pKa（酸碱解离常数）、对酸、碱、光照、氧、湿、热等的稳定性等；生物性质包括油水分配系数、膜通透性、生物利用度等；生物药剂学性质包括剂型以及其在剂型中体内外可能产生药物水合物、脱水物或复合物的性质。对这些关键物质属性的了解过程，一般可称为处方前研究。通过处方前研究，可评估在不同的工艺中物质的稳定性，并进一步理解它对处方和工艺产生的影响。如 200 目乳糖，小于 45 μm 的应占 50% ~ 65%，小于 100 μm 的应占大于 99%。又如药用的十二烷基硫酸钠，其含量不应低于 85% 等。

4. 关键工艺参数（Critical Process Parameter，CPP）

在一个工艺中，关键工艺参数可能是一个或多个工艺参数，其改变会对关键物质属性产生影响。因此，该关键工艺参数应予以监控，以保证这个工艺能生产出符合预期质量的产品。如在片剂生产过程中，混合时混合的方式与时间，制粒时搅拌速度、剪切速度和制粒时间，干燥时干燥的方式与温度，压片时压力，包衣时喷速、进风温度和雾化压力等一般均为片剂的关键工艺参数。

在生产过程中，必须对关键工艺参数进行合理控制，并且能在可接受的区间内操作。有些参数虽然会对质量产生影响，但是否属于关键工艺参数取决于工艺的耐受性，即正常操作区间（Normal Operating Range，NOR）和可接受的区间（Proven Acceptable Range，PAR）之间的相对距离。如果它们之间的距离非常小，就是关键工艺参数；如果距离比较大，就是非关键工艺参数；如果偏离中心，就是潜在关键工艺参数（图 8-1）。

关键工艺参数　　　非关键工艺参数　　　潜在关键工艺参数

图 8-1　关键工艺参数、非关键工艺参数和潜在关键工艺参数

5. 设计空间（Design Space，DS）

设计空间是指输入变量（如物质属性等）和经过验证能保证产品质量的工艺参数的多维组合和相互作用，其目的是建立合理的工艺参数和质量、标准参数。设计空间信息的总和就构成了知识空间，在该空间内运行的属性或参数，由于受到 FDA 的批准，不被认为是改变，即可自行调整。但如果超出了设计空间运行的属性或参数，必须向食药监部门申请变更，经批准后方可执行。合理的设计空间通过验证后，可减少或简化药品批准后的程序变更。例如，若设计空间中证明产品质量与生产规模或设备无关，则可能的生产规模、设备或地点的变更无需向食药监部门进行补充申请，这为制药企业提供了很大的便利。

图 8-2　设计空间的构成

设计空间的建立是质量控制的重要保证，一般按照由外向内的顺序进行设计空间的探索（图 8-2）。首先，根据经验、知识、资料或文献等得到一个知识空间；其次，通过对知识空间的风险分析与实验设计，在知识空间内存在一个保证方法稳健性和耐用性的设计空间；最后，按质量标准或规定在设计空间内需确定一个或多个严格的控制空间，不同的控制空间有不同的控制策略。在知识空间范围内，采用任何一种可能的控制空间都能生产出符合要求的产品。随着一个产品在生命周期中不断向后发展，由于生产规模扩大、经济效应和其他因素的影响，原来的控制策

略可能会不足以满足生产的需要，这就需要改变工艺的控制策略，形成新的控制空间。只要所有的控制空间都在设计空间的范畴内，那么控制策略在各个控制空间之间移动时，如材料的属性和工艺参数发生变化时，就不需要再进行注册。

6. 控制策略（Control Strategy）

根据 ICH 发布的《药物开发（Q8）》指南，控制策略是指一套源于对当前产品和工艺过程的理解，确保过程性能和产品质量的有计划的控制。这些控制包括药用物质，制剂产品与成分，设施与设备操作条件，过程中间控制，成品标准以及与之相关的方法、监测频率等相关的参数与属性。

所有产品的质量属性和工艺参数，无论其是否被归类为关键，均属于控制策略范畴。建立有效、适当的控制策略是药品开发阶段的重要任务之一。控制策略的制定是以前期获得的知识与经验为基础的，其过程有效性体现在对生产工艺的受控性进行指示，而其最终的目的是保证生产出的产品符合工艺要求。

7. 试验设计（Design of Experiment，DOE）

试验设计是一种结构化、组织化地确定影响工艺属性的变量之间关系的方法，相关变量可以是原材料属性（如粒径），也可以是过程参数（如混合的速率和时间）等。试验设计应该具有坚实的、可靠的科学基础，并且要被制药领域所公认，而不是用数据多少来衡量。同时，设计的生产工艺要有实践性，对于试验的选择和工艺参数的设置等可以通过系列的试验和控制操作手段来完成。因此，试验设计既要根据生产条件而设计，又要符合cGMP 的要求。

8. 全生命周期管理（Product Life-Cycle Management，PLM）

生命周期就是从产品的研发开始，经过上市，到产品退市和淘汰所经历的全部历程。全生命周期管理就是对原料药产品、生产工艺的开发和改进贯穿于产品的整个生命周期，并对生产工艺的性能和控制策略进行定期评价，系统管理涉及原料药及其工艺的知识，如工艺开发活动、技术转移活动、工艺验证研究、变更管理活动等。全生命周期管理需要不断加强对制药工艺的理解和认识，采用新技术和新知识持续不断改进工艺。

三、"质量源于设计"的实施流程

结合药品开发要素及流程，QbD 理念在产品生命周期中的实施应用一般有以下五个步骤（图 8-3）：① 确定产品的关键质量属性（CQA），包括理化性质、生物学特性及其他质量相关性质；② 利用风险分析，确定物料关键工艺参数、起始物料属性与关键质量属性（CQA）之间的关系；③ 开发出产品生产工艺的设计空间；④ 开发出控制策略，形成控制空间；⑤ 大生产开始后，对生产过程进行实时检测和控制，持续改进工艺，保证质量的稳定性。

在实施"质量源于设计"的时候，必须关注以下五个关键因素：工艺理解，设计空间的开发，生产设计，工艺改进和工艺异常。

1. 工艺理解

依照 QbD 理念，产品的质量不是靠最终的检测来实现的，而是通过工艺设计来实现的，这就要求在生产过程中对工艺过程进行"实时质量保证"，保证工艺的每个步骤的输出都是符合质量要求的。

图 8-3 "质量源于设计"的实施流程

要实现"实时质量保证",就需要在工艺开发时明确关键工艺参数,要充分理解关键工艺参数的形成及其与产品关键质量属性之间的关系,即关键工艺参数是如何影响产品关键质量属性的。这样在大生产时,只要对关键工艺参数进行实时的监测和控制,保证关键工艺参数是合格的,就能保证产品质量达到要求。例如,湿法制粒工序中的混合转速和时间、粉碎转速和时间;总混工序中的混合转速和时间等。

2. 设计空间的开发

工艺开发得到的生产工艺可能具有多个控制空间,不同的控制空间有不同的控制策略,这些控制空间总称为知识空间。在知识空间范围内,采用任何一种可能的控制空间都能生产出符合要求的产品。随着一个产品在生命周期中不断向后发展,由于受生产规模扩大、经济效应和其他因素的影响,原来的控制策略可能会不足以满足生产的需要,这就需要改变工艺的控制策略,形成新的控制空间。确定新控制空间的科学依据通常来自于实际大生产中对工艺中异常、偏差、事故的处理。而根据 ICH 发布的《药物开发（Q8）》指南,可以在对工艺进行注册之前,开发出设计空间,设计空间是通过对知识空间的风险分析与试验设计而取得的。因此,只要所有的控制空间都在设计空间的范畴内,那么控制策略在各个控制空间之间移动时,就不需要再进行注册。这样企业就可以减少申报费用,节约时间,提高工艺改进的速率,最终达到增加利润的目的。

3. 生产设计

由于控制空间和设计空间的开发是建立在工艺研发和生产制造小组先前的试验和产品知识基础上的,是小规模或中等规模的试验,其生产环境和商业生产有很大的不同,所以在大生产条件下所进行的试验对于设计下一步的工艺步骤具有指导意义。通过对大生产条件下的试验数据的收集、整理与分析,可以评估此时生产工艺的生产能力。通过分析评估,可以检测与识别关键工艺参数（CPP）和关键质量属性（CQA）,加深对它们之间关系的理解,使商业化大生产的工艺得到更好的控制。

另一生产设计中使用到的数据来源是在生产出现异常情况时收集的关键工艺参数（CPP）与关键质量属性（CQA）的相关信息。这些生产上出现的异常和设计性大生产试验一样,也可以揭示出之前没有发现的关键工艺参数,这些参数的控制也需要通过设计试验进一步加以研究和控制。

4. 工艺改进

持续地改进和提高是 QbD 理念的一部分,能够提高实际生产中的灵活性,并且使得关键技术能够在研发和生产之间得到交流。工艺改进可以通过对不同部分的生产数据（如自动报告、工艺趋势、控制图）的分析来检测关键质量属性（CQA）的变异。如果检测到的关键质量属性（CQA）的变异来源不明,可以将其和标准做比较,使用过程能力分析（Process Capability Analyses，PCA）来判断此关键质量属性（CQA）的变异概率。如果关键

图中文字:
目标产品概况
确定产品的关键质量属性
生产工艺选择
确定物料关键工艺参数与关键质量属性之间的关系
设计空间
控制策略,控制空间
产品生命周期的全程检测和持续改进

质量属性（CQA）的变异不在可接受的范围内，就要进行调查分析，找出原因并实施改进纠正措施。改进后的控制策略如果不在现有的控制空间内，那就会产生新的控制空间，新的控制空间最好在原有的设计空间内。如果知道导致关键质量属性（CQA）产生变异的原因，可以使用现有的质量标准或操作规程对修改后的工艺进行测试，以证明新的控制策略达到了目标效果。新的工艺检测方法可能需要更先进的、能够对关键质量属性（CQA）进行在线实时检测的仪器。这些来自于过程分析技术（Process Analytical Technology，PAT）的实时检测数据具有"实时质量保证"的作用。通过控制图和其他类型的数据分析方法可以看出工艺是否处于有效的控制中。例如，过程监控、趋势图、过程能力分析都是常见的分析数据的方法。

5. 工艺异常

如果对工艺趋势的分析表明了质量属性（CQA）的变异已经得到了足够有效的控制，就不需要进行工艺改进。然而，实际大生产中工艺异常的出现是不可避免的。工艺异常就相当于在大生产规模下的试验，可能揭示出之前没有发现的关键参数，了解了这些后可以实施改进。工艺异常在开始大生产到真正实现"实时质量保证"这个时间段中，是在不断减少的。

第二节 "质量源于设计"的核心策略

相比于传统的药品质量管理系统（Quality by Testing，QbT），QbD 理念在药物研发过程中所采用的策略有较大的差异（表 8-1）。QbD 理念将风险评估和过程分析技术、试验设计、模型与模拟、知识管理、质量体系等重要工具进行了综合，并应用于药品的研发、生产、分析和质量管理中。同时，QbD 系统建立了可以在一定范围内调控的变量，排除了不确定性，从而保证了能够稳定产品质量的生产工艺，并持续改进，实现产品和工艺的生命周期管理。

表 8-1 不同药物研发策略比较

项目	QbT 法	QbD 法
方法方式	主要靠经验； 每次通常改变一个变量	对与制剂产品 CQA 相关的原材料属性和工艺参数进行系统的和相关机制的理解； 进行多维实验以全面理解产品和工艺； 建立设计空间； 使用过程分析工具
生产工艺	固定； 主要依据初始时的全规模产品进行工艺验证； 偏重于工艺的优化和重现性	在设计空间内调整； 在整个生命周期内进行工艺验证，最理想的是进行持续工艺验证； 偏重于控制策略和工艺的粗放型； 采用统计的工艺控制方法
工艺策略	工艺过程检验主要用于确定工艺是否继续进行； 离线分析	使用过程分析工具，进行适宜的前瞻式和反馈式控制； 对工艺操作进行追踪和趋势分析，以支持审评后的持续改进工作

续表

项目	QbT 法	QbD 法
控制策略	制剂产品的质量主要通过工艺中间体和终产品检验控制	制剂产品的质量通过风险控制策略实现； 质量控制提前至上游，有可能实现实时放行检验或减少终产品检验的必要性
产品质量标准	主要控制方式； 依据注册时的批数据制定	整个质量控制策略的组成部分； 依据所需产品的性能制定
全生命周期管理	应急式	预防性措施； 有助于质量的持续改进

在制药工艺研究中，QbD 理念的核心策略主要包括风险评估、控制策略和试验设计。

一、风险评估

风险是危害发生的可能性及其严重性的集合体。风险评估就是对风险进行识别、分析、评价和控制。通过风险识别，可以确认风险的潜在根源，包括历史数据、理论分析、试验数据和实践经验等；通过风险分析，可以对这些来源的危害程度和可检测能力进行估量；通过风险评价，借助概率论和数理统计等方法，与给定的风险相比较，可以对这些风险进行定量或定性的评价，确定风险的危害和重要程度；风险控制就是通过减轻、避免风险的发生，把风险降低到可接受的程度。在制药工艺中，应采用风险评估工具，结合试验研究，确定关键参数和变量，建立合适的控制策略。

ICH 为了推进各国药品监管和质量审评的统一，近年来推出了多个文件指南。2005 年 11 月，ICH 批准实施了《质量风险管理（Q9）》指南，提出将质量风险管理作为质量管理整体的一部分。其中，风险评估是质量风险管理的两个基本原则之一。

风险评估的方法主要有以下几种。

1. 风险排序

风险排序的核心思想是对风险概率和风险影响集成效应的量化评估，从一定程度上看，评估结果越高，风险排序位次越高，其管控的重要性和紧迫性越强。在制药工业中，风险排序主要是基于对产品的药效、PK/PD、免疫性和安全性进行评估后进行的风险排序，主要考虑严谨性和不确定性。

2. 决策树模型

考虑到风险的不确定性结果，决策树模型以序列方式表示决策选择和结果。类似于事件树，决策树开始于初因事项或是最初决策，同时由于可能发生的事项及可能做出的决策，它需要对不同路径和结果进行建模。在制药工业中，一般用于过程中非生物活性成分对安全性的评价，用以体现杂质安全系数在产品中的水平。

3. 失败模型与效应分析

该方法适用于常用过程参数，是基于控制策略的风险评估分析，包括相关因素的严重性、发生质量问题的可能性即可检测性。在制药工业中，风险评估通常要结合以往的文献和法规要求、平台资料、试验数据以及动物试验和临床数据进行分级，没有任何数据支持的评估是高风险的。本方法通常结合文献报告和试验数据进行评估，且数据越充分，评估越可靠，因此最为常见。

下面以某原料药的酸化结晶工艺为例，说明风险评估的过程。该酸化结晶工艺是将上一工序的料液搅拌降温至10℃以下后，用盐酸调节 pH 为 2.0 ~ 3.0，搅拌料液至浑浊。然后进入结晶工序，控制温度为（10±2）℃，搅拌速度为（50±10）r/min，搅拌时间为（6±0.5）h。对该工艺进行风险评估时，首先，进行评价和排序。从结晶角度分析，温度和 pH 是两个主要影响结晶的工艺参数，控制不当或造成偏差将具有引起产品质量问题的风险。其他次要风险源包括盐酸浓度和质量、搅拌速度和时间等。其次，确定关键控制点及限制值，如 pH 必须控制在 2.0 ~ 3.0。第三，进行风险控制，建立监控程序和控制措施，如使用高精度传感探头精密控制参数变化、结晶阶段增加中控检测次数、取样复核各参数是否在合理范围内等。最后，建立验证程序，制定良好的标准操作规程，做好记录并形成文件后妥善保存。

二、控制策略

控制策略主要包括两方面的内容：实时放行检验（Real Time Release Testing RTRT）和过程分析技术（Process Analytical Technology，PAT）。

实时放行检验（RTRT）根据工艺过程数据评价和确保生产过程和（或）成品质量的能力，通常包括已测得的物料属性和工艺过程控制的有效组合。即如果所有与实时放行检验相关的产品关键质量属性（CQA）均通过工艺过程参数监测和（或）物料检验来保证，则批放行决策可能就不需要终产品检验。但产品仍要建立质量标准，并在被检测时可以通过。例如，在美国 FDA 推荐的缓释片实例中，经过研发，刻痕片达到了含量、含量均匀度和释放度等方面的成品要求。因此，无需在成品放行时进行日常检测，只需在生产过程中分别达到速释颗粒、缓释包衣微丸和示例缓释片（此步涉及总混合压片）控制策略所要求的物料属性和工艺参数即可放行。不过，若需要对终产品进行检测，则需满足成品质量标准。

过程分析技术（PAT）是通过使用一系列的工具，结合生产过程中的周期性检测、关键质量参数的控制、原材料和中间体的质量控制以及生产过程，来确保最终产品品种达到标准的方式。其目的是为提高生产效率和产品质量，营造一个良好的监管环境。与传统的离线分析不同，QbD 理念要求对工艺过程实现实时监控，主要包括数据采集和统计分析（表8-2）。目前在国际上使用的 PAT 工具包括：过程分析仪器、多变量分析工具、过程控制工具、持续改善（CI）/知识管理（KM）/信息管理系统（ITS）等。过程分析技术（PAT）在应用上的优点包括：① 更大规模地抽样；② 快速的反应时间；③ 有限的或无样品制备，而且是非破坏性的；④ 实时检验工艺性能，使得工艺过程中中间体或成品的实时质量保证成为可能。在线测试结果有助于工艺的调整，因此即使原料或其他方面发生了变化也同样能确保产品的质量。过程分析技术（PAT）的应用确保了整个批次产品质量，同时能够防止报废批次和再加工，并减少生产周期。

表8-2　可用于化学原料药工艺研发的 PAT

单元操作	应用对象	近红外光谱	拉曼光谱	FTIR	FBRM
反应监测	终点测定	√	√	√	
	动力学和机理	√	√	√	
	选择性控制	√	√	√	

续表

单元操作	应用对象	近红外光谱	拉曼光谱	FTIR	FBRM
结晶	核化生长		√		√
	过饱和		√	√	
	晶体大小				√
	晶形	√	√		
过滤，干燥，研磨	粒度				√
	粒形	√	√	√	

注：FTIR 为傅氏转换红外线光谱分析仪，FBRM 为聚焦光束反射测量技术。

三、试验设计

QbD 理念中，试验设计是对多变量在一定设计空间内进行的实验设计和结果统计，同时确定各变量的变化对产品质量的影响。通过试验设计可以知道如何安排实验，使其在不同规模和条件下进行，从而对生产工艺进行开发和优化，提高产品收率和质量。

试验设计的三个基本原理是重复、随机化以及区组化。所谓重复，意思是基本试验的重复进行。重复有两条重要的性质。第一，重复允许试验者得到试验误差的一个估计量，这个误差的估计量成为确定数据的观察差是否是统计上的试验差的基本度量单位。第二，如果样本均值用作试验中一个因素的效应的估计量，则重复允许试验者可求得这一效应的更为精确的估计量。如 S_2 是数据的方差，而有 n 次重复，则样本均值的方差是 S_2/n。这一点的实际含义是，若 $n = 1$，如果两个处理的 $y_1 = 145$，和 $y_2 = 147$，这时可能不能作出两个处理之间有没有差异的推断，也就是说，观察差 147 − 145 = 2 可能是试验误差的结果。但若 n 很大（在合理范围内），试验误差足够小，则此时观察的 y_1 随机化是试验设计使用统计方法的基石。所谓随机化，是指试验材料的分配和试验的各个试验进行的次序，都是随机确定的。统计方法要求观察值（或误差）是独立分布的随机变量。随机化通常能使这一假定有效。把试验进行适当的随机化亦有助于"均匀"可能出现的外来因素的效应。区组化是用来提高试验的精确度的一种方法。一个区组就是试验材料的一个部分，相比于试验材料全体，它们本身的性质应该更为类似。区组化牵涉到在每个区组内部对感兴趣的试验条件进行比较。

试验设计的基本步骤包括：确定目标、剖析流程、筛选原因、快速接近、析因试验、回归试验和稳健设计。试验设计需要成本的投入，在设计试验时必须确定其必要性，以及选取最优的设计方案。此外，要注意充分分析流程，不要遗漏关键的因素，尽可能地利用专业知识和历史数据，在确认其可靠性后提取对试验有用的信息，来尽量减少试验投资和缩短试验周期。试验设计并不能提供解决所有问题的途径，要全面考虑解决问题的方式，选取最有效、最经济的解决途径。除了试验设计涉及的因素外，要尽量确定所有的环境因素是稳定和符合现实的。如果做不到，可以用随机化、区组化来尽量避免。最后，试验设计后要关注试验过程，保证试验意图和方案的彻底执行，并注意结果的验证和控制，尽量保证试验的仿真性，避免一些理想的试验环境。

常见的试验设计方法可分为单因素试验设计法和多因素试验设计法。前者主要针对只引入一个影响因素的两个或多个水平，当因素和变量较多时难以完成所有试验，故在制药工艺中比较少用。事实上，制药工艺研究中的影响因素较多，且具有比较复杂的相互作用，因此多采用多因素试验设计法进行研究。本节主要就其中两类进行简单介绍：一类是正交试验设计法，另一类是析因法。

1. 正交试验设计法

正交试验设计法是研究与处理多因素试验的一种科学方法。它利用一种规格化的表格——正交设计表，挑选试验条件，安排试验计划和进行试验，并通过较少次数的试验，找出较好的生产条件，即最优或较优的试验方案。该方法主要用于调查复杂系统（产品、过程）的某些特性或多个因素对系统（产品、过程）某些特性的影响，识别系统中更有影响的因素，其影响的大小，以及因素间可能存在的相互关系，以促进产品的设计开发和过程的优化、控制或改进现有的产品（或系统）。

（1）正交设计表。正交设计表记为 L_n (q^m)，L 为正交设计表，n 为需要做的试验次数，q 为因素的水平数，m 为因素数 [包括交互作用、误差等，可分为标准正交表和非标准正交表（如混合正交表）]。正交设计表的优点是"均匀分散性"和"整齐可比"，即每个因素的每个水平与另一个因素各水平各碰一次，这就是正交性。但正交设计的缺点是不能对各因素和交互作用一一分析，当交互作用复杂时，可能会出现混杂现象。

（2）正交试验方案的设计与实施。对于制药工艺，进行正交试验设计时，首先要查阅文献，结合已有的经验等，在对工艺全面调研和了解的基础上，提出需解决的工艺问题。然后分析工艺的影响因素，从众多影响因素中，选出需要进行试验的因素。影响较大、未知的因素优先考虑。在工艺试验研究中，经常需要以收率或产量经济指标作为重要参数，以起始原料选择、杂质和副产物生成等作为关键质量参数，以化学反应条件（温度、压力、配料比、溶剂、催化剂等）作为关键工艺参数。选择关键参数的数目（即变量数或因素数）后，确定每个参数的取值范围和具体值（即水平数和水平值，一般选择 2 ~ 4 个水平，水平值太多时会使试验次数剧增）。在能安排参数和交互作用的前提下，尽可能选择较小的正交表，以减少试验次数。设计表格时，如果不研究交互作用，各参数可随机安排在各列中；如果有交互作用，则应严格安排各参数，防止交互作用的混杂。把正交表中的因素和水平转换成实际的工艺参数和水平值，就形成了正交试验方案。最后根据该方案进行试验，并进行测定和记录，收集原始数据。

（3）正交试验的数据整理与结果分析。数据整理就是对原始数据的第一次演算，获得指标值，填入正交表。结果分析则是以数据为基础，分析各因素及其交互作用的主次顺序，判断各因素对指标的贡献程度，找出因素和水平的最佳组合。分析因素和水平变化时，要掌握变化的趋势和规律，即指标是如何变化的；并了解各因素之间的交互作用强度，估计试验误差，即试验的可靠性。

结果分析的方法主要有极差分析和方差分析两种方法。前者是一种直观分析，可以帮助判断主次因素，确定优水平和优组合。极差值是指某因素在最大水平和最小水平时试验指标的差值，即该因素在取值范围内试验指标的差值。极差越大，表明该因素对试验指标的影响越大，该因素越重要。某列因素的平均极差值可判断该列因素的优水平和优组合。不同试验批次和不同试验条件下的结果是否具有统计学意义，还需要进行数理统计的方差分析。方差分析的基本过程是：首先，计算因素偏差平方和及误差偏差平方和，构成总偏差平方和；计算因素的自由度和误差自由度，构成总自由度。其次，计算因素方差和误差方差，即 F 值（因素方差除以误差方差），一般假设的置信度可取 5% 或 1%，进行假设检验。如果 F 值超出了置信区间，表明该因素对试验指标有显著影响，反之则无影响。因素对试验指标没有影响，说明该差异是由误差引起，而非因素引起。

2. 析因法

析因法又称析因试验设计、析因试验等。它是研究变动着的两个或多个因素效应的有效方法。许多试验要求考察两个或多个变动因素的效应，将所研究的因素按全部因素的所有水平（位级）的一切组合逐次进行试验，称为析因试验，或称完全析因试验，简称析因法。该方法可用于新产品开发、产品或过程的改进以及安装服务，通过较少次数的试验，找到优质、高产、低耗的因素组合，达到改进的目的。

当选用析因法作为试验设计时，要注意几点：① 每组水平组合至少做两次独立重复实验；② 在具体试验时，全部因素是同时施加的。换句话说，试验因素不是分期分批出现在试验过程中的；③ 在进行统计分析时，将全部因素视为对观察指标的影响是同等重要的。但由于析因试验设计是将每个因素的所有水平都互相组合，因此，总的试验数是各因素水平的乘积。例如，4 个因素同时进行试验，每个因素取 2 个水平，试验组合总数为 $2^4 = 16$；如果水平是 3，则试验组合总数为 $3^4 = 81$；如果水平数是 4，则试验组合总数为 $4^4 = 256$。由此可见，对于析因法进行的试验设计，水平不能过多，否则计算十分繁琐，一般以 4 因素以内为佳。

第三节　"质量源于设计"与化学制药工艺研发

QbD 是 21 世纪发展起来的质量管理理念，也是我国制药行业追赶国际水平的一个重要机会。目前，包括辉瑞在内的多家跨国制药公司已经将 QbD 理念纳入药物开发中，并将其应用于上市注册、药品生产和药品生命周期管理。在我国，不少制药企业也已经关注 QbD 的理念，特别是 QbD 理念在活性药物成分和旧药品上的应用。

对于制药企业而言，一个项目 QbD 的实施需要企业投入大量的人力、物力和财力。要想得到稳健的处方和工艺，可能需试验数百至数千次处方与工艺，可能需数十个人组成团队才能在数年内完成一个 QbD 项目，同时该项目涉及原料供应商、辅料供应商（包括包材供应商）、质量检验方、质量监督方、生产车间方、成本核算方等多方的协同运作，这些是企业不愿意做的。但从长远来看，QbD 的实施有利于企业节约生产成本、提高生产收益和劳动效率。传统的生产中，由于没有经过合理科学的试验设计，没有确立关键工艺参数，没有建立设计空间，不合格产品在生产中时有发生，高额罚款和强制召回事件也频见报端。由于设备的改变、物料的变更、环境的差异以及生产人员的经验不同，造成产品批次间质量的不稳定。这些可能迫使企业需进行生产变更，变更后的工艺需向国家市场监督管理总局进行补充申请。而实施 QbD 后，不合格产品及投诉减少，同时也没有罚款。此外，生产工艺的灵活性、质量管理的高水准，以及药品质量的高性能，为企业的市场竞争力增加砝码，为后续产品的开发增添指导性，为进一步开拓国际市场奠定夯实的基础，为保护健康、造福社会承担企业自身的社会责任，这些都符合企业的长远发展。

采用 QbD 理念进行药品工艺研发，其目的是建立一个能够始终如一的生产预期质量的药品制造工艺。因此，QbD 理念必须贯穿于工艺开发的全过程，包括工艺设计阶段、工艺确认阶段和工艺验证阶段。

一、工艺设计阶段

工艺设计阶段是制药工艺开发的重点，其主要目标是：基于工艺设计人员已有的知识和经验，确定产品和商业化生产工艺，并建立控制策略。此阶段的大致过程是：首先，确定目标产品质量概况（QTPP）和产品关键质量属性（CQA），选择物料，并定义生产工艺；其次，对所选择的产品与工艺进行各种开发和理解活动，如处方优化或工艺特性研究等；最后，建立相应的控制策略。

1. 确定目标产品质量概况（QTPP）

目标产品质量概况（QTPP）是从理论上对产品的质量属性进行前瞻性总结，以确保临床的有效性和安全性。通过着眼于以终为始的质量目标，研发出可靠的产品和稳健的生产工艺，并有可行的控制策略来确保工艺性能和产品质量。因此，目标产品质量概况（QTPP）是 QLD 方法的基本元素，并构成工艺设计的基础。目标产品质量概况（QTPP）中应包含所有与产品相关的质量要求，而且要更新，以补充药品研发过程中产生的新数据。

2. 确定产品关键质量属性（CQA）

关键质量属性（CQA）是包括成品在内的输出物料的某种理化、生物学或微生物学的性质或特征，这一性质或特征必须保持在一个合适的限度、范围或分布内，以确保预期产品质量和临床的有效性与安全性。从药品研发的角度而言，仅能研究可能受产品（处方）和（或）工艺变量影响较大的关键质量属性（CQA）的一部分，并在此基础上建立合适的控制策略。此外，产品关键质量属性（CQA）的确定也是一个始于药品研发早期的持续性活动，需要随着产品和工艺知识的不断增加而更新。

3. 产品开发和理解

产品开发和理解主要包括以下步骤：① 选择物料。② 找出所有可能影响产品性能的已知物料属性和用量。③ 用风险评估和科学知识来确定高风险属性和用量。④ 选择这些高风险属性的等级或范围。⑤ 进行试验方案设计和试验研究，必要时可采用试验设计（DOE）。⑥ 分析数据，确定所研究的属性是否关键。当物料属性的实际变化显著影响产品属性时，该物料属性属于关键属性，需对风险评估进行更新。⑦ 建立合适的控制策略。对于关键物料属性（CMA）需确定可接受范围；对于非关键物料属性，需研究可接受范围。

在制药工艺中，产品开发和理解决定了产品能否满足患者的需求，也决定了产品能否在有效期内保持其质量。所以，产品开发和理解的目标就是要获得一个在有效期内能保持所需目标产品质量概况（QTPP）的可靠产品。其要素包括：① 理解物料的理化和生物学特性；② 对于制剂而言，要建立处方的可靠性；③ 确定关键物料属性（CMA）及其与产品关键质量属性（CQA）之间的关系；④ 建立物料的控制策略。

对于原料药的开发和理解，可通过检索《化学品安全说明书》（Material Safety Data Sheet，MSDS）了解所用原材料、溶剂和试剂的理化性质，尤其是它们的化学反应性质、本身的毒性、毒性防护和应急处理措施等。可进行同类原材料、溶剂和试剂的筛选研究，根据研究结果综合考虑物料的选择。为减少原料药残留溶剂的影响，所选溶剂应尽量避免使用已被证实具有明显毒性的溶剂。一般情况下，有多个活性官能团的原材料和试剂应尽可能避免使用，最好不采用能形成遗传毒性中间体或原料药杂质的物料。此外，需结合大生产的实际情况，考虑大生产设备的功能性和限制性，为大生产研究筛选所需的物料，并使物料对环境的潜在不利影响降至最低。

原料药起始物料的选择非常重要，其应当是具备明确化学性质和结构的物质，不能被分离的中间体通常不被认为是合适的起始物料。对半合成原料药而言，微生物发酵或植物提取获得的组分可以作为起始物料，也可将化学合成中分离出的中间体作为起始物料。虽然生产工艺早期引入或产生的杂质通常比生产后期生成的杂质有更多机会通过精制除去，但在原料药产品开发和理解时，仍然要强化起始物料的质量控制，尤其是对其杂质和潜在污染物等的控制，必要时还需对起始物料进行精制。通常，起始物料的选择应主要考虑：① 分析方法和程序检测起始物料中杂质等的能力；② 在后续工艺步骤中起始物料所含杂质及其衍生物等的转化与清除；③ 建立的起始物料质量标准如何有助于建立控制策略。

4. 工艺开发和理解

工艺开发和理解通常是通过研究一系列的单元操作来得到所需质量的产品。每一个单元操作都是一个独立的活动，其中包括各种物理或化学反应。研发一个好的生产工艺，通常可以识别和理解所有主要变异的来源，使工艺能很好地控制物料变异的影响，并能准确可靠地预测产品质量属性。因此，工艺的开发和理解在工艺设计阶段至关重要。

建立工艺开发和理解的过程如图 8-4 所示，其实施步骤可总结为：① 定义一个生产工艺。② 找出所有可能影响工艺性能和产品质量的已知物料属性和工艺参数。③ 用风险评估和试验研究来确定高风险物料属性和（或）工艺参数。④ 选择这些高风险物料属性和（或）工艺参数的水平或范围。⑤ 进行试验方案设计和试验研究，必要时可采用 DOE。⑥ 分析数据，以确定物料属性和（或）工艺参数是否关键。当某种属性或参数试剂变化显著影响输出物料质量时，该属性参数就是关键物料属性（CMA）或关键工艺参数（CPP）。⑦ 建立工艺控制策略。对于关键物料属性（CMA）或关键工艺参数（CPP），需定义可接受范围；对于非关键物料属性和工艺参数，需研究可接受范围。在获得良好的中试运行结果并进行了充分的风险评估后，基于 QbD 的工艺设计阶段通常便可结束，工艺开发进入下一阶段——基于 QbD 的工艺确认阶段。

图 8-4　建立基于 QbD 的工艺开发和理解的过程示意图

二、工艺确认阶段

工艺确认是指采集并评价来自工艺设计阶段的数据，确定整个生产工艺过程中的关键控制点及关键工艺参数，建立科学依据，表明该工艺可持续生产出符合预期质量要求的产品。

工艺确认阶段的主要目标是：对已经设计好的工艺进行评价，证明这个工艺能进行重复性商业化生产。其主要工作包括厂房设施设备的确认和工艺性能的确认。首先，要对相关厂房、公用系统和设备等进行确认，以证明其符合工艺要求。其次，应在小试和中试试验等基础上，基于风险管理的方式，建立相应的工艺规程、标准操作规程和批生产记录样稿等，并使相关人员都经过相应的培训。随后，要起草、审查和批准工艺性能确认方案。方案中应包括目的、范围、职责、参考法规和指南、产品和工艺描述、取样计划和评估标准、设计空间、工艺性能确认执行、工艺性能确认总结及偏差报告等。完成上述一系列准备工作后，即可在 GMP 条件下进行商业规模的批生产，以证明商业化生产工艺能达到预期要求（即具备工艺稳健性）。工艺性能确认完成后，要形成工艺性能确认报告，对整个确认过程进行评价，并提出建议。

对工艺性能确认的具体工作，应注意以下 6 点：① 对工艺设计阶段已建立的关键物料属性（CMA）或关键工艺参数（CPP）等进行确认。② 对药物制剂的工艺性能进行确认，通常可选择不同批次的原料药和辅料。③ 仅在工艺设定点对批内和批间一致性进行确认，而工艺的最大或最小条件的确定应在工艺设计阶段完成。④ 一般情况下，工艺性能确认需要至少连续 3 批成功的商业化生产。但这并非法规要求，批次数量基于风险评估，取决于但不限于所确认工艺的复杂性、工艺变异程度以及可获得的针对特定工艺的实验数据和（或）工艺知识。⑤ 工艺性能确认的批量应能够保证统计学置信区间的需要。⑥ 对于无菌药品，无菌或灭菌工艺性能确认的要求要更加严格。

与工艺相关的技术转移也可看作从研发到生产的工艺确认，故技术转移与工艺确认可分开进行，也可合并进行。技术转移的过程对于接受方来说，是一个从无到有的过程，应重点控制以下几个方面：① 转移前工作。工艺设计数据通常由转移方准备，并提交给接受方。技术转移筹备会要详细讨论转移方案，并按照方案进行分工，配备资源，确定投产计划等。② 物料采购和供应商审计。③ 物料检验。④ 产品放样。根据转移方案在接受方实施批量生产，成品必须合格。

三、工艺验证阶段

工艺验证阶段也可以看作是持续工艺确证阶段，其与药品工业化生产阶段 GMP 相一致，是指在商业化生产期间，持续监测和评价工艺性能，不断调整参数控制范围，以保证生产工艺处于受控状态。换句话说，本阶段的目的是使工艺的受控状态能在日常生产中通过质量体系和持续改进得到持续保证。

该阶段包括一系列持续改进活动：① 确定具体问题和目标。② 确认当前工艺的关键环节，并采集相关数据。③ 分析数据，调查和核实出现问题的因果关系，确保所有因素均已考虑在内。如有缺陷，要找出缺陷的根本原因。④ 以应用确证试验设计（DOE）等的数理分析为依据，改善或优化当前工艺，创建新的未来状态工艺。⑤ 监测生产工艺，确保来自目标的所有偏差均在导致缺陷前得以纠正。实施控制策略，并持续监测生产工艺，使生产工艺始终处于受控状态。

工艺验证阶段应建立一整套完整的符合 GMP 要求的管理体系，并配备充足的监测手段，对整个商业化生产过程进行持续不断的监测，以防止偏离预期工艺控制范围的情况出现。

采用 QbD 理念进行的化学制药工艺开发与优化，其关键点主要包括：① 强调预期目标——目标产品质量概况（QTPP）；② 明确产品关键质量属性（CQA）；③ 明确能影响产品关键质量属性（CQA）的关键物料属性（CMA）和关键工艺参数（CPP）；④ 基于已有的知识空间建立设计空间，并建立合适的控制策略；⑤ 将该方法合并入商业计划，以促进产品质量在其生命周期内不断提高。但是，采用 QbD 理念并不是全面否定传统方法，而是对传统方法的强化，其目的是使所开发或优化的工艺更有效、更有针对性、更能保证产品质量属性和工艺性能的一致性。

思考题

1. 什么是"质量源于设计"（QbD）？为何制药工业要倡导和实行这一理念？
2. "质量源于设计"（QbD）的基本要素与核心策略分别包括哪些内容？
3. 对于化学制药工业而言，根据你的理解，应如何开展"质量源于设计"（QbD）理念的实施？

参考文献

［1］ Yu L X. Pharmaceutical quality by design：Product and process development，understanding，and control. Pharmaceutical Research，2008，25，781-791.
［2］ 籍利军. 质量源于设计——药品监管新理念. 中国食品药品监管，2009，（7）：31-32.
［3］ 仲小燕，梁毅. 实施 "质量源于设计" 的五个关键因素. 机电信息，2011，（23）：14-17.
［4］ 王明娟，胡晓茹，戴忠等. 新型的药品质量管理理念 "质量源于设计" . 中国新药杂志，2014，23（8）：948-954.
［5］ 仲小燕，梁毅. 浅析 PAT 在实施 QbD 中的作用. 机电信息，2011，（32）：15-18.
［6］ 王兴旺. QbD 与药品研发：概念和实例. 北京：知识产权出版社，2014.

第九章

氯霉素生产工艺

第一节　概　　述

氯霉素（Chloramphenicol，**9-1**，图 9-1），化学名称为 D-苏型-(－)-N-[α-(羟基甲基)-β-羟基-对硝基苯乙基]-2，2-二氯乙酰胺（D-threo-(－)-N-[α-(hydroxy-methyl)-β-hydroxy-p-nitrophenethyl]-2，2-dichloro-acetamide），为白色或微带黄绿色的针状、长片状结晶或结晶性粉末，味苦，熔点为 149～153 ℃，比旋度 $[\alpha]_D^{25}$ 为 ＋18.5°～＋21.5°（无水乙醇）。氯霉素（**9-1**）在甲醇、乙醇、丙酮或丙二醇中易溶，在水中微溶。

9-1

图 9-1　氯霉素结构式

氯霉素（**9-1**）是广谱抗生素，主要用于伤寒杆菌、痢疾杆菌、脑膜炎双球菌、肺炎链球菌等的感染，对多种厌氧菌的感染有效，也可用于立克次体感染。本品有引起粒细胞缺乏症及再生障碍性贫血的可能，长期使用可引起二重感染。新生儿、早产儿用量过大可发生灰色综合征。用药期间必须注意检查血象，如发现轻度粒细胞及血小板减少时，应立即停药。

氯霉素（**9-1**）发现于 1947 年，是人类认识的第一个含硝基的天然药物。1948 年用于治疗斑疹伤寒及伤寒。由于氯霉素的疗效显著，结构较简单，其结构确定后，人们便进行了人工合成研究及大规模工业生产。

氯霉素（**9-1**）的化学结构特点是分子中存在两个手性中心，因而它的立体异构体共有 4 种（图 9-2）。这 4 种异构体为两对对映异构体，其中一对的构型分别为 D-苏型（1R，2R 型，**9-1**）和 L-苏型（1S，2S 型）；另外一对的构型分别为 D-赤型（1R，2S 型）和 L-赤型（1S，2R 型）。未经拆分的苏型消旋体即为合霉素（Synthomycin），抗菌活性为氯霉素（**9-1**）的一半，现已不用。药典收载的本品为 D-苏型，其他三种立体异构体均无疗效。

近年来，受氯霉素（**9-1**）自身毒副作用及其他抗生素迅速发展的影响，其临床应用受到一定的限制。但是，由于氯霉素（**9-1**）疗效确切，尤其治疗伤寒等疾病仍是目前临床首选药物，所以该药仍是一个不可替代的抗生素品种。

图 9-2 氯霉素的立体异构体

D-苏型(1R, 2R型)　L-苏型(1S, 2S型)　　D-赤型(1R, 2S型)　L-赤型(1S, 2R型)

我国于 20 世纪 50 年代开始对氯霉素的合成进行研究，60 年代开始生产。在几十年的生产实践中，我国的科技工作者在氯霉素（**9-1**）的合成路线、生产工艺及副产物的综合利用等方面做了大量的工作，使其生产技术水平大幅提高，已成为化学制药工艺学的研究典范。

第二节　氯霉素的工艺路线的设计与评价

一、分子结构的逆合成分析

通过分子结构的逆合成分析，可以发现氯霉素（**9-1**）分子结构的核心骨架是苯基丙烷，所包含的官能团包括苯环硝基、C-1 和 C-3 原子所连羟基和 C-2 原子所连氨基（图 9-3），而此核心骨架的合成主要需解决两个问题：第一，如何从便宜易得的工业化原料构建具有三个碳原子的链状烷烃结构；第二，如何引入两个手性中心，即如何从四种立体异构体中得到所需的 D-苏型产物。

图 9-3 氯霉素的逆合成分析

（1）对于苯基丙烷骨架的制备，其构建方式主要有以下两种：以具有苯甲基结构的化合物为起始原料，如苯甲醛或对硝基苯甲醛［图 9-4，（a）］；以具有苯乙基结构的化合物为起始原料，如苯乙酮、对硝基苯乙酮、苯乙烯或对硝基苯乙烯等［图 9-4，（b）］。

图 9-4 苯基丙烷骨架的构建方式

（2）由于氯霉素（**9-1**）有两个手性碳原子，故反应可能产生四种立体异构体。因此，无论采用上述何种方式，在构建苯基丙烷骨架和引入所需官能团时，都必须考虑手性中心的立体构型和所得化合物的光学纯度，这也是《手性药物质量控制研究技术指导原则》的基本要求。为了解决手性中心如何引入的问题，可采用的基本思路为：① 使产物为所需的一对苏型异构体，然后对消旋体的拆分顺序和拆分方法进行研究；② 采用不对称合成的方法立体定向合成所需的单一光学异构体。

此外，要解决氯霉素（**9-1**）立体构型问题，还应注意以下几点：

① 可采用具有刚性结构的原料或中间体，使产物不易产生差向异构体。如使用反式-溴代苯乙烯或反式-肉桂醇为原料合成氯霉素时，产物为符合要求的苏型化合物。

② 可利用空间位阻效应。如甘氨酸可先与对硝基苯甲醛反应生成席夫碱，后者再进行反应时，由于立体位阻的影响，产物主要是苏型异构体。

③ 使用具有立体选择性的试剂。如应用异丙醇铝为还原剂使氯霉素中间体碳基还原时，所得生成物中苏型异构体占优势；而用硼氢化钠还原时，所得产物则无立体选择性。

二、合成路线的设计与选择

（一）以具有苯甲基结构的化合物为起始原料的合成路线

1. 以对硝基苯甲醛（9-2）为起始原料的合成路线

以对硝基苯甲醛（**9-2**）为起始原料时，可以采用两种方式引入 C-2 和 C-3 骨架：第一种是以甘氨酸（**9-3**）作为 C-2 和 C-3 的来源；第二种是以乙醛作为起始来源。

以甘氨酸（**9-3**）作为 C-2 和 C-3 骨架来源时，其特点是在对硝基苯甲醛（**9-2**）与甘氨酸（**9-3**）缩合时，不仅形成了基本骨架，还同时引入了 C-1 与 C-2 上所需的羟基和氨基。此外，对硝基苯甲醛（**9-2**）与甘氨酸（**9-3**）的氨基生成席夫碱后，由于该席夫碱具有空间位阻效应，可使另一分子对硝基苯甲醛的羰基与缩合物的亚甲基进行加成时形成的两个手性中心几乎全是苏型结构，并经 D-酒石酸拆分可得到单一立体异构体（图9-5）。这条路线的优点是合成步骤少，所需物料品种与设备少。我国曾经用过此法生产氯霉素，由于合成方法中存在的实际问题，现在已经不再使用该方法。此法的缺点是缩合时消耗过量的对硝基苯甲醛（**9-2**），若减少用量，则得到的产物全是不需要的赤型立体异构体，另外需要解决还原剂硼氢化钙等原料的来源问题。

图 9-5　以对硝基苯甲醛和甘氨酸为原料制备氯霉素

2. 以对硝基苯甲醛（9-2）与乙醛为原料的合成路线

以乙醛作为 C-2 和 C-3 骨架起始来源时，对硝基苯甲醛与乙醛可以通过羟醛缩合得到反式-对硝基肉桂醛（**9-4**），实现苯基丙烷基本骨架的构建。随后，采用还原剂将醛（**9-4**）

还原成醇（**9-5**），然后经加成、环氧化、L-酒石酸铵拆分等步骤而得氯霉素（**9-1**）（图9-6）。本路线的特点是使用符合立体构型要求的反式-对硝基肉桂醇（**9-5**）为中间体，经溴水加成一次引入两个官能团，而且最终产物为符合要求的苏型。这条路线的合成步骤不多，各步收率不低，是一条有发展前途的合成路线。

图9-6 以对硝基苯甲醛和乙醛为原料制备氯霉素

3. 以苯甲醛（9-6）和乙醛为起始原料的合成路线

与以上方法类似，苯甲醛（**9-6**）可与乙醛反应后再经还原得到反式-肉桂醇（**9-7**），并同样经溴水加成引入羟基和溴原子。随后，C-1和C-3的羟基转化为缩酮（**9-8**）保护后，将溴原子通过氨解转化为氨基。最后，经过L-酒石酸拆分、酰胺的制备和硝化反应完成氯霉素（**9-1**）的制备（图9-7）。这条路线的特点是最后引入硝基，这是由于缩酮化物分子中酮基空间掩蔽效应的影响使硝基利于进入对位，使硝化反应的对位产物收率可达88%。但硝化反应需在-20℃的低温条件下进行，因此对反应设备的要求较高。

图9-7 以苯甲醛和乙醛为原料制备氯霉素

（二）以具有苯乙基结构的化合物为起始原料的合成路线

1. 以乙苯（9-9）为起始原料和对硝基苯乙酮（9-11）为关键中间体的合成路线

1949年，Long和Troutman发表了以对硝基甲苯为原料，通过关键中间体对硝基苯乙酮

（**9-11**）合成氯霉素（**9-1**）的方法，具体方法是将对硝基甲苯通过氧化和酰氯化转化为对硝基苯甲酰氯后，在乙醇镁的作用下与丙二酸二乙酯反应，后经硫酸处理得对硝基苯乙酮（**9-11**）。但采用该合成路线难以实现工业化生产。

随后，我国的科研人员沈家祥、郭丰文等大胆制订了以乙苯（**9-9**）为原料合成关键中间体对硝基苯乙酮（**9-11**）的方案，并组织了相应的研发队伍，成功解决了对硝基苯乙酮的生产问题。同时，他们对氯霉素（**9-1**）的合成路线和生产工艺进行了系统的研究，为我国氯霉素（**9-1**）的生产奠定了基础。首先，乙苯（**9-9**）通过硝化和氧化转变为对硝基苯乙酮（**9-11**），并经溴代后可得对硝基-α-溴代苯乙酮（**9-12**）。该中间体（**9-12**）与乌洛托品发生 Delépine 反应，可将溴原子转化为对硝基-α-氨基苯乙酮盐酸盐（**9-13**），并采用乙酰化保护。氨基被保护的对硝基-α-乙酰氨基-苯乙酮（**9-14**）与甲醛发生羟醛缩合，完成苯基丙烷基本骨架构建的同时，引入了 C-3 的羟基，并产生了第一个手性中心。所得外消旋中间体（**9-15**）采用异丙醇铝/异丙醇体系进行还原后，可将 C-1 的羰基还原为羟基，并产生第二个手性中心。但是，由于根据中间体（**9-15**）的结构特性采用了特定的还原剂，使该还原反应具有高度的立体选择性，所得产物（**9-16**）几乎为苏型异构体，而对应的赤型异构体很少。最后，脱保护的中间体（**9-17**）经手性拆分得到所需的 D-苏型中间体（**9-18**）后，使其与二氯乙酸酯反应得到氯霉素（**9-1**）（图 9-8）。这条路线的优点是起始原料廉价易得，各步反应收率较高，技术条件要求不高。缺点是合成步骤较多，有大量的中间体、副产物和"三废"的产生。

图 9-8 以对硝基苯乙酮为中间体制备氯霉素

在上述反应路线中，乙苯硝化时除了可以得到对硝基乙苯（**9-10**），还可得到几乎与之等量的邻硝基乙苯，二者需通过精馏的方式进行分离。此精馏过程不仅操作繁琐，而且具有一定的爆炸危险性。为了解决这一问题，人们研究将对硝基乙苯通过亚硝化转化为对硝基苯乙酮肟（**9-19**），后经 Neber 转位生成对硝基-α-氨基苯乙酮盐酸盐（**9-13**）（图 9-9），后续步骤与前述路线相同。该方法的优点是乙苯硝化后的产物无需分离，成肟后对位异构体可从反应溶液中析出，而邻位异构体则留在母液中。但其缺点是工艺过程复杂，原料品种繁多，且邻位异构体的综合利用困难，与前一种路线相比没有体现出太多的优越性。

图9-9　以对硝基苯乙酮肟为中间体制备氯霉素

2. 以苯乙烯（9-21）为起始原料的合成路线

与采用乙苯（9-9）为起始原料的方法类似，该方案的最大优点亦为原料苯乙烯（9-21）便宜易得，且合成步骤比较简单。本方案主要有两种方法。

第一种方法是在氢氧化钠的甲醇溶液中，苯乙烯（9-21）与氯气反应生成氯代甲醚化物（9-22）。硝化反应后，通过氨解得到 α-羟基-对硝基苯乙胺（9-23），再经酰化、氧化得到对硝基-α-乙酰氨基-苯乙酮（9-14）（图9-10）。后续步骤与以对硝基苯乙酮（9-11）为中间体制备氯霉素（9-1）的路线相同。这条合成路线中，若硝化反应采用连续化工艺，则收率高、耗酸少、生产过程安全；但缺点是胺化一步收率不够理想。

图9-10　以 α-羟基-对硝基苯乙胺为中间体制备氯霉素

第二种方法是我国化学家邢其毅教授研发的经 Prins 反应的路线。其具体路线是苯乙烯（9-21）与溴水加成生成 β-溴代苯乙醇（9-24）后，通过反式消除得到反式-β-溴代苯乙烯（9-25）。后经 Prins 反应，反式-β-溴代苯乙烯（9-25）可以转化为反式-4-苯基-5-溴代-1，3-二氧六环（9-26）。高压（100atm）下，反式-4-苯基-5-溴代-1，3-二氧六环（9-26）进行氨解，通过 Walden 翻转，得到近乎100%的顺式异构体（9-27）。酸解开环后，该顺式异构体（9-27）生成苏型苯丙二醇（9-28），后经手性拆分可得 D-苏型苯丙二醇（9-29）。最后，经硝化和与二氯乙酸酯反应得到氯霉素（9-1）（图9-11）。这条合成路线前四步的中间体均为液体，可节省大量固体中间体的分离、干燥操作步骤和相应的输送设备，减轻了劳动强度，有利于实现生产的连续化、自动化和提高劳动效率；但缺点是氨解反应需要使用高压和高真空蒸馏设备，不利于生产的放大。

除了上述常规反应后以拆分方式制备氯霉素（9-1）的方法外，氯霉素（9-1）还可以采用不对称合成的方式进行制备。目前，虽然已报道的氯霉素（9-1）不对称合成法有十余种，包括手性催化剂控制法和手性辅助试剂控制法，但这些方法由于各种原因仍停留在学术研究层面，距离工业化生产尚存在一定距离，故本教材不再一一介绍。

图 9-11　通过 Prins 反应制备氯霉素

相比已报道的各种合成工艺，以乙苯（**9-9**）为原料和对硝基苯乙酮（**9-11**）为关键中间体的合成路线虽然经历了半个世纪，但目前仍然是具有强大竞争力的生产流程。下面，本章就以乙苯为原料生产氯霉素的工艺原理及其过程进行详细叙述。

第三节　氯霉素的生产工艺原理及其过程

一、对硝基乙苯的制备

1. 工艺原理

在第八章中，本教材已对硝化反应的机理进行了阐述。对于乙苯（**9-9**）的硝化，生产上采用浓硫酸与硝酸配制而成的混酸作为硝化剂（图 9-12）。采用混酸的原因为：① 浓硫酸可使硝酸产生硝基正离子 NO_2^+，后者可与乙苯（**9-9**）发生亲电取代反应；② 混酸的使用可使硝酸的用量减少至近乎理论量；③ 浓硫酸与硝酸混合物，对铁的腐蚀性较小，使该反应可在铁质反应器中进行。此外，由于乙基为给电子基团，故乙苯（**9-9**）的硝化反应除了可以得到目标产物——对硝基乙苯（**9-10**），还可以得到几乎与之等量的邻硝基乙苯（**9-30**）以及少量的间硝基乙苯（**9-31**）。

图 9-12　乙苯的硝化反应

在该步反应中，应注意以下问题：① 在硝化过程中，当局部的酸浓度偏低且有过量的水存在时，硝基化合物生成后即刻能转变为其异构体亚硝酸酯，后者在反应温度升高时遇水分解成酚类化合物。② 硝化过程中，反应不仅可以得到硝基乙苯类化合物，还可进一步硝化生成二硝基乙苯酚，后者在高温下能迅速分解。因此，在反应结束后应将其除去，否则在精馏分离的末期容易发生爆炸。具体的除去方法可采用碱洗法，因为二硝基乙苯酚的钠盐在水中溶解度不大，且其颜色为橘黄色，而二硝基乙苯酚为柠檬黄，故可根据产物颜色的变化来确认二硝基乙苯酚是否完全洗净除去。

2. 工艺流程框图

乙苯（9-9）硝化的工艺流程框图见图 9-13。

图 9-13 乙苯硝化的工艺流程框图

3. 工艺过程

（1）混酸的配制。在装有推进式搅拌器的不锈钢（或搪玻璃）混酸罐内，加入浓度为 92% 以上的硫酸，在搅拌及冷冻条件下，以细流方式缓慢加水，并控制体系温度在 40～45℃ 之间。加水完毕后，降温至 35℃，继续加入浓度为 96% 的硝酸，控制体系温度不超过 40℃。随后，将配制完毕的混酸冷却至 20℃，并取样化验。配制的混酸中，要求硝酸含量约为 32%，硫酸含量约为 56%。

生产上，混酸的配制方式与实验室不同。在实验室中，通常无需考虑酸对容器的腐蚀问题，而在生产中则必须非常重视此问题。一般情况下，20%～30% 的硫酸对铁的腐蚀性最强，而浓硫酸则较弱。混酸中浓硫酸的用量大大超过水的用量，因此采用将水加入浓硫酸的方式可大大降低酸对铁质混酸罐的腐蚀。此外，在良好的搅拌和冷却条件下，水以细流的方式加入浓硫酸所产生的热量可被快速分散，因此不会发生酸液四溅的现象。

（2）硝化反应。在装有旋桨式搅拌的铸铁硝化罐中，先加入乙苯（9-9），并开始搅拌。将体系温度调至 28℃ 后，滴加已配制好的混酸，并控制反应温度在 30～35℃。混酸滴加完毕后，保温并继续搅拌 1h，使反应完全。随后，将反应体系冷却至 20℃，静置分层。下层废酸液分去后，用水洗去上层硝化产物中的残留酸，再用碱液洗去酚类副产物，最后用水洗去残留碱液，剩余溶液送往蒸馏岗位。蒸馏时，首先将未反应的乙苯（9-9）和水减压蒸出，然后将剩余的部分送往高效分馏塔。在较高真空条件下（控制分馏压力在 5300Pa 以下），在分馏塔顶馏出邻硝基乙苯，塔底馏出的高沸物再减压蒸馏一次后得到精制的对硝基乙苯（9-10）。由于间硝基乙苯（9-31）与对硝基乙苯（9-10）的沸点十分接近，故产物中仍含有约 6% 的间硝基乙苯（9-31）。

（3）工艺安全注意事项。首先，由于浓硝酸是强氧化剂，遇纤维、木材等会迅速将其氧化，所产生的热量易使硝酸剧烈分解而引起爆炸；其次，浓硫酸、浓硝酸均有强腐蚀性，使用时应注意安全防护；第三，配制混酸和硝化反应过程中会产生大量的热量，应注意温度控制，过程中不得停止搅拌和冷却；第四，精馏结束时，不得在高温下解除真空，以免热残渣（含多硝基化合物）与空气接触后氧化爆炸。

4. 工艺条件及影响因素

（1）温度对反应的影响。作为一般规律，温度升高，反应速率加快。但对于本反应而言，若反应温度过高，不仅会产生大量如二硝基乙苯等副产物，而且由于反应释放出大量的热量而易引起爆炸。因此，在反应过程中，应注意保持良好的搅拌和冷却，及时将反应所释放的热量进行有效分散，做好温度的控制，使反应正常进行。

（2）配料比对反应的影响。为避免二硝基乙苯的生成，反应所使用的硝酸不宜过多，以接近理论量为宜（乙苯与硝酸的摩尔比为1∶1.05）。硫酸的脱水值（DVS值）也不宜过高，应控制在2.56左右。

（3）乙苯（**9-9**）质量对反应的影响。作为原料，乙苯（**9-9**）的质量应严格控制，其含量应高于95%，且外观和水分等各项指标应符合质量标准。若乙苯（**9-9**）含水量过高，色泽不佳，易使硝化反应速率降低，且对硝基乙苯（**9-10**）含量降低。

二、对硝基苯乙酮的制备

1. 工艺原理

由于亚甲基比甲基容易被氧化，因此对硝基乙苯（**9-10**）中的亚甲基可在较缓和的条件下被氧化为羰基。但若氧化条件过于剧烈，则对硝基乙苯（**9-10**）中的乙基被完全氧化为羧基（图9-14）。因此，对硝基乙苯（**9-10**）的氧化过程中应注意控制反应条件，尽量减少过度氧化产物——对硝基苯甲酸（**9-32**）的生成。

图9-14 对硝基乙苯的氧化反应

本反应是对硝基乙苯（**9-10**）在催化剂（如硬脂酸钴/乙酸锰）的作用下与氧化剂（O_2）发生的自由基反应。

（1）自由基引发阶段（图9-15）。该阶段主要是通过加热诱导生成一定数量的对硝基乙苯-α-自由基（**9-33**），而催化剂的作用是降低反应活化能，从而缩短反应时间、降低反应温度。

图9-15 对硝基乙苯-α-自由基的引发

（2）链式反应阶段（图9-16）。自由基引发阶段所生成的对硝基乙苯-α-自由基（**9-33**）与氧分子作用，生成对硝基乙苯-α-过氧自由基（**9-34**）。该自由基再与另一分子的对硝基乙苯（**9-10**）作用生成对硝基乙苯-α-自由基（**9-33**）和对硝基乙苯-α-过氧化物（**9-35**）。前者继续重复上述反应，后者在催化剂的作用下分解为目标产物——对硝基苯乙酮（**9-11**）。

（3）链式反应终止阶段（图9-17）。在氧化过程的最后阶段，若自由基之间相互反应，则由于无新的自由基生成而导致反应终止。

图 9-16　对硝基乙苯-α-自由基的链式反应

图 9-17　对硝基乙苯氧化的链终止反应

2. 工艺流程框图

对硝基乙苯（**9-10**）氧化的工艺流程框图见图 9-18。

图 9-18　对硝基乙苯氧化的工艺流程框图

3. 工艺过程

将对硝基乙苯（**9-10**）和其质量 0.005% 的硬脂酸钴/乙酸锰催化剂（内含 90% 载体碳酸钙）加入氧化塔中，从塔底通入压缩空气，使塔内压力达到 0.49MPa（5kgf/cm^2），并调节尾气压力至 2900Pa 左右。逐渐升温至 150℃ 以引发反应，待反应进入链式反应阶段并放热后，适当向反应塔夹层通水使反应温度平稳下降至 135℃。维持该温度，收集反应生成的水，并根据汽水分离器分出的冷凝水量判断反应的进程。当反应生成的热量逐渐减少，生成水的数量和速率降到一定程度时停止反应，稍冷后放出物料。

反应结束后，所得到的副产物主要为对硝基苯甲酸（**9-32**）。在对硝基苯乙酮（**9-11**）未析出前，可根据反应物的酸含量加入碳酸钠溶液，使对硝基苯甲酸（**9-32**）转化为相应的钠盐。反应体系充分冷却后，对硝基苯乙酮（**9-11**）可充分析出，并通过过滤、洗涤、干燥得到纯品。同时，过滤所得滤液主要含有未反应的对硝基乙苯（**9-10**）和对硝基苯甲酸钠，前者可用亚硫酸氢钠分解除去过氧化物后，蒸馏回收使用；后者可将母液酸化处理后，得到副产物对硝基苯甲酸（**9-32**）。

4. 工艺条件及影响因素

（1）催化剂对反应的影响。对于本反应而言，催化剂的选择十分关键。如铜盐、铁盐等催化剂对过氧化物的分解作用过于强烈，会削弱链式反应，故不宜使用，且反应中应防止微量铁的混入。乙酸锰的催化作用较为温和，同时以碳酸钙作为载体可保护过氧化物不致过速分解，从而可使反应过程平稳，提高氧化收率。但乙酸锰作为催化剂的缺点是反应周期长，且产物收率仍不理想。通过大量的筛选工作，我国科技工作者发现硬脂酸钴是种性能更好的催化剂，其突出优点是用硬脂酸钴可使反应温度比用乙酸锰时降低10℃，且反应时间可减少一半，收率也有所提高，而催化剂的用量仅为乙酸锰的1/15。在改用空气氧化法后，该工艺则采用了碳酸钙负载的硬脂酸钴/乙酸锰混合催化剂。

此外，苯胺、酚和铁盐等物质均对该催化氧化反应有强烈的抑制作用，故应防止这些物质混入反应体系。此外，进入反应系统的压缩空气应通过过滤设备净化，防止机油随空气进入反应液。

（2）反应温度对反应的影响。由于对硝基乙苯（**9-10**）的反应过程是自由基反应，因此开始阶段要供给一定的热量促使自由基的生成。但当进入链式反应阶段后，反应会放出大量的热量，因此要注意控制反应在适当的温度下进行。若反应温度过高，易促使自由基生成加快，反应体系温度快速上升而发生爆炸；若反应温度过低，又会使得链式反应中断，反应过早停止。

（3）反应压力对反应的影响。相比于纯氧氧化，采用空气氧化较为安全。但空气中氧浓度较低，且该氧化反应会持续消耗氧分子，若采用空气常压氧化，反应进行得十分缓慢，生产周期长。因此，生产中通常采用加压的方式促进反应的进行，但人们发现反应压力超过 0.49 MPa（5 kgf/cm^2）后对硝基苯乙酮（**9-11**）的收率增加不显著，故生产中采用 0.49 MPa 的加压空气氧化法。

（4）对硝基乙苯（**9-10**）的质量对反应的影响。对硝基乙苯（**9-10**）是通过乙苯（**9-9**）的硝化反应制备的，若其中所含杂质较多，其氧化收率会急剧下降，且成品含量低、晶型碎、外观差。

三、对硝基-α-溴代苯乙酮的制备

1. 工艺原理

对硝基-α-溴代苯乙酮（**9-12**）的制备是通过对硝基苯乙酮（**9-11**）与溴素反应得到的（图9-19）。该反应属于离子型反应，具体过程为溴素与对硝基苯乙酮（**9-11**）的烯醇式互变异构体（**9-36**）双键发生加成，再脱去一分子溴化氢。

图9-19 对硝基-α-溴代苯乙酮的制备

由于反应是通过对硝基苯乙酮（**9-11**）的烯醇式互变异构体（**9-36**）进行的，溴化反应的速率取决于烯醇化的速率，因此需要将对硝基苯乙酮（**9-11**）不断向其烯醇式互变异构体转化。幸运的是，该溴代反应生成的溴化氢可作为烯醇化的催化剂，但刚开始反应时所生成的溴化氢较少，需要经过一段时间的积累才能产生足够的溴化氢，从而使得反应以稳定的速率进行。这即是本反应有一段"诱导期"的原因。

2. 工艺过程

将对硝基苯乙酮（**9-11**）及氯苯（含水量低于0.2%，可反复套用）加到溴化罐中，搅拌下先加入少量溴素（约占总量的2%～3%）。当有大量溴化氢生成且红棕色的溴素消失时，表示反应开始。保持反应温度在26～28℃，逐渐将剩余溴素加入，并将反应生成的溴化氢用真空抽出，通过水吸收制成氢溴酸回收（注意真空度不宜过高，只要使溴化氢不从别处逸出即可）。溴素滴加完毕后，继续反应1h，然后升温至35～37℃，通过压缩空气以排走反应体系中残留的溴化氢。静置0.5h，将澄清的反应液直接送至下一步反应。罐底残液可用氯苯洗涤，洗液可回收套用。

3. 工艺条件及影响因素

（1）本反应要严格控制溶剂中的水分，否则会使"诱导期"延长，甚至反应不进行。

（2）本反应应避免与金属（如铁）接触，否则可能引起芳环发生溴化反应。

（3）虽然反应生成的溴化氢可作为催化剂，当反应结束后，应尽量排走反应体系中残留的溴化氢，否则会严重影响下一步反应。

四、对硝基-*α*-氨基苯乙酮盐酸盐的制备

1. 工艺原理

对硝基-*α*-氨基苯乙酮盐酸盐（**9-13**）是通过对硝基-*α*-溴代苯乙酮（**9-12**）的 Delépine 反应得到的（图9-20）。对硝基-*α*-溴代苯乙酮（**9-12**）与六亚甲基四胺首先成盐，后在酸性条件下水解，便得到了相应的伯胺盐酸盐。

图9-20　对硝基-*α*-氨基苯乙酮盐酸盐的制备

2. 工艺流程框图

对硝基 *α*-氨基苯乙酮盐酸盐（**9-13**）的制备工艺流程图见图9-21。

图9-21　对硝基-*α*-氨基苯乙酮盐酸盐的制备工艺流程框图

3．工艺过程

将脱水的氯苯加入干燥的反应罐中，搅拌条件下加入干燥的六亚甲基四胺（比理论量稍过量），用冰盐水冷至5～15℃后，加入上一步的反应液，并升温至33～38℃反应1h，通过检测确定反应结束。

在另一搪玻璃罐中加入盐酸，降温至7～9℃后，搅拌下加入已反应结束得到的对硝基-α-溴代苯乙酮六亚甲基四胺盐溶液。继续搅拌至对硝基-α-溴代苯乙酮六亚甲基四胺盐转变为颗粒状后，停止搅拌并静置。将氯苯分离出，加入甲醇和乙醇，搅拌升温，在32～34℃反应4h（在反应开始3h后测反应体系的酸含量，使其保持在2.5%左右，以确保反应在强酸下进行）。反应完毕后，降温，分去酸水，再水洗剩余物。洗涤完毕后，加入温水分离出二乙醇缩甲醛，再加入适量水搅拌下冷却至-3℃，离心分离，得到对硝基-α-氨基苯乙酮盐酸盐（**9-13**）。

4．工艺条件及影响因素

（1）对硝基-α-溴代苯乙酮（**9-12**）与六亚甲基四胺成盐过程中，要严格控制溶剂和六亚甲基四胺所含水分，以及上一步反应液中的溴化氢残留量，否则水和酸的存在可使六亚甲基四胺分解（式9-1）。此外，反应体系中的水分可与生成的对硝基-α-溴代苯乙酮六亚甲基四胺盐发生Sommelet反应，并将其转化为对硝基苯乙酮醛。

$$(CH_2)_6N_4 + 4HBr + 6H_2O \longrightarrow 6HCHO + 4NH_4Br \qquad (9-1)$$

（2）对硝基-α-溴代苯乙酮六亚甲基四胺盐转变为伯胺时，必须在强酸条件下进行。反应进行得是否完全，不仅与盐酸的用量有关，还与其浓度有关。随着反应的进行，盐酸被不断消耗，其浓度不断下降，故在反应过程中应做好反应体系中酸含量的监控，保证其在2.5%左右。

若反应在pH值为3.0～6.5进行时，伯卤烃将发生Sommelet反应而转变为醛。此外，若酸含量不够（如低于1.7%），部分得到的对硝基-α-氨基苯乙酮盐酸盐（**9-13**）会发生酸解离，释放出的氨基会发生双分子间的席夫碱缩合，再与空气中的氧接触后继续氧化成紫红色的吡嗪化合物（图9-22）。因此，对硝基-α-氨基苯乙酮的氨基必须在强酸条件下才能通过成盐后被保护，其制备过程不能通过对硝基-α-溴代苯乙酮（**9-12**）的直接氨气氨解或Gabriel反应制得。

图9-22　对硝基-α-氨基苯乙酮的分子间缩合及氧化

五、对硝基-α-乙酰氨基苯乙酮的制备

1．工艺原理

该反应是常用的以乙酸酐为酰化剂保护氨基的反应（图9-23）。

图9-23　对硝基-α-乙酰氨基苯乙酮的制备

2. 工艺流程框图

对硝基-α-乙酰氨基苯乙酮的制备工艺流程见图9-24。

图9-24 对硝基-α-乙酰氨基苯乙酮的制备工艺流程框图

3. 工艺过程

向反应罐中加入母液，冷却至0~3℃后，加入对硝基-α-氨基苯乙酮盐酸盐（**9-13**）。开始搅拌，将结晶打碎成浆状，加入乙酸酐，搅拌均匀后，先慢后快地加入38%~40%的乙酸钠溶液。此时反应温度逐渐上升（注意控制加完乙酸钠溶液后体系温度不要超过22℃），在18~22℃下反应1h，并经过检测确定反应结束（取少量反应液过滤，滤液中加入碳酸钠中和至碱性，应不显红色）。反应液冷却至10~13℃时析出结晶，离心。先用水洗结晶，再用1.0%~1.5%的碳酸氢钠溶液洗至pH值为7，得到产物，避光保存。滤液中可回收乙酸钠。

4. 工艺条件及影响因素

（1）为了使对硝基-α-氨基苯乙酮（**9-12**）的氨基可以与乙酸酐发生酰化反应，其相应的盐酸盐必须首先发生酸解离以释放氨基。但如前所述，由于对硝基-α-氨基苯乙酮（**9-12**）的氨基在未成盐的条件下易发生分子间缩合，在反应加料过程中必须严格遵守先加乙酸酐、后加乙酸钠的顺序，使对硝基-α-氨基苯乙酮（**9-12**）的氨基在进行分子间缩合前先被乙酸酐酰化。

（2）根据经验，反应液的pH值最好控制在3.5~4.5。若pH值过低，产物对硝基-α-乙酰氨基苯乙酮（**9-14**）在酸作用下会进一步环合为噁唑类化合物；若pH值过高，不仅对硝基-α-氨基苯乙酮会如前所述发生分子间缩合和进一步被氧化为吡嗪类化合物，对硝基-α-乙酰氨基苯乙酮（**9-14**）也会发生双分子缩合而生成吡咯类化合物（图9-25）。

图9-25 对硝基-α-乙酰氨基苯乙酮的副反应

六、对硝基-α-乙酰氨基-β-羟基苯丙酮的制备

1. 工艺原理

在碱催化剂的作用下，对硝基-α-乙酰氨基苯乙酮（**9-14**）可与甲醛发生羟醛缩合反应，

生成对硝基-α-乙酰氨基-β-羟基苯丙酮（**9-15**）（图9-26）。同时，本反应引入了氯霉素（**9-1**）的第一个手性中心，但由于反应过程中没有任何手性诱导，因此所得产物为一对外消旋体。

图9-26　对硝基-α-乙酰氨基-β-羟基苯丙酮的制备

2. 工艺流程框图

对硝基-α-乙酰氨基-β-羟基苯丙酮（**9-15**）的制备工艺流程见图9-27。

图9-27　对硝基-α-乙酰氨基-β-羟基苯丙酮的制备工艺流程框图

3. 工艺过程

首先，将对硝基-α-乙酰氨基苯乙酮（**9-14**）加水搅拌成糊状，测定其pH值应为7。随后，将甲醇加入反应罐内，升温至28～33℃，搅拌下加入甲醛溶液后，再加入对硝基-α-乙酰氨基苯乙酮（**9-14**）和碳酸氢钠，测定反应混合物pH值（pH值应为7.5）。随着反应的进行，体系放热，温度逐渐上升。此时，可不断取出反应液置于玻片后用显微镜观察，可以看到对硝基-α-乙酰氨基苯乙酮（**9-14**）的针状结晶不断减少，而对硝基-α-乙酰氨基-β-羟基苯丙酮（**9-15**）的长方柱状结晶不断增多。当确认针状结晶全部消失后，即为反应终点。反应完毕后，降温至0～5℃，离心过滤，滤液中可回收甲醇。产物经洗涤、干燥至含水量低于0.2%后，送至下一步还原工序。

4. 工艺条件及影响因素

（1）酸碱度对反应的影响。由于本反应属于羟醛缩合反应，因此需要控制好反应体系的pH值。根据经验，反应液pH值在7.5～8.0为最佳（如上一步反应未将生成的乙酸彻底除去，可适当补加一些碱，使反应体系呈弱碱性）。若pH值过低，反应速率很慢，甚至反应难以进行；若pH值过高，反应所得产物易继续与甲醛发生羟醛缩合，形成双羟基化合物（**9-37**）（图9-28）。

图9-28　对硝基-α-乙酰氨基-β-羟基苯丙酮的副反应

（2）温度对反应的影响。反应中，应适当控制反应温度。如反应温度过高，甲醛容易挥发；若过低，甲醛容易聚合，而聚合的甲醛需要解聚后方能参加反应，其结果会大大影响羟醛缩合的反应速率和时间。

七、DL-苏型-1-对硝基苯基-2-氨基-1，3-丙二醇的制备

1. 工艺原理

DL-苏型-1-对硝基苯基-2-氨基-1，3-丙二醇（**9-17**）的制备工序分为四个阶段：① 异丙醇铝的制备；② 通过六元环过渡态，羰基被还原为羟基；③ 水解，脱去氨基的乙酰基保护；④ 氨基游离（图 9-29）。

图 9-29　DL-苏型-1-对硝基苯基-2-氨基-1，3-丙二醇的制备

羰基还原为羟基的方法很多，但多数情况下其过程的立体选择性较差，有时会将羰基与硝基一同还原。本反应根据对硝基-α-乙酰氨基-β-羟基苯丙酮（**9-15**）的结构特点，采用了异丙醇铝/异丙醇体系还原法（Meerwein-Ponndorf-Verley 还原法），单一还原底物（**9-15**）中的羰基，并使产物主要形成苏型立体异构体。

还原过程中，异丙醇铝的铝原子脱去一分子异丙醇后与 C-1 的羰基和 C-3 的羟基配位，形成一种六元环结构的过渡态，从而使可以自由旋转的 C-1 与 C-2 之间的碳-碳键得以固定。同时，由于 C-2 所连乙酰氨基的位阻效应，使得异丙氧基的氢原子向 C-1 转移时，优先选择从位阻较小的一面进攻，使所得产物主要为苏型异构体（图 9-30）。

图 9-30　对硝基-α-乙酰氨基-β-羟基苯丙酮的还原过程

2. 工艺流程框图

DL-苏型-1-对硝基苯基-2-氨基-1，3-丙二醇（**9-17**）的制备工艺流程图见图 9-31。

3. 工艺过程

（1）异丙醇铝的制备。将洁净干净的铝片加入干燥的反应罐内，再加入少许无水氯化铝及无水异丙醇，升温使反应液回流。此时由于反应释放大量热量和氢气，反应温度可达

110℃左右，并产生回流。待回流缓和后，缓缓加入剩余的无水异丙醇，并保持反应体系回流。无水异丙醇加入完毕后，加热回流至铝片全部溶解且反应不再放出氢气为止。稍冷后，将制得的异丙醇铝-异丙醇溶液转入还原反应罐中。

图9-31　DL-苏型-1-对硝基苯基-2-氨基-1，3-丙二醇的制备工艺流程框图

（2）还原反应。将还原反应罐内溶液温度降至 35～37℃，加入无水氯化铝，升温至45℃左右反应0.5h，使部分异丙醇铝转变为氯代异丙醇铝。然后，向还原反应罐中加入对硝基-α-乙酰氨基-β-羟基苯丙酮（**9-15**），并于 60～62℃下反应4h。

（3）酸式水解。还原反应结束后，将反应物转至已加入水及少量盐酸的水解罐中，在搅拌下将异丙醇蒸出后，稍冷，加入上一批次的亚胺物及浓盐酸并升温至76～80℃。在反应的同时，减压回收异丙醇。1h 左右后，将反应物冷却至30℃，使 DL-苏型-1-对硝基苯基-2-氨基-1，3-丙二醇（**9-17**）的盐酸盐结晶析出后过滤。

（4）氨基游离。将过滤所得 DL-苏型-1-对硝基苯基-2-氨基-1，3-丙二醇（**9-17**）的盐酸盐加母液溶解，分离除去上层红棕色油状物（俗称"红油"），加碱调节溶液 pH 值为7.0～7.8，使铝盐变为氢氧化铝析出。过滤，滤液加入活性炭于50℃下脱色，再一次过滤除去活性炭后，滤液加碱调节 pH 值为9.5 ～ 10，使 DL-苏型-1-对硝基苯基-2-氨基-1，3-丙二醇（**9-17**）缓慢析出。将反应混合物冷至0℃后过滤，过滤所得产物可直接用于下一步拆分而无需干燥。滤液一部分可作为母液套用于溶解 DL-苏型-1-对硝基苯基-2-氨基-1，3-丙二醇（**9-17**）的盐酸盐；另一部分可加入苯甲醛，使其中所含 DL-苏型-1-对硝基苯基-2-氨基-1，3-丙二醇（**9-17**）与苯甲醛反应生成席夫碱（或称亚胺物），过滤后用于下一批次的盐酸盐水解工序，以提高收率。

4. 工艺条件及影响因素

（1）水对反应的影响。由于异丙醇铝为活泼的烷基金属化合物，遇水容易分解，故其制备及相应的还原反应必须在无水的条件下进行，所用异丙醇的含水量应在0.2%以下。试验证明，在其他条件不变时，若异丙醇含水量从 0.1% 上升至 0.5%，还原反应收率下降6%～8%；若含水量再增高，还原反应不发生。

（2）异丙醇铝的制备对反应的影响

① 制备异丙醇铝时，加入少量无水氯化铝作为催化剂可促使反应迅速开始。

② 在制备异丙醇铝时，由于金属铝中含有其他杂质，反应液灰色浑浊。虽然可通过减压蒸馏得到异丙醇铝纯品，但实践证明含微量杂质的异丙醇铝-异丙醇溶液的还原效果更

好，故生产中无需对制备的异丙醇铝进行精制。

③ 研究发现，在制备完成的异丙醇铝中加入一定量氯化铝时，二者可相互作用生成氯代异丙醇铝。由于氯原子电负性较强，其可增强氯代异丙醇铝中铝原子的电正性，促使还原反应更有效进行。

（3）异丙醇用量对反应的影响。对于 Meerwein-Ponndorf-Verley 还原法，该反应是可逆的，即异丙醇铝的异丙氧基可被氧化成丙酮，丙酮亦可在相同环境下发生 Oppenauer 氧化而转化为异丙醇。因此，异丙醇应大大过量，除了可以作为溶剂使用外，可以抑制 Oppenauer 氧化的发生。

八、DL-苏型-1-对硝基苯基-2-氨基-1，3-丙二醇的拆分

1. 工艺原理

DL-苏型-1-对硝基苯基-2-氨基-1，3-丙二醇（**9-17**）的拆分主要有两种方法（图 9-32）。

图 9-32   DL-苏型-1-对硝基苯基-2-氨基-1，3-丙二醇的拆分

第一种方法是以 L-酒石酸为拆分试剂，通过其与 DL-苏型-1-对硝基苯基-2-氨基-1，3-丙二醇（**9-17**）的外消旋体形成的一组非对映异构体在甲醇中的溶解度差异进行拆分。这种方法的特点是拆分所得 D-苏型-1-对硝基苯基-2-氨基-1，3-丙二醇（**9-18**）光学纯度高，但缺点是生产成本较高。

第二种方法是采用结晶拆分法，其具体操作为：在 DL-苏型-1-对硝基苯基-2-氨基-1，3-丙二醇（**9-17**）的外消旋体饱和水溶液中加入任何一种光学纯的单一异构体结晶作为晶种，溶液中便生长并析出与此种单一异构体相同的结晶，迅速过滤后可得外消旋体中的一种异构体；再向剩余溶液中加入 DL-苏型-1-对硝基苯基-2-氨基-1，3-丙二醇（**9-17**）的外消旋体形成适当的过饱和溶液，则另一种单一异构体便会结晶析出。如此循环，可多次拆分。这种方法的特点是原料损耗少、设备简单、成本低廉；但缺点是拆分所得 D-苏型-1-对硝基苯基-2-氨基-1，3-丙二醇（**9-18**）的光学纯度较低，需进一步精制，且工艺条件的控制要求精度较高。

2. 工艺流程框图

DL-苏型-1-对硝基苯基-2-氨基-1，3-丙二醇（**9-17**）的拆分工艺流程图见图 9-33。

3. 工艺过程（以结晶拆分法为例）

根据确定的比例将水、DL-苏型-1-对硝基苯基-2-氨基-1，3-丙二醇（**9-17**）盐酸盐及 D-苏型-1-对硝基苯基-2-氨基-1，3-丙二醇（**9-18**）晶体加入拆分罐Ⅰ，升温至 50～55℃，待固体全溶后，加入活性炭脱色。过滤除去活性炭，化验滤液中的总胺游离胺及旋光含量，符合要求后，加入 DL-苏型-1-对硝基苯基-2-氨基-1，3-丙二醇（**9-17**），加入量为 D-苏型-1-对硝基苯基-2-氨基-1，3-丙二醇（**9-18**）的 2 倍，在一定真空条件（160mmHg）下加热搅拌，升温至全溶（约在 60～65℃），保温蒸发水分，然后逐渐冷却使 D-苏型-1-对硝基苯基-

2-氨基-1，3-丙二醇（**9-18**）析出。冷却至 35℃后，停止减压及冷却，过滤。滤出的 D-苏型-1-对硝基苯基-2-氨基-1，3-丙二醇（**9-18**）用热水洗涤，收率约为投入的 D-苏型-1-对硝基苯基-2-氨基-1，3-丙二醇（**9-18**）量的 2 倍。

图 9-33　DL-苏型-1-对硝基苯基-2-氨基-1，3-丙二醇的拆分工艺流程框图

合并后的洗液与滤液加入拆分罐 II 内，再次加入 DL-苏型-1-对硝基苯基-2-氨基-1，3-丙二醇（**9-17**），重复上述操作。由于合并的洗液与滤液中 L-苏型-1-对硝基苯基-2-氨基-1，3-丙二醇的含量更高，此步拆分的产物为 L-苏型异构体（**9-38**）。

将过滤收集 L-苏型异构体后的洗液与滤液合并，再次加入 DL-苏型-1-对硝基苯基-2-氨基-1，3-丙二醇（**9-17**），继续重复以上操作，可以交替得到 D-苏型异构体（**9-18**）和 L-苏型异构体（**9-38**）。当拆分重复至一定次数后，拆分所得产物质量不易合格，且母液脱色和调整配比无效时，可从该母液中回收 DL-苏型-1-对硝基苯基-2-氨基-1，3-丙二醇（**9-17**）的盐酸盐。该盐酸盐通过脱色、碱化后得到的 DL-苏型-1-对硝基苯基-2-氨基-1，3-丙二醇（**9-17**）可回收套用。

4. 工艺条件及影响因素

（1）DL-苏型-1-对硝基苯基-2-氨基-1，3-丙二醇（**9-17**）与其盐酸盐的配比对拆分的影响。游离的 DL-苏型-1-对硝基苯基-2-氨基-1，3-丙二醇（**9-17**）在水中溶解度较小，故生产上采用了使其一部分转化为盐酸盐的方法。DL-苏型-1-对硝基苯基-2-氨基-1，3-丙二醇（**9-17**）与 HCl 的摩尔比在 1.0:（0.6～0.85）的范围内均可拆分。DL-苏型-1-对硝基苯基-2-氨基-1，3-丙二醇（**9-17**）的盐酸盐所占的比例越大，每次拆分所得的 D-苏型异构体（**9-18**）或 L-苏型异构体（**9-38**）越少；若其所占比例过小，则单位体积拆分效率过低。

（2）DL-苏型-1-对硝基苯基-2-氨基-1，3-丙二醇（**9-17**）与加入晶种的配比对拆分的影响。一般情况下，加入的晶种量越多，诱导出的单一异构体反而越少。

九、氯霉素的制备

1. 工艺原理

本反应是 D-苏型-1-对硝基苯基-2-氨基-1，3-丙二醇（**9-18**）与二氯乙酸酯之间发生的酰胺化反应（图 9-34）。

图 9-34　氯霉素的制备

2. 工艺流程框图

氯霉素（**9-1**）的制备工艺流程见图 9-35。

图 9-35　氯霉素的制备工艺流程框图

3. 工艺过程

将甲醇（含水量在 0.5% 以下）加入干燥的反应罐内，搅拌下分别加入二氯乙酸甲酯和 D-苏型-1-对硝基苯基-2-氨基-1，3-丙二醇（**9-18**），于 65℃ 左右反应 1h 后，加入活性炭脱色。过滤除去活性炭，搅拌下向滤液中加入蒸馏水使氯霉素（**9-1**）析出。将所得混合物冷却至 15℃ 后过滤，所得氯霉素（**9-1**）经洗涤、干燥后即为成品。

4. 工艺条件及影响因素

（1）水分对反应的影响。本反应需在无水条件下进行，否则二氯乙酸甲酯易水解，所生成的二氯甲酸可与 D-苏型-1-对硝基苯基-2-氨基-1，3-丙二醇（**9-18**）成盐，影响反应的进行。

（2）配比对反应的影响。二氯乙酸甲酯的用量应略高于理论量，以保证反应的完全。

十、反应过程副产物的综合利用与废水处理

以乙苯（**9-9**）为原料制备氯霉素（**9-1**）的方法虽然具有原料便宜易得、各步反应收率较高且操作较简便等优点，但合成步骤长，所需的原辅料多，生产过程所产生的副产物和废水也比较多。本节将对这些副产物和废水如何进行综合利用和有效处理做一些简要介绍。

1. 副产物的综合利用

（1）邻硝基乙苯（**9-30**）的综合利用

邻硝基乙苯（**9-30**）是乙苯为原料制备氯霉素（**9-1**）的第一步反应副产物，其生成量与该步目标产物对硝基乙苯（**9-10**）几乎相等。因此，邻硝基乙苯（**9-30**）作为副产物产量很大，需对其进行综合有效利用。

作为起始原料，邻硝基乙苯（**9-30**）可用于制备除草剂——杀草安（**9-39**），具体反应路线如下（图 9-36）。

图 9-36　杀草安的制备

（2）L-苏型-1-对硝基苯基-2-氨基-1，3-丙二醇（**9-38**）的综合利用

L-苏型-1-对硝基苯基-2-氨基-1，3-丙二醇（**9-38**）作为 DL-苏型-1-对硝基苯基-2-氨基-1，3-丙二醇（**9-17**）的拆分副产物，产出量也很大，同样需要进行有效利用。L-苏型-1-对硝基苯基-2-氨基-1，3-丙二醇（**9-38**）可以采用以下方式进行综合利用。

① 制备对硝基苯甲酸（**9-32**）见图 9-37。

图 9-37　L-苏型-1-对硝基苯基-2-氨基-1，3-丙二醇制备对硝基苯甲酸

② 将 L-苏型-1-对硝基苯基-2-氨基-1，3-丙二醇（**9-38**）进行酰化、氧化、水解处理后，再进行消旋化可得对硝基-α-乙酰氨基-β-羟基苯丙酮（**9-15**）见图 9-38，进而进行回收套用，用于制备 DL-苏型-1-对硝基苯基-2-氨基-1，3-丙二醇（**9-17**）。

图 9-38　L-苏型-1-对硝基苯基-2-氨基-1，3-丙二醇的转化回收

2. 废水处理

氯霉素（**9-1**）的生产会产生各种大量的工业废水，其中含有多种中间体及各种杂质，成分复杂，直接排放会对环境造成严重污染。试验发现，这些废水可经生物氧化法处理后，结合物理化学法，采用新型吸附材料进行处理，使处理后的废水达到排放标准。

此外，部分反应溶剂可回收套用，如溴化工序及后续制备对硝基-α-氨基苯乙酮盐酸盐（**9-13**）中使用的氯苯经回收处理后纯度可达 98％以上。

🗨 **思考题**

1. 作为一种手性药物，请结合文献检索，写出 1 ～ 2 种氯霉素的不对称合成法。

2. 相比于本章第三节所介绍的合成工艺，以对硝基苯甲醛和乙醛为原料制备氯霉素（图 9-6）的方法具有步骤少、反应条件温和等优点。请结合文献检索，讨论其为何未能

成为工业化制备氯霉素方法的主要原因。

3. 请综合评价本章第三节所介绍的氯霉素合成工艺的优缺点。

参考文献

［1］ 赵临襄. 化学制药工艺学. 第4版. 北京：中国医药科技出版社，2015.

［2］ 雷金铃，李洲. 氯霉素生产废液中回收氯苯（含对硝基苯乙酮）及甲醛缩二乙醇的工艺研究. 中国医药工业杂志，2001，32（3）：136-138.

［3］ 张公正，李云政. L-苏型-1-（对硝基苯基）-2-氨基-1，3-丙二醇的消旋工艺研究. 中国医药工业杂志，1994，（1）：34-35.

第十章

奥美拉唑生产工艺

第一节　概　　述

奥美拉唑（Omeprazole，**10-1**，图 10-1），化学名称为 5-甲氧基-2-｛[（4-甲氧基-3，5-二甲基-2-吡啶基）甲基]亚磺酰基｝-1H-苯并咪唑 ｛5-methoxy-2-[（4-methoxy-3，5-dimethylpyridin-2-yl）methylsulfinyl]-1H-benzimidazole｝，为白色或类白色结晶状粉末，无臭，遇光易变色，熔点为 156 ℃。奥美拉唑（**10-1**）在二氯甲烷中易溶，在水、甲醇或乙醇中微溶，几乎不溶于乙腈和乙酸乙酯。

10-1

图 10-1　奥美拉唑结构式

奥美拉唑（**10-1**）是第一个上市的质子泵抑制剂，能特异性作用于胃壁细胞膜中的 H^+/K^+-ATP 酶（质子泵），从而阻断胃酸分泌的终端步骤，有效抑制胃酸的分泌。在治疗消化道溃疡方面，比受体拮抗剂如西咪替丁和雷尼替丁的作用更好，具有迅速缓解疼痛、疗程短、病变愈合率高的优点。该药无严重的副作用，耐受性良好，临床上广泛用于治疗与胃酸相关的疾病，如胃溃疡、十二指肠溃疡、反流性食管炎和卓-艾氏综合征（胃泌素瘤）等，是 20 世纪用于治疗消化性溃疡上具有里程碑意义的药物。

奥美拉唑（**10-1**）由瑞典 ASTRA 公司研制开发，商品名为洛赛克（Losec），于 1988年首次上市，到 1992 年已有 65 个国家批准使用。1998 年，奥美拉唑（**10-1**）的销售额达40.47 亿美元，并自该年起连续三年位列全球畅销药物排行榜首位。2000 年 10 月，奥美拉唑（**10-1**）化合物专利期满后，ASTRA 公司在其基础上推出了 S-对映异构体——埃索美拉唑（Esomeprazole，**10-2**，图 10-2，又称依索拉唑），商品名为耐信（Nexium）。埃索美拉唑（**10-2**）的适应证与奥美拉唑（**10-1**）基本相同，但作用效果更强，在控制胃酸水平、减轻疼痛症状和促进愈合方面更有效，成为药物开发领域的一个典范。

10-2

图 10-2　埃索美拉唑结构式

第二节　奥美拉唑的工艺路线的设计与评价

一、分子结构的逆合成分析

第二章中，本书对奥美拉唑（**10-1**）的分子结构逆合成分析进行了阐述。通过分析，可以发现其结构主要是由苯并咪唑片段 **A** 和取代吡啶片段 **B** 经亚硫酰基连接而成（图 10-3）。

10-1

图 10-3　奥美拉唑的分子结构分析

对于苯并咪唑片段 **A** 和吡啶片段 **B** 的连接，如在 a 处连接，奥美拉唑（**10-1**）分子可分解为受电子合成子 2-氯-5-甲氧基苯并咪唑（**10-3**）和供电子合成子 4-甲氧基-3，5-二甲基-2-吡啶基甲硫醇（**10-4**）；如在 b 处连接，奥美拉唑（**10-1**）分子可分解为供电子合成子5-甲氧基-1*H*-苯并咪唑-2-硫醇（**10-5**）和受电子合成子 2-氯甲基-3，5-二甲基-4-甲氧基吡啶（**10-6**）；如在 c 处连接，奥美拉唑（**10-1**）分子可分解为供电子合成子甲基亚磺酰基甲氧基苯并咪唑碱金属盐（**10-7**）和受电子合成子 4-甲氧基-3，5-二甲基吡啶（**10-8**）（图 10-4）。

图 10-4　奥美拉唑的逆合成路线分析

此外，由于苯并咪唑片段 A 含有两个氮原子，人们研究了通过该杂环的合成进行奥美拉唑（**10-1**）制备的方式（切断方式 d，图 10-5）。

图 10-5 奥美拉唑的关环逆合成路线分析

二、合成路线的设计与选择

1. 切断方式 a

根据逆合成分析，采用该种切断方式需首先分别制备 2-氯-5-甲氧基苯并咪唑（**10-3**）和 4-甲氧基-3,5-二甲基-2-吡啶基甲硫醇（**10-4**），二者反应生成硫醚（**10-11**）后，再通过氧化得到奥美拉唑（**10-1**）（图 10-6）。

图 10-6 以氯代苯并咪唑和吡啶基甲硫醇为原料合成奥美拉唑

（1）2-氯-5-甲氧基苯并咪唑（**10-3**）的制备。以对氨基苯甲醚（**10-12**）为原料，氨基经乙酰化保护和硝化反应得到 4-甲氧基-2-硝基乙酰苯胺（**10-13**），脱去乙酰保护后得 4-甲氧基-2-硝基苯胺（**10-14**），再用 $SnCl_2/HCl$、Fe/HCl 或催化氢化法还原硝基后得到 4-甲氧基邻苯二胺（**10-9**）。最后，经过关环、氯代可制得 2-氯-5-甲氧基苯并咪唑（**10-3**，图 10-7）。

图 10-7 2-氯-5-甲氧基苯并咪唑的制备

（2）4-甲氧基-3,5-二甲基-2-吡啶基甲硫醇（**10-4**）的制备。4-甲氧基-3,5-二甲基-2-吡啶基甲硫醇（**10-4**）的制备可利用 2-氯甲基-3,5-二甲基-4-甲氧基吡啶（**10-6**）为原料，通过其与硫氢化钠反应制得（图 10-8）。

图 10-8 4-甲氧基-3，5-二甲基-2-吡啶基甲硫醇的制备

综合分析切断方式 a，可以发现两种核心原料 2-氯-5-甲氧苯并咪唑（**10-3**）和 4-甲氧基-3，5-二甲基-2-吡啶基甲硫醇（**10-4**）的制备比较麻烦，且原料来源困难。如前者的制备需使用 N，N'-羰基二咪唑（CDI）进行关环反应，原子利用率低。此外，氯代反应时使用的 1，8-二氮杂二环十一碳-7-烯（DBU）合成时需高压催化加氢，对反应设备要求较高；后者的制备需使用危险化学品硫氢化钠，且相比于切断方式 b，此步反应多余。因此，采用切断方式 a 的合成路线实用价值不大。

2. 切断方式 b

与切断方式 a 类似，本方法亦属于苯并咪唑片段 **A** 和吡啶片段 **B** 通过生成硫醚（**10-11**）后再氧化连接（图 10-9），其关键中间体分别为 5-甲氧基-1H-苯并咪唑-2-硫醇（**10-5**）和 2-氯甲基-3，5-二甲基-4-甲氧基吡啶（**10-6**）。

图 10-9 以苯并咪唑硫醇和氯甲基吡啶为原料合成奥美拉唑

（1）5-甲氧基-1H-苯并咪唑-2-硫醇（**10-5**）的制备。5-甲氧基-1H-苯并咪唑-2-硫醇（**10-5**）的制备有两种途径。

① 以对氨基苯甲醚（**10-12**）为原料，经过氨基的乙酰化保护和硝化反应得到 4-甲氧基-2-硝基乙酰苯胺（**10-13**），不进行脱乙酰基反应，而直接进行氨基还原将其转化为 2-氨基 4-甲氧基乙酰苯胺（**10-16**）。后者与异硫氰酸苯酯或异硫氰酸烯丙酯（RNCS）反应，再加热回流环合，从而得到 5-甲氧基-1H-苯并咪唑-2-硫醇（**10-5**）（图 10-10）。该方法从 2-氨基 4-甲氧基乙酰苯胺（**10-16**）到产物的两步反应收率可达 65%，但异硫氰酸酯的来源比较困难，从而限制了其在生产上的应用。

图 10-10 以异硫氰酸酯为硫源制备 5-甲氧基-1H-苯并咪唑-2-硫醇

② 以对氨基苯甲醚（**10-12**）为原料，经过与 2-氯-5-甲氧基苯并咪唑（**10-3**）合成类似的过程，将其转化为 4-甲氧基邻苯二胺（**10-9**）后，在 CS₂/KOH/EtOH 条件下关环得到 5-甲氧基-1*H*-苯并咪唑-2-硫醇（**10-5**）；或者所得 4-甲氧基邻苯二胺（**10-9**）不经纯化，直接与乙氧基黄原酸钾作用制得产物（图 10-11）。这种方法条件温和、工艺成熟，是国内厂家生产奥美拉唑（**10-1**）的主要方法。

图 10-11　以二硫化碳为硫源制备 5-甲氧基-1*H*-苯并咪唑-2-硫醇

（2）2-氯甲基-3,5-二甲基-4-甲氧基吡啶（**10-6**）的制备。2-氯甲基-3,5-二甲基-4-甲氧基吡啶（**10-6**）的制备根据原料的不同，主要有两种方法。

① 以 3,5-二甲基吡啶（**10-18**）为原料，经氧化、硝化和醚化，生成 3,5-二甲基-4-甲氧基吡啶-*N*-氧化物（**10-19**）。在硫酸二甲酯和连二硫酸铵的作用下，该 *N*-氧化物（**10-19**）发生重排反应，得到 3,5-二甲基-2-羟甲基-4-甲氧基吡啶（**10-20**）。最后，经氯化亚砜作用发生氯代反应，得到 2-氯甲基-3,5-二甲基-4-甲氧基吡啶（**10-6**）的盐酸盐（图 10-12）。

图 10-12　以 3,5-二甲基吡啶为原料制备 2-氯甲基-3,5-二甲基-4-甲氧基吡啶

这种方法曾是工业上采用的方法，但由于 3,5-二甲基-4-甲氧基吡啶-*N*-氧化物（**10-19**）重排生成 3,5-二甲基-2-羟甲基-4-甲氧基吡啶（**10-20**）的收率较低（仅为 40%），在 2,3,5-三甲基吡啶（**10-21**）的来源得到解决后，该路线被逐渐代替。

② 以 2,3,5-三甲基吡啶（**10-21**）为原料，经过与前述类似的氧化、硝化和醚化反应，得到 4-甲氧基-2,3,5-三甲基吡啶-*N*-氧化物（**10-24**）。在乙酸酐的作用下，该 *N*-氧化物（**10-24**）发生重排，生成 3,5-二甲基-2-羟甲基-4-甲氧基吡啶（**10-20**），后经氯代得到 2-氯甲基-3,5-二甲基-4-甲氧基吡啶（**10-6**）的盐酸盐（图 10-13）。目前，工业上主要采用此方法生产奥美拉唑（**10-1**）。

图 10-13　以 2，3，5-三甲基吡啶为原料制备 2-氯甲基-3，5-二甲基-4-甲氧基吡啶

3. 切断方式 c

该方法是在低温条件（−15 ℃）下，5-甲氧基-2-甲基亚磺酰基-1*H*-苯并咪唑（**10-25**）与丁基锂作用，所得锂盐（**10-26**）再与 1，4-二甲氧基-3，5-二甲基吡啶鎓盐（**10-27**）反应后得到奥美拉唑（**10-1**）（图 10-14）。该方法需要使用丁基锂等危险的烷基金属试剂，且反应需在低温下进行，故在实际生产中应用具有很大困难。

图 10-14　通过烷基金属试剂合成奥美拉唑

4. 切断方式 d

如前所述，以对氨基苯甲醚（**10-12**）为原料，将其转化为 4-甲氧基邻苯二胺（**10-9**）后，再与 2-［（3，5-二甲基-4-甲氧基-2-吡啶基）甲硫基］甲酸（**10-10**）在酸性条件下完成咪唑环的环合，最后通过氧化得到奥美拉唑（**10-1**）（图 10-15）。该方法虽然环合与氧化反应的总收率较高（约为 75%），但主要问题在于 2-［（3，5-二甲基-4-甲氧基-2-吡啶基）甲硫基］甲酸（**10-10**）的合成路线长，制备困难，故不利于放大生产。

图 10-15　通过环合苯并咪唑制备奥美拉唑

经过以上的合成路线设计与评价，可以看出切断方式 b 为最佳路线，对应的两个关键中间体分别为 5-甲氧基-1*H*-苯并咪唑-2-硫醇（**10-5**）和 2-氯甲基-3，5-二甲基-4-甲氧基吡

啶（**10-6**），可分别采用对氨基苯甲醚（**10-12**）和 2，3，5-三甲基吡啶（**10-21**）为原料（图 10-16）。

图 10-16 奥美拉唑的合成工艺路线

第三节 奥美拉唑的生产工艺原理及其过程

一、5-甲氧基-1*H*-苯并咪唑-2-硫醇的制备

1. 4-甲氧基-2-硝基乙酰苯胺（**10-13**）的制备

（1）工艺原理。本步反应采用了"一锅法"方式，以对氨基苯甲醚（**10-12**）为原料，经乙酰化保护和硝化反应，再通过结晶、抽滤、干燥等后处理操作制得 4-甲氧基-2-硝基乙酰苯胺（**10-13**）（图 10-17）。

硝化反应前，对氨基苯甲醚（**10-12**）的乙酰化保护目的主要为：首先，可以防止氧化反应的发生。因为芳伯胺容易发生氧化反应，而所用的硝酸除了可以作为硝化剂，还具有较强的氧化能力。其次，避免氨基在酸性条件下成为铵盐，因为铵盐具有强吸电子能力，会使氨基的芳环定位方式由邻/对位变为间位，溶蚀减缓硝化反应速率。

图 10-17　4-甲氧基-2-硝基乙酰苯胺的制备

　　芳环上的硝基取代反应在药物合成中十分常见，常见的硝化剂有硝酸、硝酸与浓硫酸混合液（混酸）、硝酸盐/硫酸和硝酸/乙酸酐等。第九章中，乙苯（**9-9**）的硝化反应采用的硝化剂为混酸，与乙苯（**9-9**）的苯环发生亲电取代反应的是浓硫酸与硝酸反应生成的硝基正离子（NO_2^+）。而对于本反应，采用了浓硝酸作为硝化剂。与混酸体系不同，硝酸作为硝化剂的活性物质不是硝基正离子（NO_2^+），而是亚硝基正离子（NO^+）。其硝化机理为：由于硝酸中存在痕量的亚硝酸，其所分解的亚硝基正离子（NO^+）对芳环进行亲电进攻，生成的亚硝基化合物被硝酸氧化成硝基化合物，同时又生成亚硝酸。因此，亚硝酸在反应中起到了催化剂的作用。硝酸作为硝化剂时，反应生成的水可使其稀释，从而减弱甚至使其失去硝化作用。因此，硝酸作为硝化剂只适用于高活性芳香族化合物的硝化。但对于对氨基苯甲醚（**10-12**）乙酰化后的产物，其芳环具有较大的亲核性，故可采用硝酸作为硝化剂。此外，亚硝基正离子（NO^+）进入苯环的位置是由甲氧基（—OCH_3）和乙酰氨基（—NHAc）两个取代基共同作用决定的。这两个取代基均具有邻/对位定位能力，但乙酰氨基（—NHAc）的作用更强，故 4-甲氧基-2-硝基乙酰苯胺（**10-13**）是主要产物。

　　（2）工艺流程框图。4-甲氧基-2-硝基乙酰苯胺制备工艺见图 10-18。

图 10-18　4-甲氧基-2-硝基乙酰苯胺的制备工艺流程框图

　　（3）工艺过程。将对氨基苯甲醚（**10-12**）、冰乙酸和水按照一定比例在反应罐中混合，搅拌至溶解。加入碎冰，在 0～5℃下加入乙酸酐，搅拌下有结晶析出。冰浴冷却下，加入浓硝酸，在 60～65℃下保温 10min。冷却至 25℃后，结晶完全析出，抽滤，用冰水将晶体洗至中性，干燥，得黄色结晶状 4-甲氧基-2-硝基乙酰苯胺（**10-13**）。

　　（4）工艺条件及影响因素

　　① 以乙酸酐作为酰化剂的芳伯胺乙酰化反应很快，要严格控制反应温度为 0～5℃。若温度过高，反应容易产生二乙酰化物。

　　② 对氨基苯甲醚（**10-12**）进行乙酰化后，其产物在乙酸和水的混合液中的溶解度低于对氨基苯甲醚，因此会从反应液中析出。由于本步采用了"一锅法"方式，可通过加热使析出的乙酰化物溶于反应液，再自然冷却析出细小结晶，从而有利于硝化反应的进行。

　　③ 提高硝化反应的温度，有利于加快反应速率。但应注意反应温度不能过高，防止短时间内硝化反应释放大量的热量而发生危险，同时防止多硝基化合物的产生。

　　2. 4-甲氧基-2-硝基苯胺（10-14）的制备

　　（1）工艺原理。本反应是在碱性条件下（Claisen 碱液）水解脱去保护氨基的乙酰基（图 10-19）。

图 10-19 4-甲氧基-2-硝基苯胺的制备

（2）工艺流程框图。4-甲氧基-2-硝基苯胺制备工艺见图 10-20。

图 10-20 4-甲氧基-2-硝基苯胺的制备工艺流程框图

（3）工艺过程。将 4-甲氧基-2-硝基乙酰苯胺（**10-13**）加到已配制好的 Claisen 碱液中，回流 15min 后，加水并继续回流 15min，冷却至 0 ~ 5℃，抽滤，固体用冰水洗涤三次，得砖红色的 4-甲氧基-2-硝基苯胺（**10-14**）。

（4）工艺条件及影响因素

① Claisen 碱液的配制比例为：176 gKOH 溶于 126 mL 水中，再加甲醇至 500 mL。

② 反应中加水稀释的目的是使水解反应完全。

3. 4-甲氧基邻苯二胺（10-9）的制备

（1）工艺原理。将硝基还原为氨基的方法有多种，如酸性条件下的金属（Zn、Sn 或 Fe 等）还原、催化氢化、水合肼、硫化钠或 $SnCl_2$/HCl 等。其中，铁酸还原法成本低廉，是工业上常用的硝基还原法，但反应后铁被氧化成四氧化三铁（俗称铁泥），处理困难，在环保要求日益严格的今天，此工艺的应用面临着很大的困难。相比而言，采用 $SnCl_2$/HCl 体系还原硝基是比较适宜的（图 10-21），该方法不会产生大量的固体废物，后处理相对容易，且成本较催化氢化法也比较低。

图 10-21 4-甲氧基邻苯二胺的制备

4-甲氧基-2-硝基苯胺（**10-14**）的硝基还原是通过硝基与金属离子之间的电子转移实现的，其具体过程见图 10-22。

图 10-22 硝基的还原过程

（2）工艺流程框图。4-甲氧基邻苯二胺的制备见图10-23。

图10-23　4-甲氧基邻苯二胺的制备工艺流程框图

（3）工艺过程。将氯化亚锡和盐酸混合并搅拌溶解后，在20℃下加入4-甲氧基-2-硝基苯胺（**10-14**），搅拌3h。然后滴加40%的氢氧化钠溶液至 pH 值为14，并控制体系温度不超过40℃。用乙酸乙酯萃取反应混合物两次，所得有机相合并后水洗，用无水硫酸钠干燥。过滤除去干燥剂后，减压浓缩，得黄色油状物，冷冻后可得结晶状产物。

（4）工艺条件及影响因素

① 中和速率与温度对反应的影响。本还原反应在浓盐酸中进行，还原产物成盐酸盐溶于水中，故采用40%氢氧化钠水溶液调节 pH 值至14，从而使产物的氨基游离。在中和过程中，由于发生了强酸与强碱的反应，溶液体系会释放热量。因此，应注意控制中和速率，控制体系温度不超过40℃，否则产物容易被空气氧化；但温度也不要低于20℃，否则反应体系中的无机盐容易析出，影响萃取效果。

② 产物4-甲氧基邻苯二胺（**10-9**）性质不稳定，遇空气容易氧化，不宜存放，应现制现用。

4. 5-甲氧基-1*H*-苯并咪唑-2-硫醇（10-5）的制备

（1）工艺原理。二硫化碳与氢氧化钾在95%乙醇中反应生成乙氧基黄原酸钾，并在反应的同时与 4-甲氧基邻苯二胺（**10-9**）反应，环合生成 5-甲氧基-1*H*-苯并咪唑-2-硫醇（**10-5**）（图10-24）。

图10-24　5-甲氧基-1*H*-苯并咪唑-2-硫醇的制备

（2）工艺流程框图。5-甲氧基-1*H*-苯并咪唑-2-硫醇的制备工艺见图10-25。

图10-25　5-甲氧基-1*H*-苯并咪唑-2-硫醇的制备工艺流程框图

（3）工艺过程。搅拌下，将二硫化碳和4-甲氧基邻苯二胺（**10-9**）加到95%乙醇和氢氧化钾的混合液中，加热回流3h。加入活性炭，回流10min。趁热过滤，滤液与70℃热水混合，搅拌下滴加乙酸至pH值为4~5，此时有结晶析出。将体系冷至5~10℃，使结晶完全析出，抽滤，用水将固体洗至中性，干燥后得土黄色结晶状产物。

（4）工艺条件及影响因素

① 原料配料比对反应的影响。为使反应完全，二硫化碳和氢氧化钾应稍过量。乙醇由于同时作为反应物和溶剂，故过量较多。

② 产物5-甲氧基-1*H*-苯并咪唑-2-硫醇（**10-5**）呈酸性，反应中生成的钾盐溶于乙醇和水，后处理时，滴加乙酸至产物游离析出。

③ 反应中有硫化氢作为副产物释放，应注意用碱性水溶液进行吸收。

二、2-氯甲基-3，5-二甲基-4-甲氧基吡啶的制备

1.2，3，5-三甲基吡啶-*N*-氧化物的制备

（1）工艺原理。在过氧化氢的作用下，冰乙酸被氧化成过氧乙酸，后者在质子化条件下与2，3，5-三甲基吡啶（**10-21**）反应生成相应的*N*-氧化物（**10-22**）（图10-26）。

图10-26 2，3，5-三甲基吡啶-*N*-氧化物的制备

（2）工艺流程框图。2，3，5-三甲基吡啶-*N*-氧化物的制备工艺见图10-27。

图10-27 2，3，5-三甲基吡啶-*N*-氧化物的制备工艺流程框图

（3）工艺过程。将2，3，5-三甲基吡啶（**10-21**）、30%过氧化氢和冰乙酸混合，搅拌下缓慢升温至80~90℃，反应24h。减压蒸去溶剂，冷却后用40%氢氧化钠水溶液调节pH值为14，然后用氯仿萃取反应混合物三次。所得有机相合并，用无水硫酸钠干燥后，过滤干燥剂，减压浓缩，剩余物在50~60℃下真空干燥，得淡黄色固体。

（4）工艺条件及影响因素

① 过氧乙酸和过氧化氢均为弱氧化剂，需要较强的反应条件，因此氧化反应的温度较高（80~90℃），且反应时间较长（24h）。在这样的反应条件下，2，3，5-三甲基吡啶（**10-21**）仅发生*N*-氧化反应，而吡啶环和吡啶环上的甲基不受影响。

② 后处理时，用40%氢氧化钠调节反应体系的pH值至14，可将残余的乙酸转化为盐，从而与氧化的*N*-氧化物分离。

2. 4-硝基-2，3，5-三甲基吡啶-*N*-氧化物（10-23）的制备

（1）工艺原理。与对氨基苯甲醚（**10-12**）的硝化反应不同，由于吡啶环属于缺电子芳环，2，3，5-三甲基吡啶-*N*-氧化物（**10-22**）的硝化反应采用了浓硝酸与浓硫酸组成的混酸作为硝化剂（图10-28）。

图 10-28 4-硝基-2，3，5-三甲基吡啶-*N*-氧化物的制备

该硝化反应的机理与前述氯霉素（**9-1**）合成中乙苯（**9-9**）的硝化反应原理相同，均为硝酸解离生成的硝基正离子（NO$_2^+$）与芳环发生的亲电取代反应。由于吡啶 *N*-氧化物中氧原子与吡啶环可以形成供电子的 p-π 共轭，使得吡啶 *N*-氧化物的亲核能力优于相应的吡啶环，因此较容易进行硝化反应。此外，在 *N*-氧化物和三个甲基的共同作用下，硝基进入电子云密度更高的 C-4 位，而所得的 C-6 位硝化产物较少。

（2）工艺流程框图。4-硝基-2，3，5-三甲基吡啶-*N*-氧化物（**10-23**）的制备工艺见图10-29。

图 10-29 4-硝基-2，3，5-三甲基吡啶-*N*-氧化物的制备工艺流程框图

（3）工艺过程。搅拌条件下，将反应罐温度控制在 90 ℃以下，将浓硫酸滴加到 2，3，5-三甲基吡啶-*N*-氧化物（**10-22**）中，再缓慢滴加混酸（浓硫酸∶浓硝酸 = 1∶1.10）。滴加完毕后，于90℃下保温反应 20h。冰浴冷却下，缓慢滴加 40% 氢氧化钠水溶液至反应体系的 pH 值为 3～4，然后用氯仿萃取三次。所得有机相合并后，用无水硫酸钠干燥，过滤干燥剂后，再减压浓缩回收氯仿。残留物冷却后固化，得黄色固体。

（4）工艺条件及影响因素。反应温度对反应的影响：反应温度提高，硝化反应速率加快。但随着温度的升高，氧化、断键、多硝化和硝基置换等副反应也有可能发生或增加。此外，硝化反应为放热反应，反应活性高的化合物硝化时，短时间内可释放出大量的热量。如果不及时冷却，热量积聚，促使温度骤然上升，在易引发热分解等副反应的同时，还易发生安全事故，操作时要十分小心。

3. 4-甲氧基-2，3，5-三甲基吡啶-*N*-氧化物（10-24）的制备

（1）工艺原理。由于吡啶为缺电子芳环，C-4 位硝基在强碱的作用下容易发生亲核取代反应。如在本反应所使用的甲醇钠的作用下，C-4 位硝基被甲氧基亲核进攻后取代，生成相应的芳基甲基醚（图10-30）。

图 10-30 4-甲氧基-2，3，5-三甲基吡啶-*N*-氧化物的制备

（2）工艺流程框图。4-甲氧基-2，3，5-三甲基吡啶-*N*-氧化物（**10-24**）的制备工艺见图 10-31。

图 10-31 4-甲氧基-2，3，5-三甲基吡啶-*N*-氧化物的制备工艺流程框图

（3）工艺过程。将 4-硝基-2，3，5-三甲基吡啶-*N*-氧化物（**10-23**）和无水甲醇混合，充分搅拌并加热回流，再滴加甲醇钠的甲醇溶液（甲醇钠：甲醇 = 1:3.85）后回流反应 12h。冷却至室温，加水稀释反应液，减压浓缩回收甲醇。残留液加水稀释后，用氯仿萃取三次，所得有机相合并后用无水硫酸钠干燥。过滤干燥剂，加压浓缩回收氯仿后，得棕黄色固体。

（4）工艺条件及影响因素

① 配料比对反应的影响

4-硝基-2，3，5-三甲基吡啶-*N*-氧化物（**10-23**）与甲醇钠的配料为 1.0:1.5，通过增加甲醇钠的配比，可提高 4-硝基-2，3，5-三甲基吡啶-*N*-氧化物的转化率。

② 产物容易吸潮，应存放于干燥处。

4. 3，5-二甲基-2-羟甲基-4-甲氧基吡啶（**10-20**）的制备

（1）工艺原理。首先，4-甲氧基-2，3，5-三甲基吡啶-*N*-氧化物（**10-24**）与乙酸酐作用，再通过 3，3-*σ* 重排，生成 2 位乙酰氧甲基，然后在碱性条件下水解生成 2 位羟甲基（图 10-32）。

图 10-32 3，5-二甲基-2-羟甲基-4-甲氧基吡啶的制备

（2）工艺流程框图。3，5-二甲基-2-羟甲基-4-甲氧基吡啶（**10-20**）制备工艺流程见图10-33。

图10-33　3，5-二甲基-2-羟甲基-4-甲氧基吡啶的制备工艺流程框图

（3）工艺过程。将4-甲氧基-2，3，5-三甲基吡啶-N-氧化物（**10-24**）与乙酸酐混合，搅拌下于110℃下反应3h。减压浓缩回收乙酸酐，将残留液、甲醇、氢氧化钠和水混合，加热回流3h。减压浓缩回收甲醇，残留物加水稀释后，用氯仿萃取三次。所得有机相合并，用无水硫酸钠干燥，过滤除去干燥剂，减压浓缩后得棕黄色固体。

（4）工艺条件及影响因素

① 重排反应温度为110℃，低于乙酸酐的沸点，其目的在于防止乙酸酐水解。

② 重排反应为无水操作，微量的水对脱质子反应不利，可阻断重排反应的进行。

③ 重排反应中乙酸酐具有反应物和反应溶剂的双重作用，将过量的乙酸酐回收套用可降低成本。

5. 2-氯甲基-3，5-二甲基-4-甲氧基吡啶（10-6）盐酸盐的制备

（1）工艺原理。在羟基的氯代反应中，二氯亚砜是常用的氯化剂，反应中生成的氯化氢和二氧化硫均为易挥发气体，易挥发除去，故无残留物，后处理方便。反应过程中，二氯亚砜与羟基首先生成氯化亚硫酸酯，氯化亚硫酸酯分解释放出二氧化硫，所得中间体与反应体系中游离的氯离子结合后完成氯代过程（图10-34）。

图10-34　2-氯甲基-3，5-二甲基-4-甲氧基吡啶的制备

（2）工艺流程框图。2-氯甲基-3，5-二甲基-4-甲氧基吡啶（**10-6**）的制备工艺见图10-35。

图10-35　2-氯甲基-3，5-二甲基-4-甲氧基吡啶的制备工艺流程框图

（3）工艺过程。将 3，5-二甲基-2-羟甲基-4-甲氧基吡啶（**10-20**）和氯仿加入反应罐中，冷却至 0℃以下后，搅拌下缓慢滴加二氯亚砜。滴加完毕后升至室温反应 2h，减压浓缩回收过量的二氯亚砜和氯仿。残留物中加入甲苯，冷却至 0℃后过滤，不溶物用少量甲苯洗涤、干燥，得白色固体。

（4）工艺条件及影响因素

① 生成氯化亚硫酸酯的反应放热，因此滴加二氯亚砜时应控制滴加温度在 0℃以下。滴加完毕后，氯代反应在室温下进行。

② 二氯亚砜和氯化亚硫酸酯遇水分解，因此应无水操作。

③ 反应生成的副产物氯化氢和二氧化硫是酸性气体，应做好尾气吸收工作。

三、奥美拉唑的制备

1. 硫醚（10-11）的制备

（1）工艺原理。5-甲氧基-1*H*-苯并咪唑-2-硫醇（**10-5**）先与氢氧化钠反应后转化为硫醇钠，后者再与氯化物 2-氯甲基-3，5-二甲基-4-甲氧基吡啶（**10-6**）盐酸盐进行 Williamson 缩合得到硫醚（**10-11**）（图 10-36）。

图 10-36　硫醚的制备

（2）工艺流程框图。硫醚（**10-11**）的制备工艺见图 10-37。

图 10-37　硫醚的制备工艺流程框图

（3）工艺过程。将 5-甲氧基-1*H*-苯并咪唑-2-硫醇（**10-5**）、甲醇、氢氧化钠和水混合，搅拌溶解后，加入 2-氯甲基-3，5-二甲基-4-甲氧基吡啶（**10-6**）盐酸盐，回流状态下，滴加氢氧化钠水溶液（氢氧化钠∶水 = 1∶4），再回流反应 6h。减压蒸除甲醇，用乙酸乙酯萃取残留液三次，所得有机相合并后依次用饱和碳酸氢钠水溶液和水洗涤，用无水硫酸钠干燥，过滤除去干燥剂，减压浓缩得棕红色粗产物。该粗产物用丙酮和水重结晶，可得白色固体。

（4）工艺条件及影响因素

① 采用甲醇和水为混合溶剂，使 5-甲氧基-1*H*-苯并咪唑-2-硫醇（**10-5**）和 2-氯甲基-3，

5-二甲基-4-甲氧基吡啶（**10-6**）盐酸盐均可顺利溶解，有利于反应的进行。

② 重结晶产物可不经进一步提纯，直接用于下一步反应。

2. 奥美拉唑（10-1）的制备

（1）工艺原理。可将硫醚氧化成亚砜的氧化剂有多种，如 30% 的 H_2O_2、$NaIO_4$ 或叔丁基次氯酸酯（t-BuOCl）等。本反应采用间氯过氧苯甲酸（mCPBA）为氧化剂将硫醚（**10-11**）氧化为亚砜（图 10-38）。

图 10-38　奥美拉唑的制备

（2）工艺流程框图。奥美拉唑（**10-1**）的制备工艺见图 10-39。

间氯过氧苯
甲酸,氯仿　　饱和碳酸氢钠
　　　　　　水溶液　　水　　无水硫酸镁　　　　　　　　乙腈

硫醚,氯仿 ─→ 氧化反应 → 洗涤 → 洗涤 → 干燥 → 过滤 → 浓缩 → 打浆 → 奥美拉唑

　　　　　　　　　　　　　　　　　　　　　无水硫酸镁

图 10-39　奥美拉唑的制备工艺流程框图

（3）工艺过程。搅拌条件下，将硫醚（**10-11**）溶于氯仿，并将所得溶液冷却至 −10℃以下，滴加间氯过氧苯甲酸的氯仿溶液（间氯过氧苯甲酸∶氯仿 = 1∶15.11），室温搅拌 15min。依次用饱和碳酸氢钠水溶液和水洗涤反应液，无水硫酸镁干燥，减压浓缩至干，得棕黑色粗产物。该粗产物用乙腈处理，可得白色或类白色粉末。

（4）工艺条件及影响因素

① mCPBA 与硫醚（**10-11**）的摩尔比为 1∶1。若 mCPBA 用量不足，易使氧化不完全，产物中含有未被氧化的硫醚（**10-11**）；若 mCPBA 用量大于 1 当量，可能会使硫醚（**10-11**）被过度氧化成砜（**10-28**）或吡啶环被氧化为 N-氧化物（**10-29**，图 10-40）。

10-28　　　　　　　　　　　　　　　　　　**10-29**

图 10-40　硫醚氧化副产物

② 奥美拉唑（**10-1**）易被氧化分解（**10-30**，**10-31**，图 10-41），故其纯化不能采用加热重结晶的方法，且应避光置于干燥阴凉处存放。

10-30　　　　　　　　　　　　　　　　　　**10-31**

图 10-41　奥美拉唑分解产物

四、反应过程废弃物的处理

1. 废液的处理

（1）在生产过程中，产生了多种酸性或碱性废水。可将各步反应中的废水合并，中和至规定的 pH 值，静置、沉淀后排入总废水管道进行后续处理，直至废水达到排放标准。

（2）反应中使用的有机溶剂，如氯仿、乙酸乙酯、乙腈、甲醇、乙醇或异丙醇等由于所含组分比较单一，故可回收并返回系统套用。

对于氯仿、乙酸乙酯或乙腈的回收，可先水洗至中性，分去水层后常压蒸馏。如回收氯仿，需收集 60～62℃馏分；如回收乙酸乙酯，需收集 76～78℃馏分；如回收乙腈，需收集 81～83℃馏分。

对于甲醇、乙醇或异丙醇的回收，需采用蒸馏塔蒸馏。如回收甲醇，需收集 64～65℃馏分；如回收乙醇，需收集 78～79℃馏分；如回收异丙醇，需收集 81～83℃馏分。

2. 废气的处理

反应中主要生成如硫化氢、二氧化硫、氯化氢等酸性气体，可采用碱性溶液吸收。

思考题

1. 以 4-甲氧基邻苯二胺的合成为例，相比于氯化亚锡-盐酸体系，分别分析采用铁酸还原和催化氢化还原硝基的优劣。
2. 结合文献检索，列举出 1～2 种 2，3，5-三甲基吡啶的合成方法。
3. 为何要先将 2，3，5-三甲基吡啶转化为氮氧化物后，再进行硝化反应？

参考文献

［1］赵临襄. 化学制药工艺学. 第 4 版. 北京：中国医药科技出版社，2015.

［2］闻韧. 药物合成反应. 第 4 版. 北京：化学工业出版社，2017.

［3］傅建渭，陶兴法，傅诏娟等. 奥美拉唑的合成. 中国医药工业杂志，2007，38（2）：78-80.

第十一章

紫杉醇生产工艺

第一节　概　述

紫杉醇是近年来国际公认的疗效确切的重要抗肿瘤药物之一。1992 年，紫杉醇被美国食品药品监督管理局（FDA）首先批准用于治疗晚期卵巢癌。1994 年，其被批准用于治疗转移性乳腺癌；1997 年，FDA 批准使用紫杉醇治疗艾滋病关联的 Kaposi 恶性肿瘤；1998 年和 1999 年，FDA 又分别批准半合成紫杉醇与顺铂联合使用作为治疗晚期卵巢癌和非小细胞肺癌的一线用药；2004 年，FDA 批准白蛋白修饰的紫杉醇上市，用于治疗转移性乳腺癌。

紫杉醇的生产工艺主要包括天然提取和人工半合成，本章将针对后者进行介绍。

一、紫杉烷类化合物

1. 紫杉醇（11-1）

紫杉醇（Paclitaxel，Taxol®，**11-1**，图 11-1），化学名称为 5β，20-环氧 1β，2α，4α，7β，10β，13α-六羟基-紫杉醇烷-11-烯-9-酮-4，10-二乙酸酯-2-苯甲酸酯-13-［（$2'R$，$3'S$）-N-苯甲酰基-3′-苯基异丝氨酸酯］，英文名称为（$2'R$，$3'S$）-N-carboxyl-3′-phenylisoserine，N-benmethyl ester，13-ester with 5β，20-epoxyl-1β，2α，4α，7β，10β，13α-hexahydroxytax-11-en-9-one-4，10-diacetate-2-benzoate。紫杉醇为针状结晶（甲醇/水），熔点为 $213\sim216℃$（分解），$[\alpha]_D^{20}=-49°$（甲醇），可溶于甲醇、乙醇、丙酮、二氯甲烷，三氯甲烷等有机溶剂，难溶于水（在水中溶解度仅为 0.006mg/mL），不溶于石油醚。与糖结合成苷后的水溶性大大提高，但在脂溶性溶剂中溶解性降低。

11-1

图 11-1　紫杉醇结构式

1963 年，美国化学家 Wani 和 Wall 首次从生长在美国西部大森林中的太平洋杉（Pacific Yew）树皮和木材中分离得到了紫杉醇的粗提物。在筛选实验中，他们发现紫杉醇粗提物对离体培养的鼠肿瘤细胞有很高的活性，并开始分离这种活性成分。由于该活性成分在植物中含量极低，直到1971年，他们才同杜克（Duke）大学的化学教授McPhail合作，通过X射线分析确定了该活性成分的化学结构，即整个分子由三个主环构成的二萜核和一个苯基异丝氨酸侧链组成，并把它命名为紫杉醇（Taxol）。

经临床验证，紫杉醇具有良好的抗肿瘤作用，特别是对癌症发病率较高的卵巢癌、子宫癌和乳腺癌等的治疗有特效。紫杉醇的抗癌活性成分为紫杉烷类二萜及其生物碱，抗癌机制独特，是一种新型抗微管药物。紫杉醇可以促进微管蛋白聚合，抑制解聚，从而保持微管蛋白稳定，抑制细胞有丝分裂。体外实验证明，紫杉醇具有显著的放射增敏作用，可使癌细胞复制中止于对放疗敏感的G2和M期。但紫杉醇的缺点是水溶性很差，需要使用增溶剂。

1992年，美国百时美-施贵宝公司（BMS）将紫杉醇（**11-1**）成功上市，并在此后8年一直作为紫杉醇（**11-1**）专利药的持有者。但在2000年，BMS经过与Ivax公司一次旷日持久的斗争后失去了该药在美国的专利保护，Ivax公司的口服紫杉醇产品Onxol获准上市，使美国向非专利紫杉醇（**11-1**）药物敞开了大门。目前，已有多种非专利紫杉醇（**11-1**）药物上市，紫杉醇（**11-1**）的专利权和排他权均于1997年12月29日到期。

2. 多烯紫杉醇（11-2）

多烯紫杉醇（多西他赛，Docetaxel，Taxotere®，**11-2**，图11-2）是在对紫杉醇（**11-1**）结构改造过程中经人工半合成而得的紫杉醇衍生物，其结构与紫杉醇类似，不同之处在于母环10位和侧链3′位的取代基不同。多烯紫杉醇（**11-2**）化学名称为5β，20-环氧-1β，2α，4α，7β，10β，13α-六羟基紫杉-11-烯-9-酮-4-乙酸酯-2-苯甲酸酯-13-［（2′R，3′S）-N-叔丁氧羰基-3′-苯基异丝氨酸酯］，英文名称为（2′R，3′S）-N-carboxyl-3′-phenylisoserine，N-terbutyl ester，13-ester with 5β，20-epoxyl-1β，2α，4α，7β，10β，13α-hexahydroxytax-11-en-9-one-4-acetate-2-benzoate。

11-2

图11-2　多烯紫杉醇结构式

在对紫杉醇（**11-1**）的来源进行研究时，人们发现欧洲红豆杉（Taxus Baccata）的针叶中富含一些结构与紫杉醇（**11-1**）的大环结构十分相似的化合物，其中最重要的是巴卡亭Ⅲ（Baccatin Ⅲ，**11-3**）和10-脱乙酰基巴卡亭Ⅲ（10-Deacetylbaccatin Ⅲ，简称10-DAB，**11-4**）（图11-3），但活性远低于紫杉醇（**11-1**）。1985年，法国罗纳普朗克乐安（Rhone-Poulenc Rorer）公司与法国国家自然科学研究中心（CNRS）合作，以10-脱乙酰基巴卡亭Ⅲ（**11-3**）为母环骨架，通过人工化学半合成的方式成功研发出多烯紫杉醇（**11-2**）。目前，多烯紫杉醇（**11-2**）主要由法国赛诺菲-安万特（Sanofi-Aventis）公司生产，并已在多国上市。1996年，多烯紫杉醇（**11-2**）进入我国，现已有多家制药企业对其进行了成功的仿制。

图 11-3　巴卡亭Ⅲ与10-脱乙酰基巴卡亭Ⅲ结构式

多烯紫杉醇（**11-2**）是紫杉烷类家族第二代抗癌药物的代表，对晚期乳腺癌、卵巢癌、非小细胞肺癌有较好的疗效，对头颈部癌、胰腺癌、小细胞肺癌、胃癌、黑色素瘤、软组织肉瘤也有一定的疗效。多烯紫杉醇（**11-2**）与紫杉醇（**11-1**）的作用机理类似，通过促进微管双聚体装配成微管，同时防止去多聚化过程而使微管稳定，阻滞癌细胞复制于 G2 和 M 期，抑制细胞进一步分裂，从而抑制癌细胞的有丝分裂和增殖。多烯紫杉醇（**11-2**）的药理作用比紫杉醇（**11-1**）强，在细胞内浓度比紫杉醇（**11-1**）高 3 倍，并在细胞内的滞留时间长。其对微管亲和力是紫杉醇（**11-1**）的 2 倍；作为微管稳定剂和装配促进剂，活性比紫杉醇（**11-1**）大 2 倍；作为微管解聚抑制剂，活性比紫杉醇（**11-1**）大 2 倍。在体外抗瘤活性试验中，已证实多烯紫杉醇（**11-2**）的抗瘤活性是紫杉醇（**11-1**）的 1.3～12 倍。

3. 卡巴他赛（11-5）

卡巴他赛（Cabazitaxel，Jevtana®，**11-5**，图 11-4）也是一种化学半合成的紫杉烷类小分子化合物，其结构与多烯紫杉醇十分类似，差别在于母环中 7 位与 10 位的羟基氢原子均被甲基取代。卡巴他赛（**11-5**）的化学名称为4-乙酰氧基-2α-苯甲酰氧基-5β，20-环氧基-1-羟基-7β，10β-二甲氧基-9-氧代紫杉-11-烯-13α-基（2′R，3′S）-3-叔丁氧基羰基氨基-2-羟基-3-苯基丙酸酯，英文名称为 4-acetoxy-2α-benzoyloxy-5β，20-epoxy-1-hydroxy-7β，10β-dimethoxy-9-oxotax-11-en-13α-yl (2′R，3′S)-3-terbutoxycarbonyl amino-2- hydroxy-3-phenylpropanoate。

图 11-4　卡巴他赛结构式

卡巴他赛（**11-5**）是法国赛诺菲-安万特（Sanofi-Aventis）公司在紫杉醇（**11-1**）和多烯紫杉醇（**11-2**）的基础上研发的新一代紫杉烷类抗癌药物，于 2010 年 6 月由美国食品药品监督管理局（FDA）批准与泼尼松（Prednisone）联用治疗晚期前列腺癌。卡巴他赛（**11-5**）同样属于微管蛋白抑制剂，其抗肿瘤机制与多烯紫杉醇相似。卡巴他赛（**11-5**）与多烯紫杉醇（**11-2**）在结构上微小的改变，使得卡巴他赛（**11-5**）比多烯紫杉醇（**11-2**）对肿瘤细胞具有更高的抑制活性，尤其是对前列腺肿瘤。研究显示，两个甲基的引入既降低了卡巴他赛（**11-5**）与 P-gp（p-糖蛋白）（的亲和力，解决了前列腺癌细胞对多烯紫杉醇（**11-2**）耐药性的问题，又提高了卡巴他赛（**11-5**）穿透血脑屏障的能力，使其抗肿瘤活性更高。

二、紫杉醇的制备工艺

1. 天然提取

天然提取是紫杉醇（**11-1**）最初的来源，其主要是从红豆杉属（*Taxus*）植物的树皮中分离得到，其具体过程为：首先，以红豆杉树皮为原料通过萃取获得含有紫杉醇的提取物；其次，去除胶质，除去提取物中的胶质杂质；最后，分离纯化得紫杉醇含量≥99.5%成品。

天然提取的方式虽然可直接获得紫杉醇（**11-1**），但紫杉醇（**11-1**）在植物体中的含量相当低（目前公认含量最高的短叶红豆杉树皮中也仅有0.069%），大约13.6kg的树皮才能提取出1g紫杉醇（**11-1**），治疗一个卵巢癌患者需要3~12棵百年以上的红豆杉树。而红豆杉属于珍稀濒危树种，生长十分缓慢，将其树皮剥离后会造成树木的死亡。为了保护我国的红豆杉资源，我国最高人民法院于2002年作出司法解释，凡采用红豆杉生产紫杉醇或经营其产品的企业或个人，均属非法生产和非法经营并应以相应罪名处罚。我国目前所有利用我国红豆杉植物提取紫杉醇的生产厂家以及经营企业全部被责令停产、关闭和依法查处，在中国，采用红豆杉提取紫杉醇的时代已结束。

2. 化学合成

（1）化学全合成。紫杉醇（**11-1**）因其复杂和新颖的化学结构、独特的生物作用机制、可靠的抗癌活性和天然资源的严重不足引起了化学家们的极大兴趣，并成为20世纪后期有机合成化学领域的焦点。

经过20多年的努力，美国佛罗里达州立大学的化学家Holton和美国斯克瑞普斯研究所（The Scripps Research Institute）的化学家Nicolaou的两个研究组于1994年几乎同时报道了紫杉醇（**11-1**）的化学全合成方法。Holton以价廉易得的樟脑（Camphor）为起始原料，采用了线性合成方法（先A环，后AB环，再ABC环系），其特点是步骤少、收率高，总收率可达到2.7%。Nicolaou采用的是汇聚式路线（先分别合成A和C环，再组装在一起形成ABC环系），较前者虽具有步骤简明的优点，但其总收率却远远低于前者，仅为0.07%左右。之后，又有多个研究小组相继报道完成了紫杉醇的全合成，如美国哥伦比亚大学的Danishefsky小组（1996年）、斯坦福大学的Wender小组（1997年）、日本的Kuwajima小组（1998年）、Mukaiyama小组（1999年）和Takahashi小组（2006年）。这些人工化学全合成路线虽然方法各异，但都具有优异的合成战略，将天然有机合成化学提高到一个崭新的水平。但从总体上看，化学全合成方法路径太长、合成步骤太多，不仅需要使用昂贵的化学试剂，而且反应条件极难控制，收率也偏低，不适合工业化生产。但是，在研究紫杉醇全合成的过程中发现了许多新的、独特的反应，大量过渡金属有机催化剂、有机硅试剂的应用和反应过程中基团的保护、立体构型的建立转化，以及独到的战略思路与反应创新等，对有机合成化学以及有机反应理论起到重要的促进和补充作用。紫杉醇（**11-1**）全合成的研究成果仍为有机化学合成历史上的一座丰碑。

（2）化学半合成。为了避免合成紫杉醇（**11-1**）复杂的母环部分，人们在进行化学全合成研究的同时，探索了化学半合成紫杉醇（**11-1**）的方法。1988年，法国Denis等首次报道了以10-脱乙酰基巴卡亭Ⅲ（**11-4**）为原料半合成紫杉醇（**11-1**）的方法，随后，美国Holton教授和法国的Potier教授等也以巴卡亭Ⅲ（**11-3**）为原料对紫杉醇（**11-1**）化学半合成法进行了报道。

10-脱乙酰基巴卡亭Ⅲ（**11-4**）是从欧洲红豆杉 *Taxus Baccata* 的枝叶中分离出来的，其含量可达 0.1%。由于枝叶再生能力强，反复采集红豆杉植物的枝叶并从中提取巴卡亭Ⅲ（**11-3**）和 10-脱乙酰基巴卡亭Ⅲ（**11-4**）也不会造成植物死亡，因此可为紫杉醇（**11-1**）的化学半合成提供较为丰富的原料。1994 年，美国百时美-施贵宝公司（BMS）采用 Holton 教授半合成方法的开始专利生产半合成紫杉醇（**11-1**）。1997 年，半合成紫杉醇（**11-1**）通过美国 FDA 批准上市。目前，紫杉醇（**11-1**）化学半合成法是最具有实用价值的制备工艺。

3. 生物合成

紫杉醇（**11-1**）是红豆杉的次生代谢产物，但由于其在红豆杉属植物中的含量很低，人们在尝试采用化学合成的同时，研究了数种生物合成紫杉醇（**11-1**）的技术路线，以期解决其大量供应的问题。

（1）细胞培养。细胞培养是采用红豆杉的细胞或韧皮部的细胞进行细胞培养，然后分离纯化得到紫杉醇（**11-1**）。1989 年，美国农业部首先发现短叶红豆杉的植物细胞能产生紫杉醇（**11-1**）。目前，已有前体饲喂、添加诱导子、两相培养等技术在红豆杉细胞培养中使用。但是，通过细胞培养来生产紫杉醇（**11-1**）面临着诸如细胞株不稳定、放大培养困难、目的产物含量低和在线检测容易导致污染等技术问题，距离实现工业化生产还有相当大的距离。

（2）真菌发酵。1993 年，Stierle 等发现寄生于某一红豆杉上的真菌能产生紫杉醇（**11-1**）后，又陆续发现了很多能产生紫杉醇（**11-1**）的内生真菌。但真菌发酵的产率很低，至今未有突破性进展。

（3）基因工程。从紫杉醇（**11-1**）合成前体牻牛儿基牻牛儿基焦磷酸（Geranylgeranyl Pyrophosphate，GGPP）到紫杉醇（**11-1**）的合成约需 20 步酶促反应，主要包括 GGPP 合成酶、紫杉二烯合成酶（Taxadiene Synthase，TS）、羟基化酶、酰基化酶和变位酶等。从 20 世纪 80 年代开始，美国华盛顿州立大学 Croteau 研究小组完成了这些酶编码基因中的 12 个基因和紫杉烷 14β-基化酶、紫杉烷 5α-*O*-乙酰基转移酶的编码基因的克隆和鉴定，逐步阐明紫杉醇（**11-1**）生物合成的基本途径，包括四环母核的生成、侧链的生成以及母核与侧链的酯化反应三个阶段。

2010 年，美国麻省理工学院 Stephanopoulos 研究小组采取了一个多元模块（Multivariate-Modular）的策略，使有关基因的拷贝数和启动子的强度得到了最优化，成功地在大肠埃希菌中过量表达包括紫杉二烯合成酶基因（ts）和紫杉烷 5α-羟基化酶基因（t5h）在内的两个合成紫杉醇前体的生物合成基因，大肠埃希菌培养物中紫杉二烯的浓度水平达到 1g/L，而紫杉二烯 5α-醇（Taxadiene 5α-ol）的产量也达到了（58 ±3）mg/L，大大增加了大肠埃希菌中这两种紫杉醇（**11-1**）前体的产量。随后，该研究小组发明了一种含不同紫杉醇生物合成基因的大肠埃希菌与酵母工程菌的共培养技术。这些工作为今后进一步利用合成生物学技术生产并提高紫杉醇（**11-1**）生物合成的能力奠定了良好基础，同时提供了强有力的理论指导。

第二节　紫杉醇侧链工艺路线的设计与评价

目前，化学半合成是制备紫杉醇（**11-1**）最主要的方法。紫杉醇（**11-1**）分子是由一个二萜母环和一个苯基异丝氨酸所组成，该二萜母环可来源于从红豆杉类植物中提取的巴卡亭Ⅲ（**11-3**）或 10-脱乙酰基巴卡亭Ⅲ（**11-4**），故化学半合成的主要目标是合成作为侧链的苯基异丝氨酸片段（或称 C-13 侧链）。

紫杉醇（**11-1**）化学半合成所需的 C-13 侧链主要分为直链型侧链和环状型侧链。

一、直链型侧链

直链型侧链指用于半合成紫杉醇（**11-1**）的 C-13 侧链为直链状（2R，3S）-苯基异丝氨酸衍生物。在紫杉醇（**11-1**）化学半合成研究中，使用直链型侧链是最先报道的方法，也是被探索最多的一种方法。合成直链型侧链的方法有多种，比较具有代表性的有双键不对称氧化法和不对称羟醛反应法两种。

1. 双键不对称氧化法

（1）双键不对称环氧化法。本方法主要采用顺式肉桂酸醇（**11-6**）或酯（**11-11**）为原料，通过不对称环氧化反应（如 Sharpless AE 反应和 Jacobson 环氧化法反应）得到手性环氧化物，经叠氮化物或其他氨基化合物进攻开环后，再经氨基保护等反应得到直链型（2R，3S）-苯基异丝氨酸衍生物（图 11-5）。

图 11-5　双键不对称环氧化法制备紫杉醇 C-13 侧链

（2）双键不对称氨基羟基化法。本方法主要以反式肉桂酸酯（**11-16**）为原料，通过碳-碳双键的不对称氨基羟基化反应（Sharpless AA 反应）同时实现苯基异丝氨酸衍生物分别具有 2 位羟基和 3 位氨基两个手性中心的构建（图 11-6）。

图 11-6　双键不对称氨基羟基化法制备紫杉醇 C-13 侧链

（3）双键不对称双羟基化法。本方法同样采用反式肉桂酸酯（**11-16**）为原料，首先进行碳-碳双键的不对称双羟基化反应（Sharpless AD 反应），再通过一系列转换，将双羟基中间体（**11-19**）的 3 位羟基转化为氨基，最后通过氨基保护得到紫杉醇（**11-1**）的手性 C-13 侧链（图 11-7）。

图 11-7　双键不对称双羟基化法制备紫杉醇 C-13 侧链

NMO—*N*-甲基氧化吗啉；（DHQ）$_2$PHAL—氢化奎宁 1,4-（2,3-二氮杂萘）二醚

2. 不对称羟醛反应法

不对称羟醛反应法是合成紫杉醇（**11-1**）手性 C-13 侧链的另一种有效的方法。如以手性芳基配合物（**11-23**）为原料，使其与巯基酮发生不对称羟醛缩合得到类似于双羟基化合物的中间体（**11-24**），再通过胺类化合物进攻，将 3 位反式羟基转化为顺式氨基，最终经处理得到紫杉醇（**11-1**）的手性 C-13 侧链（图 11-8）。

图 11-8　不对称羟醛反应法制备紫杉醇 C-13 侧链

除了上述两种方法，直链型侧链的合成还有其他一些途径，如采用 Mannich 反应等。总体而言，合成直链型侧链的过程中需要使用比较昂贵的试剂或催化剂，且反应条件通常比较苛刻，因此限制了这些方法在工业化生产中的应用。

二、环状型侧链

环状型侧链是另一种用于半合成紫杉醇（**11-1**）的前体，常见的结构包括 β-内酰胺型（**11-27**）、噁唑烷酸型（**11-28**）和噁唑啉酸型侧链（**11-29**）（图 11-9）。

图 11-9　环状型紫杉醇手性 C-13 侧链

t-BOC—叔丁氧羰基

1. β-内酰胺型侧链（**11-27**）

β-内酰胺型侧链（**11-27**）是工业化半合成制备紫杉醇（**11-1**）常用的一种原料，其可

以采用外消旋化合物和单一异构体两种方式参与同母环的连接反应。当采用外消旋 β-内酰胺型侧链 ［图 11-10（a）、图 11-10（b）］ 与母环反应时，母环 C-13 位氧原子优先选择与位阻较小的 β-内酰胺型侧链反应，因而所得产物具有一定的非对映选择性，可通过物理分离的方式得到紫杉醇（**11-1**）前体。但由于巴卡亭 Ⅲ（**11-3**）和 10-脱乙酰基巴卡亭 Ⅲ（**11-4**）的价格较高，采用外消旋 β-内酰胺型侧链反应会造成一部分母环的浪费。若使用光学纯 β-内酰胺型侧链（**11-27**）与母环反应，虽然可以避免母环的浪费，但带来如何制备此类光学纯原料的问题。

图 11-10　外消旋 β-内酰胺型侧链与母环的选择性反应

β-内酰胺型侧链（**11-27**）的制备方式有多种，其中比较具有代表性的如下。

（1）以亚胺（**11-30**）和乙酰氧基乙酰氯（**11-31**）为原料，在三乙胺作用下发生 Staudinger 反应，得到顺式 β-内酰胺中间体（**11-32**），后经氨基和羟基的官能团保护/去保护反应得到外消旋 β-内酰胺型侧链［**11-37**，图 11-11（a）线路］。若拟合成光学纯 β-内酰胺型侧链（**11-27**），可对顺式 β-内酰胺中间体（**11-32**）进行生物酶拆分，得到单一对映异构体（**11-33**）后继续上述反应；或采用手性亚胺（**11-38**）和乙酰氧基乙酰氯（**11-31**）为原料，同样经过 Staudinger 反应，得到具有较高选择性的非对映异构体（**11-38**）。重结晶纯化后，再经一系列氨基和羟基的官能团保护/去保护反应得到光学纯 β-内酰胺型侧链［**11-27**，图 11-11（b）线路］。

图 11-11　Staudinger 反应法制备 β-内酰胺型侧链

PMP—4-MeO-Ph-；CAN—硝酸铈铵

（2）以亚胺（**11-40**）与羟基被保护的甘醇酸酯（**11-41**）为原料，在强碱作用下反应得到外消旋 β-内酰胺型侧链［**11-37**，图 11-12（a）线路］。与上一方法类似，若要制备光学纯 β-内酰胺型侧链（**11-27**），可对顺式外消旋 β-内酰胺中间体（**11-36**）进行拆分，也可采用带有手性辅助基团的甘醇酸酯（**11-42**）为原料进行类似反应得到光学纯 β-内酰胺型侧链［**11-37**，图 11-12（b）线路］。

图 11-12 甘醇酸酯与亚胺反应制备 β-内酰胺型侧链

LDA—二异丙基氨基锂

（3）将（S）-吖叮啶-2，3-二酮（**11-44**）还原，由于已有手性中心的诱导作用，可使产物成为单一的顺式异构体（图 11-13）。

图 11-13 （S）-吖叮啶-2，3-二酮还原制备 β-内酰胺型侧链

2. 噁唑烷酸型侧链（11-28）

与 β-内酰胺型侧链（**11-27**）不同，噁唑烷酸型侧链（**11-28**）通常是单一的光学异构体，其制备方法是先制得光学纯直链型苯异丝氨酸酯侧链（**11-46**）后，将 2 位羟基和 3 位氨基采用保护试剂进行保护，最后进行酯基水解（图 **11-14**）。为了避免 2 位羟基在直链型侧链与母环进行酯化反应时发生差向异构化，故采用保护试剂将其与 3 位氨基进行保护，将直链型侧链转化为噁唑烷酸型侧链。

图 11-14 噁唑烷酸型侧链的制备

PPTS—对甲苯磺酸吡啶盐

3. 噁唑啉酸型侧链（11-29）

与噁唑烷酸型侧链（**11-28**）类似，噁唑啉酸型侧链（**11-29**）也是单一的光学异构体，其制备过程亦采用了光学纯直链型苯异丝氨酸酯（**11-48**）为原料，通过分子内脱水成环，并最终通过酯基水解完成（图 11-15）。

图 11-15 噁唑啉酸型侧链的制备

第三节 紫杉醇半合成生产工艺原理及其过程

采用不同的紫杉醇（**11-1**）C-13 侧链，可以有不同的紫杉醇（**11-1**）半合成工艺。但是，所有的紫杉醇（**11-1**）半合成工艺均可分为三个阶段：首先，除了 C13 位羟基，对巴卡亭Ⅲ（**11-3**）或 10-脱乙酰基巴卡亭Ⅲ（**11-4**）剩余的羟基进行选择性保护；同时，根据企业的实际情况，制备合适的紫杉醇（**11-1**）C-13 侧链；最后，将制备完成的紫杉醇（**11-1**）C-13 侧链与羟基进行选择性保护的母环进行酯化连接，并将所得中间体中不需要的保护基团脱去，完成紫杉醇（**11-1**）制备。

上一节所介绍的各类紫杉醇（**11-1**）C-13 侧链中，β-内酰胺型侧链在实际生产中使用较多，故本节将以其为代表介绍紫杉醇（**11-1**）的半合成工艺过程（图 11-16）。

图 11-16 紫杉醇的化学半合成生产工艺流程图

一、母环羟基的选择性保护

1. 巴卡亭Ⅲ（**11-3**）的羟基选择性保护（图 11-17）

（1）工艺原理。在巴卡亭Ⅲ（**11-3**）的结构中，存在三个游离的羟基，分别位于 C1 位、C7 位和 C13 位，它们的反应活性为 C7 位＞C13 位＞C1 位。因此，若使 C13 位羟基可以同侧链发生酯化反应，必须首先将 C7 位羟基进行选择性保护。

图 11-17　巴卡亭Ⅲ的羟基选择性保护

本反应中，采用了三乙基氯硅烷（Et₃SiCl）作为保护试剂，其原因在于该试剂与羟基的反应条件十分温和，反应中所使用的吡啶既可以作为溶剂，也可以作为用以吸收反应生成 HCl 的缚酸剂。此外，由于羟基被保护后生成的是硅醚，其 Si—O 键强度不高，同样可以在很温和的条件下脱去相应的三乙基硅基。

（2）工艺过程。在反应罐中，将巴卡亭Ⅲ（**11-3**）、三乙基氯硅烷和吡啶按照 1g∶12mL∶50mL 的配料比投料，室温下反应 10～12h 后，加乙酸乙酯稀释并过滤。滤液依次用饱和硫酸铜溶液和水洗涤，有机相用无水硫酸钠干燥后浓缩，残留物以适量石油醚稀释，析出结晶为产物 7-三乙基硅基-巴卡亭Ⅲ（**11-50**）。

（3）工艺条件及影响因素。反应中，吡啶不仅作为溶剂使反应能够在均相中进行，也可作为缚酸剂吸收反应过程中产生的 HCl，促进反应的进行。但是，由于吡啶有紫外光谱吸收带，可能会给检测反应进程带来一定困难。但是，由于所生成的 7-三乙基硅基-巴卡亭Ⅲ（**11-50**）中硅醚的 Si—O 键强度不高，在酸性条件下容易水解离去。因此，在反应结束后不宜采用酸中和的方式除去吡啶。由于吡啶所含氮原子具有孤对电子，故考虑其具有配位的能力而使用饱和硫酸铜溶液洗涤有机相，使硫酸铜与吡啶形成配合物而将其除去。

此外，反应物的配料比和反应时间对反应结果均有很大影响：当巴卡亭Ⅲ（**11-3**）与三乙基氯硅烷的摩尔比为 1∶20 时，24h 以内几乎无反应发生；当巴卡亭Ⅲ（**11-3**）与三乙基氯硅烷的配料比提高到 1∶30 时，24h 后可以得到少量 7-三乙基硅基-巴卡亭Ⅲ（**11-50**）；当将配料比提高到 1∶40 时，反应时间延长至 60h 后，巴卡亭Ⅲ（**11-3**）可完全转化为产物7-三乙基硅基-巴卡亭Ⅲ（**11-50**）。

图 11-18　10-脱乙酰基巴卡亭Ⅲ的羟基选择性保护

2. 10-脱乙酰基巴卡亭Ⅲ（11-4）的羟基选择性保护（图 11-18）

（1）工艺原理。与巴卡亭Ⅲ（**11-3**）相比，10-脱乙酰基巴卡亭Ⅲ（**11-4**）在 C10 位多一个游离的羟基，其反应活性介于 C7 位和 C13 位羟基。因此，若直接乙酰化 C10 位羟基，C7 位羟基会被首先乙酰化；脱乙酰化保护时，C10 位的乙酰基也会被部分去除，而使产物紫杉醇（**11-1**）的收率大大降低。因此，在乙酰化 C10 位羟基前，需采用不同的保护试剂将 C7 位羟基进行保护。

（2）工艺过程。硅化反应：惰性气体保护下，将10-脱乙酰基巴卡亭Ⅲ（**11-4**）与三乙基氯硅烷按照1:40的摩尔比投料，并在室温下反应10～12h。

酰化反应：将硅化反应所得7-三乙基硅基-10-脱乙酰基巴卡亭Ⅲ（**11-51**）与乙酰氯按1:1.5的摩尔比投料，在0℃下反应5h。

（3）工艺条件及影响因素。为了防止C13位羟基被乙酰化，在乙酰化反应过程中必须严格控制反应温度。

比较上述两种不同原料制备7-三乙基硅基-巴卡亭Ⅲ（**11-50**）的方法，当以巴卡亭Ⅲ（**11-3**）为起始原料时，最终紫杉醇（**11-1**）的收率可达85%以上；而当以10-脱乙酰基巴卡亭Ⅲ（**11-4**）为原料时，紫杉醇（**11-1**）的最高收率仅为70%左右。因此，尽管10-脱乙酰基巴卡亭Ⅲ（**11-4**）在红豆杉中的含量较巴卡亭Ⅲ（**11-3**）更高，价格也略便宜，但以巴卡亭Ⅲ（**11-3**）为原料合成紫杉醇（**11-1**）的经济效益更高。

二、β-内酰胺型侧链的制备

1. N-苯亚甲基-4-甲氧基苯胺（亚胺，11-30）的制备（图11-19）

图11-19　N-苯亚甲基-4-甲氧基苯胺的制备

（1）工艺原理。本反应以苯甲醛（**11-52**）和4-甲氧基苯胺（**11-53**）为原料，通过席夫碱反应制备N-苯亚甲基-4-甲氧基苯胺（**11-30**）。

（2）工艺过程。反应罐中，将苯甲醛（**11-52**）和4-甲氧基苯胺（**11-53**）在甲醇中混合、搅拌，室温下反应4h。

2. 乙酰氧基乙酰氯（11-31）的制备（图11-20）

图11-20　乙酰氧基乙酰氯的制备

在反应罐中，将羟基乙酸（**11-54**）、乙酰氯和二氯亚砜按照1:3:3的配料比进行投料。第一步反应控制温度为60℃，第二步反应控制温度为70℃。

3. 顺式-1-对甲氧基苯基-3-乙酰氧基-4-苯基-2-吖叮啶酮（基础四元环，11-32）的制备（图11-21）

图11-21　顺式-1-对甲氧基苯基-3-乙酰氧基-4-苯基-2-吖叮啶酮的制备

（1）工艺原理。本反应名为Staudinger反应，其过程属于（2＋2）环加成反应。反应中一个分子的碳-碳双键（或三键）与另一个含杂原子的不饱和分子发生环化反应生成四元杂环，且收率很高。

该反应的环化产物可为单一的顺式或反式异构体，其选择性取决于亚胺所含取代基的类型。若取代基为芳基、芳杂环、共轭烯烃时，环化产物为顺式异构体。其反应历程为：首先，在碱（如三乙胺）的作用下，乙酰氧基乙酰氯（**11-31**）脱去一分子氯化氢成为烯酮（**11-56**）。随后，亚胺（**11-30**）作为亲核试剂进攻烯酮（**11-56**），并生成烯醇式中间体（**11-57**）。最后，通过分子内关环得到顺式 β-内酰胺（**11-32**，图 11-22）。

图 11-22　Staudinger 反应机理

（2）工艺过程。在反应罐中，将亚胺（**11-30**）、乙酰氧基乙酰氯（**11-31**）和三乙胺按照 1:2:3 的配料比投料，低温（< −20℃）下反应 8～10h。

4. 顺式-3-乙酰氧基-4-苯基-2-吖丁啶酮（氧化四元环，11-34）的制备（图 11-23）

图 11-23　顺式-3-乙酰氧基-4-苯基-2-吖丁啶酮的制备

（1）工艺原理。本反应是脱去 β-内酰胺（**11-32**）中氮原子所连接的 4-甲氧基苯基（PMP）。硝酸铈铵（简写为 CAN）作为氧化剂具有较强的氧化性，四价铈离子作为氧化剂可定量地与原料发生反应，并通过将 4-甲氧基苯基氧化为苯醌而使其离去。

（2）工艺过程。在反应罐中，将顺式-1-对甲氧基苯基-3-乙酰氧基-4-苯基-2-吖丁啶酮（**11-32**）与硝酸铈铵按照 1:3 的摩尔配料比进行投料。

（3）工艺条件及影响因素。

① 顺式-1-对甲氧基苯基-3-乙酰氧基-4-苯基-2-吖丁啶酮（**11-32**）与硝酸铈铵需要按照 1:3 的摩尔配料比进行投料才能使氧化反应完全。尽管硝酸铈铵用量较大给产品的分离带来一定困难，但若硝酸铈铵用量较小，氧化反应不能彻底进行，将影响产率。

② 经过筛选，反应采用乙腈-水（或四氢呋喃-水）混合溶液作为反应介质，这样可保证氧化反应在均相中进行。

③ 产品的分离纯化方法会对其收率产生一定的影响：

a. 使用有机溶剂对反应结束后的反应液进行萃取，所得有机萃取液用 5% 碳酸钠溶液反复洗涤，直至洗涤液几乎无色为止，再用饱和碳酸氢钠溶液洗涤两次，饱和氯化钠洗涤一次。经无水硫酸钠干燥后，用乙酸乙酯重结晶。

b. 使用有机溶剂对反应结束后的反应液进行萃取，所得有机萃取液用水、饱和亚硫酸氢钠溶液和饱和碳酸氢钠分别洗涤三次，浓缩可得白色固体，再用乙酸乙酯-正己烷重结晶，可以得到较好晶型的晶体。

上述两种方法相比，方法 a 在分离过程中碳酸钠用量较大，产品在洗涤和萃取过程中损失严重。同时，在长时间的萃取与洗涤过程中，萃取液会变为黑色，其原因可能是由于温度升高，残留的硝酸铈铵进行深度氧化反应造成的，故在一定程度上影响了产品收率。方法 b 用饱和亚硫酸氢钠溶液洗去反应中生成的对苯二醌，洗涤次数较少、操作简便，所得产品的收率、晶型和纯度都比较理想。因此，工业化生产时通常选择方法 b 对氧化四元环产物进行分离纯化。

5. 顺式-3-羟基-4-苯基-2-吖叮啶酮（水解四元环，**11-35**）的制备（图 11-24）

图 11-24　顺式-3-羟基-4-苯基-2-吖叮啶酮的制备

本反应是乙酰保护基在碱性条件下的水解反应。由于 β-内酰胺易水解，故采用弱碱性的甲醇-饱和碳酸氢钠溶液为水解体系，将反应温度维持在室温，通过控制合适的反应时间，便可在维持 β-内酰胺结构不变的前提下将乙酰保护基除去。若采用较强的碱液，如 1mol/L 的氢氧化钠溶液，由于 β-内酰胺环易与强碱发生亲核反应而生成链状化合物，影响产率。

6. 顺式-3-三乙基硅基-4-苯基-2-吖叮啶酮（硅化四元环，**11-36**）的制备（图 11-25）

图 11-25　顺式-3-三乙基硅基-4-苯基-2-吖叮啶酮的制备

TES—Et₃Si

（1）工艺原理。由于羟基的活性高于 β-内酰胺的氮原子，故在对后者进行 N-苯甲酰化前，首先需要将羟基进行保护。在生产中，可选择三乙基氯硅烷或乙烯基乙醚作为保护试剂。由于前述巴卡亭Ⅲ（**11-3**）和 10-脱乙酰基巴卡亭Ⅲ（**11-4**）在选择性保护 C7 位羟基时采用了三乙基氯硅烷作为羟基保护试剂，故本反应也选用了同样的保护试剂，便于侧链与母环连接后可在同一脱保护条件下除去侧链 2′ 位和母环 C7 位的羟基。

（2）工艺过程。在反应罐中，将顺式-3-羟基-4-苯基-2-吖叮啶酮（**11-35**）与三乙基氯硅烷按 180g∶250mL 的配料比投料，并在室温下反应 8～12h。

7. 顺式-1-苯甲酰基-3-三乙基硅基-4-苯基-2-吖叮啶酮（对接四元环，**11-37**）的制备（图 11-26）

图 11-26　顺式-1-苯甲酰基-3-三乙基硅基-4-苯基-2-吖叮啶酮的制备

DMAP—二甲基氨基吡啶

（1）工艺原理。相比于氨基氮原子，β-内酰胺的氮原子亲核能力较弱，其与酰氯的反应较慢。因此，本反应采用了 N, N-二甲基氨基吡啶（DMAP）作为催化剂，以加速反应的进行。其催化机理为：N, N-二甲基氨基吡啶首先与苯甲酰氯形成活性中间体（**11-58**），由于吡啶 C4 位 N，N-二甲基氨基的共轭作用，提高了苯甲酰基中羰基碳原子的亲电能力，从而利于 β-内酰胺的氮原子的亲核进攻（图 11-27）。

图 11-27　N，N-二甲基氨基吡啶的催化机理

此外，为了提高产品收率，需要除去反应中不断生成的 HCl，既防止其与亚氨基成盐，也防止其诱使羟基的三乙基硅基脱去。因此，反应中加入了三乙胺作为有机碱来除去 HCl。

（2）工艺过程。在反应罐中，将顺式-3-三乙基硅基-4-苯基-2-吖叮啶酮（**11-36**）、苯甲酰氯和三乙胺按照 2g:1mL:2mL 的配料比投料，并室温下反应 8～12h。

（3）工艺条件及影响因素

① 为了保证整个反应体系的单一性，不可混入其他能被 DMAP 催化的活性物质，如含有羟基的醇、水等化合物。

② 反应时可加入过量的苯甲酰氯，以保证顺式-3-三乙基硅基-4-苯基-2-吖叮啶酮（**11-36**）的完全转化。

三、紫杉醇的制备

1. 2′-三乙基硅基-7-三乙基硅基-紫杉醇（**11-59**）的制备（图 11-28）

图 11-28　2′-三乙基硅基-7-三乙基硅基-紫杉醇的制备

（1）工艺原理。由于母环的位阻效应，β-内酰胺侧链（**11-37**）不能与其直接发生酯化反应。因此，需要筛选强碱先夺取母环 C13 位羟基的质子，使其转化为醇氧负离子后，再与 β-内酰胺侧链（**11-37**）反应并使其开环。

根据上一节关于 β-内酰胺侧链（**11-37**）的介绍，当外消旋的化合物与母环发生酯化反应时具有一定的非对映选择性，因此本酯化反应所得主要产物中 C-13 侧链的 2′位和 3′位的手性中心与紫杉醇 C-13 侧链相应手性中心一致。

（2）工艺过程。在反应罐中，将 7-三乙基硅基-巴卡亭Ⅲ（**11-50**）、β-内酰胺侧链（**11-37**）和正丁基锂按照 1:5:2.5 的配料比进行投料，并控制正丁基锂的滴加温度为 -45～-30℃。正

丁基锂滴加完毕后，在1~1.5h内将反应体系自然升温至0℃，继续反应至完全。

（3）工艺条件及影响因素

① 本反应对水分和氧气及其敏感，故需严格处理反应试剂和控制反应条件。反应原料和溶剂必须经过严格的无水处理，整个反应过程也需要在惰性气体的保护下进行。

② 本反应中，正丁基锂的用量很关键。7-三乙基硅基-巴卡亭Ⅲ（**11-50**）、对接四元环（**11-37**）与正丁基锂的用量以1∶5∶2.5为好，收率可达90%以上。正丁基锂用量较小时，易使反应不完全，且溶剂的影响相对较大，稍微处理不够严格就会使产率大大降低；但若正丁基锂用量过大，其接近3倍量时会破坏β-内酰胺侧链（**11-37**）的四元环结构。此外，当反应体系升至0℃反应时，过量的正丁基锂也会使7-三乙基硅基-巴卡亭Ⅲ（**11-50**）母环降解，从而使收率大大降低。

③ 本反应的温度控制也很重要。滴加正丁基锂时，温度若低于-45℃，正丁基锂与7-三乙基硅基-巴卡亭Ⅲ（**11-50**）不能反应；若温度高于-20℃，正丁基锂会使7-三乙基硅基-巴卡亭Ⅲ（**11-50**）降解。因此，酯化反应过程中温度应控制在-45~-30℃。

2. 紫杉醇（11-1）的制备（图11-29）

图11-29　紫杉醇的制备

（1）工艺原理。如前所述，由于C-13侧链2′位和母环C7位的三乙基硅醚中Si—O键的强度较小，故可通过氢氟酸水解除去。

（2）工艺过程。反应罐中，将2′-三乙基硅基-7-三乙基硅基-紫杉醇（**11-59**）和氢氟酸按照1g∶10mL的配料比进行投料，在0℃中反应8h后，升至室温再反应10h。

（3）工艺条件及影响因素

① 由于紫杉醇（**11-1**）在许多有机溶剂中不稳定，易降解，因此反应后处理时要注意萃取所得有机相的迅速处理，溶剂蒸除过程中的温度也要严格控制。

② 水解所得的紫杉醇（**11-1**）粗品可用色谱法或重结晶法纯化。

思考题

1. 紫杉醇的工业化制备工艺中，为何较少采用直链型侧链？

2. 以10-脱乙酰基巴卡亭Ⅲ为原料制备紫杉醇时，为何要将C7位和C10位的羟基采用不同的保护基团进行保护？

3. 结合文献检索，分析通过硝酸铈铵（CAN）氧化去除基础四元环中4-甲氧基苯基的反应机理。

4. C7 位羟基保护的巴卡亭 Ⅲ 与 β-内酰胺侧链进行酯化反应时，操作过程中应注意哪些要点？

 参考文献

［1］ 元英进．制药工艺学．第 2 版．北京：化学工业出版社，2017.

［2］ 邱德有，张彬，杨艳芳等．紫杉醇生物合成研究历史、现状及展望．生物技术通报，2015，31（4）：56-64.

［3］ Denis J N, Greene A E, Guénard D, et al. A Highly Efficient, Practical Approach to Natural Taxol. Journal of America Chemistry Society, 1988, 110, 5917-5919.

［4］ Wang Z M, Kolb H C, Sharpless K B. Large-Scale and Highly Enantioselective Synthesis of the Taxol C-13 Side Chain through Asymmetric Dihydroxylation. Journal of Organic Chemistry, 1994, 59, 5104-5105.

［5］ Ojima I, Habus I, Zhao M, et al. New and efficient approaches to the semisynthesis of taxol and its C-13 side chain analogs by means of β-lactam synthon method. Tetrahedron, 1992, 48, 6985-7012.

［6］ 唐培，王锋鹏．近年来紫杉醇的合成研究进展．有机化学，2013，33，458-468.

第十二章

头孢菌素类抗生素生产工艺

第一节 概 述

抗生素是临床上广泛使用的一类抗菌药物。根据原料来源的不同，抗生素的制备方式可分为微生物发酵法和化学合成法，后者可细分为化学全合成法和化学半合成法。其中，化学半合成抗生素是在天然抗生素的基础上发展而来，主要针对天然抗生素的稳定性低、毒副作用大和抗菌谱窄等缺点，通过化学结构改造，提高药物的稳定性、降低毒副作用、减少耐药性和改善生物利用度等，从而提高药物治疗的效果。

头孢菌素（Cephalosporin）是一类含有 β-内酰胺环并氢化噻嗪环的抗生素（图 12-1）。其中，β-内酰胺环是头孢菌素发挥生物活性的必需基团。在和细菌作用时，β-内酰胺环可与细菌发生酰化作用，由此改变细菌细胞膜的通透性，抑制蛋白质合成，并释放自溶素，因此有溶菌作用，或使细菌细胞不分裂而成长纤维状。但是，由于 β-内酰胺环张力较大，其化学性质不稳定，易发生开环而导致其失活，因此人们不断对头孢菌素类抗生素的构效关系进行研究，通过增强其稳定性和广谱抗菌性来开发新型头孢菌素类抗生素。目前，头孢菌素类抗生素已从第一代发展至第五代。

图 12-1 β-内酰胺环并氢化噻嗪环结构式

一、发展历史

20 世纪 40 年代，意大利 Broyzn 首先分离得到一株能产生抗菌物质的顶头孢霉菌（*Cephalosporium acremonium*），并发现顶头孢霉菌的粗滤液可以抑制金黄色葡萄球菌的生长。1956 年，英国 Abraham 和 Newton 从顶头孢霉菌的培养液中分离出头孢菌素 C（Cephalosporin C）和 N，并于 1961 年用核磁共振技术确定了头孢菌素 C 的结构。他们发现头孢菌素 C 虽然抗菌作用不强，但毒性远低于青霉素，且通过化学法去除其侧链后，母环通过修饰所得的化合物具有抗菌活性。1962 年，美国礼来（Eli Lilly）公司通过化学裂解头孢菌素 C 的方法，获得了可合成头孢菌素的母环——7-氨基头孢烷酸（7-Aminocephalosporanic Acid，

7-ACA，**12-1**，图12-2），由此开创了半合成头孢菌素类药物的研究。随后，人们根据头孢菌素类药物开发的年代和抗菌作用的特点，将其分为第一代至第五代。

12-1

图12-2　7-氨基头孢烷酸（7-ACA）结构式

1. 第一代头孢菌素类药物

1962年，礼来公司研制出第一个可应用于临床的头孢菌素类药物——头孢噻吩（Cephalothin），其对革兰阳性菌（G⁺）有良好的作用。随后，包括头孢噻啶（Cefaloridine）、头孢唑啉（Cefazolin）和头孢氨苄（Cefalexin）等被研制出。第一代头孢菌素类药物多为半广谱抗菌药物，对金黄色葡萄球菌产生的青霉素酶稳定，并可与青霉素结合蛋白（PBPs）共价结合使其灭活，但对肠道细菌产生的多数β-内酰胺酶不稳定，故对金黄色葡萄球菌的活性优于产β-内酰胺酶的革兰阴性菌（G⁻）。

2. 第二代头孢菌素类药物

第二代头孢菌素类药物多为20世纪70年代开发的产品，主要包括头孢孟多（Cefamandole）、头孢呋辛（Cefuroxim）、头孢尼西（Cefonicid）和头霉素类药物头孢西丁（Cefoxitin）等。第二代头孢菌素类药物的抗菌谱广，因含有7-甲氧基取代基，对G⁻菌的作用增强，对β-内酰胺酶的稳定性增强。

3. 第三代头孢菌素类药物

第三代头孢菌素类药物为20世纪70年代中后期至20世纪80年代初开发的产品，包括头孢磺啶（Cefsulodin）、头孢哌酮（Cefoperazone）、头孢噻肟（Cefotaxime）、头孢他啶（Ceftazidime）和头孢曲松（Cefatriaxone）等。第三代头孢菌素类药物中的部分品种如头孢曲松、头孢他啶和头孢噻肟等可进入脑脊液，故可用于肺炎球菌、脑膜炎球菌和某些敏感G⁻菌等引起的脑膜炎。然而，广泛存在的TEM-1型和TEM-2型β-内酰胺酶能够水解部分第三代头孢菌素类药物，对它们的临床应用有一定影响。20世纪80年代初期到中期上市的口服第三代头孢菌素类药物对TEM型β-内酰胺酶的稳定性有所提高，这些药物经常以酯化物的形式出现，在保持对微生物良好活性的同时，口服生物利用度更高，常用的有头孢妥仑匹酯（Cefditoren Pivoxil）、头孢泊肟酯（Cefpodoxime Proxetil）、头孢布烯（Ceftibuten）和头孢地尼（Cefdinir）等。

4. 第四代头孢菌素类药物

第四代头孢菌素类药物为20世纪80年代中后期至20世纪90年代初开发的产品，包括头孢匹罗（Cefpirome）、头孢吡肟（Cefepime）、头孢唑兰（Cefozopran）、头孢噻利（Cefoselis）和口服用的头孢吡肟（Cefepime）。这些药物在保持第三代头孢菌素类药物优点的同时，对G⁺菌的活性也与第二代头孢菌素类药物相似。第四代头孢菌素类药物的抗菌谱较第三代头孢菌素类药物宽，对多种G⁺菌和G⁻菌均有较强的活性，而且部分品种对一般头孢菌素类药物不敏感的粪链球菌也有较好的作用；对铜绿假单胞菌的抗菌活性与头孢他啶相当，尤其是对部分耐第三代头孢菌素类药物的G⁻菌有活性，对β-内酰胺酶的稳定性更高。第四代头孢菌素类药物对青霉素结合蛋白有高度亲和力，可通过 G^- 菌外膜孔道迅速扩散到细胞周质并维持高浓度，同时对染色体介导的和部分质粒介导的 β-内酰胺酶稳定，故对 G^+ 菌、G^- 菌和部分厌氧菌均显示有良好的抗菌活性，特别是对链球菌（包括肺炎链球菌）等有很强的活性。

5. 第五代头孢菌素类药物

目前，在研制的第五代头孢菌素类候选药物并不多，已获批上市的有头孢吡普（Ceftobiprole）和头孢洛林酯（Ceftaroline Fosamil）。第五代头孢菌素药物的特点是：具有超广的抗菌谱，对 G^+ 菌的抑制作用强于前四代，尤其是对耐甲氧西林金黄色葡萄球菌（*Methicillin-resistant Staphylococcus aureus*）最为有效，对 G^- 菌的抑制作用与第四代类似。对耐药株有效，且对 β-内酰胺酶的抵抗力很高，无肾毒性。

二、构效关系

头孢菌素是顶头孢菌的发酵产物，含有 β-内酰胺环并氢化噻嗪环。与青霉素相比，头孢菌素具有稳定性好，对人体的毒性低，抗菌活性强，构效关系明确，抗菌谱光、过敏反应发生率低等优点。此外，药物间彼此不引起交叉过敏反应，其原因是 β-内酰胺环打开后不能形成稳定的头孢噻嗪环，而是生成以侧链为主的各异抗原簇。由于没有共同的抗原簇，各头孢菌素之间或头孢菌素与青霉素之间只要侧链不同，就不会发生交叉过敏反应。

β-内酰胺环张力较大，易发生开环而导致失活。为了提高头孢菌素的稳定性和抗菌活性，药物化学家深入研究了头孢菌素母环的构效关系，结果发现母环中有 5 个部位可供结构修饰或改造，包括2-位羧基、3-位侧链、5-位硫原子、7-位氢原子和7-位酰胺基侧链。

（1）对2-位羧基进行酯化等修饰可改善口服吸收效果，提高药物的生物利用度。

（2）3-位引入不同的杂原子取代基，可增强抗菌活性，并改变药物在体内的吸收分布及细胞的渗透等药物代谢动力学性质。

（3）5-位硫原子可影响抗菌效力，被氧原子或亚甲基取代后，分别称为氧头孢烯和碳头孢烯。

（4）7-位的 α-氢原子被甲氧基取代后称为头孢霉素。由于甲氧基的空间位阻，影响了它与酶分子的接近，从而增加其对 β-内酰胺酶的稳定性。

（5）7-位酰胺基部分是抗菌谱的决定性基团，对其进行结构修饰，可扩大抗菌谱并可提高抗菌活性，增加对 β-内酰胺酶的稳定性。

第二节　头孢菌素类药物及7-氨基头孢烷酸的生产工艺

一、头孢菌素类药物的生产工艺

半合成头孢菌素类药物的生产工艺主要有化学酰化法、微生物酰化法和青霉素扩环法。

1. 化学酰化法

通过化学酰化法半合成头孢菌素类药物主要有两种途径，其一是先修饰7-位氨基，再修饰改造3-位酯基；其二是采用与之相反的顺序。

（1）7-位酰化的合成工艺路线。该路线是以头孢母环 7-ACA（**12-1**）、7-氨基脱乙酰基头孢烷酸（7-Aminodesacetoxycephalosporanic Acid，7-ADCA）或其衍生物为原料，先将侧链的羧酸活化后，在将其与母环的 7-位氨基缩合制备相应的头孢类药物。

由于头孢母环的稳定性较差，侧链与其的酰化反应必须在低温下进行。但在低温条件下，7-位氨基的反应活性较低，侧链羧酸直接与其反应的收率不理想。头孢母环的价格昂贵，为提高其利用率，通常需要将要使用的侧链羧酸转化为酰氯或活性酯，以提高酰化反应的收率，降低成本。如在头孢哌酮（Cefoperazone，**12-2**）的生产工艺中，其侧链羧酸（**12-3**）需先与三氯氧磷反应成为酰氯（**12-4**）后，再与母环 7-氨基-3-｛[（1-甲基-1*H*-四氮唑-5-基）硫] 甲基｝-8-氧代-5-硫朵-1-氮杂二环［4.2.0］辛-2-烯-2 羧酸（7-TMCA）（**12-5**）反应得到产物（图 12-3）。

图 12-3 头孢哌酮的制备

若侧链羧酸的酰氯化比较困难，可以将其转化为活性酯后再与母环进行酰化。如头孢噻肟（Cefotaxime，**12-6**）的生产工艺中，其侧链羧酸前体——氨噻肟酸（**12-7**）酸性条件下易成季铵盐，故可在三苯基磷和三乙胺作用下，该侧链羧酸（**12-7**）与二（2-苯并噻唑）二硫醚（**12-8**）反应成 AE 活性酯（**12-9**），然后再与母环 7-ACA（**12-1**）反应（图 12-4）。

图 12-4 头孢噻肟的制备

此外，一些侧链羧酸中含有活性氨基，会先于羧基反应而影响后续的合成，故需先对此氨基进行保护，再将羧基进行相应的活化。如头孢丙烯（Cefprozil，**12-10**）的生产工艺中，其侧链羧酸的原料为对羟基苯甘氨酸（**12-11**）。由于氨基反应活性太高，在有机碱的作用下，先将该氨基与乙酰乙酸甲酯反应成为邓氏钾盐（**12-12**），后者的羧基与叔戊酰氯反应成为活性酸酐（**12-13**），最后再与头孢丙烯母环（**12-14**）反应成为产物（图 12-5）。

图 12-5 头孢丙烯的制备

（2）3-位取代的合成工艺路线。对于 3-位取代的头孢菌素类药物，通常是以含氮或硫的亲核试剂，如吡啶、吡咯、杂环硫醇等取代 7-ACA（**12-1**）3-位的乙酰氧基。如头孢曲松（Ceftriaxone，**12-15**）的生产工艺中，以 7-ACA（**12-1**）为原料，在三氟化硼的催化下，硫代三嗪酮（Thiotriazinone，**12-16**）与 7-ACA（**12-1**）发生亲核取代，得到 7-氨基头孢三嗪中间体（**12-17**），后者再与 AE 活性酯（**12-9**）反应得到头孢曲松（**12-15**，图 12-6）。

图 12-6 头孢曲松的制备

2. 微生物酰化法

化学酰化法制备头孢菌素类药物的合成工艺路线虽然比较成熟，但存在一些不足，如原子经济性较差、产生的"三废"较多等。随着生物制药技术的发展，微生物酰化法开始受到人们的关注。相比于化学酰化法，微生物酰化法具有反应步骤少、操作简便、环境污染小、产品收率高等优点。

头孢克洛（Cefaclor，**12-18**）的早期工艺是以头孢噻吩（Cephalothin）或 7-ACA（**12-1**）为原料，工艺复杂且难度较大，导致生产成本居高不下。后来，人们使用固定化青霉素酰化酶（Penicillin G Amidase，PGA）对其进行合成，发现反应中无需保护活性基团，且产物立体选择性好。其具体过程为：将原料 7-氨基-3-氯-头孢烯酸（7-amino-3-chloro-3-cephem-4-carboxylic acid，7-ACCA，**12-19**）溶于适量水中，用稀氨水调节体系 pH 值为 8.0，使其完全溶解后投入酶反应罐中，并加入一定量的固定化青霉素酰化酶。将溶解侧链 PGM-HCl（**12-20**）缓慢滴加到酶反应体系中，对反应转化率进行过程监控，大约 2h 后，转化率可达 97%（图 12-7）。

图 12-7　头孢克洛的微生物酰化法制备

3. 青霉素扩环法

青霉素扩环法是由日本大塚制药（Otsuka Pharmaceutical）公司首创，用以制备头孢母环中间体——7-苯乙酰氨基-3-氯甲基头孢烷酸对甲氧基苄酯（7-phenglacetamido-3-chloromethyl-3-cephem-4-carboxylic acid p-methoxybenzyl ester，GCLE，**12-21**）。其具体过程为：以青霉素 G 的钾盐（**12-22**）为原料，经与对甲氧基苄基氯成酯（**12-23**）后，再用过氧化氢将其氧化为亚砜青霉素（**12-24**），然后用芳亚磺酸铵盐（$ArSO_2NH_4$）进行扩环。扩环后的中间体（**12-25**）在饱和食盐水和硫酸的混合液中电解氯化，所得产物（**12-26**）与氨水作用关环得到 GCLE（**12-21**，图 12-8）。

图 12-8　青霉素扩环法制备 GCLE

在以 7-ACA（**12-1**）为中间体制备的头孢菌素类药物中，有 60% 以上的品种均可通过 GCLE（**12-21**）进行生产。以 GCLE（**12-21**）为中间体生产头孢菌素类药物时，产品收率更高、生产工艺更简单、生产条件更温和、产品成本更低，尤其是在第三代头孢菌素类药物——头孢地尼（Cefdinir）、头孢克肟（Cefixime）、头孢拉定（Cefradine）等品种的合成上比采用 7-ACA（**12-1**）具有很大的优势。此外，GCLE（**12-21**）还可用于合成一些利用传统母环不能合成的新头孢菌素类药物，如头孢丙烯（Cefprozil）等。

二、7-氨基头孢烷酸的生产工艺

7-氨基头孢烷酸（7-ACA，**12-1**）是半合成头孢菌素类药物最常用的母环之一，其制备方法主要包括化学裂解法和生物酶法。化学裂解法的优点是工艺稳定、成熟，通过不断的工艺改进，7-ACA（**12-1**）的收率可达 85% 以上。但此法反应温度低，对设备要求高，且易产生大量的"三废"造成环境污染。

目前，化学裂解法已逐渐被生物酶法所取代。生物酶法生产的 7-ACA（**12-1**）不含溶剂和重金属、质量高，生产占地面积小，对环境友好，成本也较低。从 2007 年开始，我国的相关制药企业已逐步采用两步酶法替代化学裂解法生产 7-ACA（**12-1**）。

本节将主要就化学裂解法对 7-ACA（**12-1**）的理化性质、工艺原理、工艺过程、工艺条件及影响因素和"三废"处理方法做简要的介绍。

1. 7-ACA (12-1) 的理化性质

7-ACA (12-1) 的化学名称为 (6R，7R)-7-氨基-3-[（乙酰氧）甲基]-8-酮-5-硫杂-1-氮杂二环 [4，2，0]-2-烯-2-羧酸，英文名称为 (6R，7R)-3-acetomethyl-7-amino- 8- oxo-5-thia-1-azabicyclo-[4.2.0]-oct-2-ene-2-carboxylic acid。该品为白色结晶状粉末，溶于酸性水溶液，不溶于有机溶剂。

7-ACA (12-1) 中含有不稳定的 β-内酰胺结构和活性伯氨基，稳定性相对较差，不宜长期保存。此外，由于 β-内酰胺环张力较大，反应中易发生酰胺键断裂而开环，并进一步形成高分子聚合物，故在以其为原料制备头孢菌素类药物时，应注意随时监控产物品质，防止裂解杂质混入。

2. 化学裂解工艺

（1）工艺原理。化学裂解法是以头孢菌素 C 钠盐 (12-27) 为原料，通过化学方法脱去其母环7-位的酰胺侧链，从而得到 7-ACA (12-1) 的方法。首先，利用三甲基氯硅烷 (TM-SCL) 将头孢菌素 C 钠盐 (12-27) 的羧基进行保护，所得产物 (12-28) 与五氯化磷在二甲基苯胺作用下发生氯化反应，反应生成的氯化物 (12-29) 醚化后水解得到 7-ACA (12-1)（图12-9）。

图 12-9 化学裂解法制备 7-ACA

（2）工艺过程。化学裂解法可分为四个工段：酯化、氯化、醚化和水解工段。

① 酯化工段。在反应罐中加入无水头孢菌素 C 钠盐 (12-27) 和二氯甲烷，再加入三乙胺和二甲基苯胺。将所得混合物搅拌均匀后，开始滴加三甲基氯硅烷，并控制反应温度在35℃左右。滴加完毕后，继续在 25 ~ 35℃下反应 1 ~ 1.5h，得酯化液。

② 氯化工段。将酯化液加入氯化反应罐，冷却至 – 40℃，缓慢加入二甲基苯胺和五氯化磷，控制体系温度不超过 – 25℃，五氯化磷加入完毕后，于30℃反应1.5h左右，得到氯化液。

③ 醚化工段。当氯化液及正丁醇温度均低于 – 55℃时，开始滴加正丁醇。滴加完毕后，将反应混合物冷却至 – 30℃，并在该温度下搅拌反应 1.5 ~ 2h，然后将料液转移至水解反应罐中。

④ 水解工段。向上一步的料液中加入甲醇和水，水解温度控制在 – 10℃，时间为 5 ~ 15min。水解结束后，用浓氨水将反应体系的 pH 值调节至 3.5 ± 0.1，搅拌30min，放置结

晶 1h，离心过滤，固体分别用 5% 甲醇水溶液、2.5% 柠檬酸水溶液和丙酮洗涤，真空干燥得 7-ACA（**12-1**）。

（3）工艺条件及影响因素

① 由于三甲基硅基易水解，故酯化反应应在无水的条件下进行，使用无水头孢菌素 C 钠盐（**12-27**）可显著提高反应收率。

② 氯化反应放热剧烈，故二甲基苯胺和五氯化磷需缓慢加入，并控制温度不超过 −25℃，可以减少杂质的产生。

（4）"三废"处理

① 在化学裂解法制备 7-ACA（**12-1**）的过程中，主要副产物是有机硅化合物、D-α-氨基己二酸正丁酯、HCl 气体以及过量的二氯甲烷、甲醇、正丁醇和有机胺等。

② 对于有机硅化合物，其主要包含六甲基二硅醚和三甲基硅醇，可进行回收再利用。具体过程为：废液经低温蒸馏回收二氯甲烷，再升高温度，回收六甲基二硅醚和三甲基硅醇，随后与 HCl 在氯化锌催化下再生得到三甲基氯硅烷。

③ D-α-氨基己二酸是一类非常有用的氨基酸，可作为合成头孢类抗生素的原料，并广泛应用于医药化工等行业。D-α-氨基己二酸可通过 D-α-氨基己二酸正丁酯水解得到，其具体过程为：废液在氢氧化钠溶液中搅拌水解，然后用稀盐酸调节 pH 值至 D-α-氨基己二酸的等电点（pH = 3.3），将析出的晶体过滤、洗涤、烘干后得到 D-α-氨基己二酸。

第三节　头孢噻肟钠生产工艺原理及其过程

头孢噻肟钠（Cefotaxime sodium，**12-31**）属于第三代头孢菌素类抗生素，对大肠埃希菌、奇异变形杆菌、克雷伯菌属和沙门菌属等肠杆菌科革兰阴性菌有强大活性。上一节中，对于头孢噻肟（**12-6**）的合成已做了一些简单介绍，本节将继续以其为例，从理化性质出发，通过分析头孢噻肟钠（**12-31**）的合成方法，进一步对介绍头孢噻肟钠的理化性质和相关的生产工艺路线、工艺原理、工艺过程和"三废"处理，进行详细介绍。

一、理化性质

头孢噻肟钠（**12-31**，图 12-10）又名氨噻肟头孢菌素、头孢氨噻肟、头孢泰克松、西孢克拉瑞等，其化学名称为（6R，7R）-3-[（乙酰氧）甲基]-7-[（2-氨基-4-噻唑基）-（甲氧亚氨基）乙酰氨基]-8-氧代-5-硫杂-1-氮杂双环 [4，2，0]-辛-2-烯-2-甲酸钠盐，英文名称为 sodium（6R，7R）-3-[（acetyloxy）methyl]-7-{[（2Z）-2-（2-amino-1，3-thiazol-4-yl）-2-（methoxyimino）acetyl]amino}-8-oxo-5-thia-1-azabicyclo [4.2.0] oct-2-ene-2-carboxy-late。头孢噻肟钠（**12-31**）为白色、类白色或淡黄白色结晶，无臭或微有特殊臭；易溶于水，微溶于乙醇，不溶于氯仿；熔点为 162 ~ 163℃，比旋光度为 +56° ~ +64°。

12-31

图 12-10　头孢噻肟钠结构式

头孢噻肟钠（**12-31**）是临床上广泛使用的第三代头孢类抗生素，由德国 Hoechst 和法国 Roussel 公司于 1977 年联合研制成功，1980 年上市，其粉针剂的商品名为 Claforan®。头孢噻肟钠（**12-31**）临床上主要应用于敏感微生物所致的呼吸道、泌尿生殖系统感染，败血症，细菌性心内膜炎、脑膜炎、骨关节、皮肤及软组织感染，胃肠道感染，烧伤及其他创伤；对危及生命的感染患者可与氨基糖苷类抗生素联合使用。

二、相关生产工艺路线

1. 头孢噻肟（12-6）的制备

头孢噻肟钠（**12-31**）是由头孢噻肟（**12-6**）的 2-位羧基成盐而来。由于头孢噻肟（**12-6**）侧链在酸性条件下不稳定，因此头孢噻肟（**12-6**）的合成方法目前主要采用活性酯法，包括含磷活性酯法、三嗪酮活性酯法、噁二唑活性酯法和 AE 活性酯法等。

（1）含磷活性酯法

① 工艺原理。此法主要的工艺原理是通过与二乙氧基硫代磷酰氯（**12-32**）反应，将头孢噻肟（**12-6**）侧链前体——氨噻肟酸（**12-7**）的羧基转化为含磷的活性酯（DAMA，**12-33**）后，再与 7-ACA（**12-1**）缩合得到头孢噻肟（**12-6**）（图 12-11）。该工艺操作相对繁琐，且产生大量含硫和磷的废液，对环境污染较大。

图 12-11　含磷活性酯法制备头孢噻肟

② 工艺过程。在异丙醇中，加入二乙氧基硫代磷酰氯（**12-32**）和催化量的三亚乙基二胺（1，4-diazabicy clooc tane，DABCO），控制温度在 25℃ 以内。搅拌下，滴加含有氨噻肟酸（**12-7**）和三正丁胺的异丙醇溶液。滴加完毕后，保温搅拌 1h，加入 DAMA（**12-33**）晶种，继续保温反应 2h 后，降温至 0～5℃。过滤，所得 DAMA 产品（**12-33**）用冷的异丙醇洗涤，后在氮气保护下干燥。

室温下，将所得 DAMA 产品（**12-33**）与 7-ACA（**12-1**）溶于二氯甲烷和异丙醇的混合溶液中，加入适量的亚硫酸溶液，搅拌 10min。将温度控制在 20℃ 以下，缓慢加入三正丁胺，继续搅拌 1.5h。用稀盐酸溶液［按 156g 浓盐酸与 1.15L 异丙醇/水（10∶1.5）的比例混合而成］缓慢调节体系 pH 值至 3.0～3.5，同时加入头孢噻肟（**12-6**）晶种。过滤，固体用异丙醇洗涤两次，氮气保护下干燥。

（2）三嗪酮活性酯法。在三氯氧磷和 DMF 体系中，通过现制 Vilsmeier 盐，氨噻肟酸（**12-7**）与硫代三嗪酮（**12-16**）于 -20～-45℃ 下反应得到三嗪酮活性酯（**12-34**），后者再与 7-ACA（**12-1**）缩合得到头孢噻肟（**12-6**）（图 12-12）。该法工艺反应条件苛刻，所得三嗪酮活性酯（**12-34**）收率不高，同时反应生成副产物硫代三嗪酮和大量含磷废水，后处理较麻烦。

图 12-12　三嗪酮活性酯法制备头孢噻肟

（3）噁二唑活性酯法。在双（2-氧噁唑啉）磷酰氯的催化下，氨噻肟酸（**12-7**）与 2-巯基-5-苯基-1，3，4-噁二唑（**12-35**）反应得到噁二唑活性酯（**12-36**），后者再与 7-ACA（**12-1**）缩合得到头孢噻肟（**12-6**）（图 12-13）。该工艺单元操作较多，需使用活性炭脱色，后处理较麻烦，生产周期长。

图 12-13　噁二唑活性酯法制备头孢噻肟

（4）AE 活性酯法

① 工艺原理。目前，工业化生产头孢噻肟（**12-6**）主要采用 AE 活性酯法，即氨噻肟酸（**12-7**）与二（2-苯并噻唑）二硫醚（**12-8**）反应成 AE 活性酯 [2-甲氧亚氨基-2-（2-氨基-4-噻唑基）-（*Z*）-硫代乙酸苯并噻唑酯，MEAM，**12-9**]，然后再与母环 7-ACA（**12-1**）反应（图 12-14）。

图 12-14　AE 活性酯法制备头孢噻肟

② 工艺过程。反应罐中加入适量二氯甲烷并开启搅拌，依次加入三苯基膦、氨噻肟酸（**12-7**）和二（2-苯并噻唑）二硫醚（**12-8**），冷却降温至0℃，加入三乙胺，反应3h后，过滤。所得固体用乙酸乙酯洗涤2次后，再用四氢呋喃溶解，加入等体积的二氯甲烷，在0℃下过滤，干燥得到产品AE活性酯（**12-9**）。

将反应罐温度控制在5～10℃内，并依次加入二氯甲烷、水、甲醇，混合均匀，并加入7-ACA（**12-1**）。随后，搅拌下滴加三乙胺，滴加完毕后继续搅拌5min，再加入AE活性酯（**12-9**）。控温反应一段时间后，用6mol/L盐酸调节反应体系pH值为2～3。过滤，固体用丙酮洗涤、干燥，得白色粉末状头孢噻肟（**12-6**）。

③ 工艺条件及影响因素。第一，投料比对反应的影响：7-ACA（**12-1**）、AE活性酯（**12-9**）与三乙胺的摩尔比为1∶1.05∶1.3，若三乙胺用量偏少，易导致反应不完全，反应时间较长，AE活性酯（**12-9**）转化率低；若三乙胺用量偏多，反应体系pH值偏高，易导致反应速率偏快和产物降解，从而影响产品收率和品质。

第二，反应介质对反应的影响：常用的反应介质有二氯甲烷、三氯甲烷和四氢呋喃等，反应收率均比较理想。但三氯甲烷毒性较大，四氢呋喃易与水混溶而难以回收，故工业化生产中一般采用二氯甲烷作为反应介质。此外，反应中通常还需添加辅助溶剂，如水、乙醇、异丙醇等，促使反应在均相条件下进行。

第三，反应温度对反应的影响：反应温度较低时，反应速率较慢，反应时间长，但产品的色级较好。与之相反，升高反应温度后，虽然反应加快，但产品的颜色偏红。通常情况下，反应中一般控温在5～10℃内。

第四，结晶时pH值对产品的影响：反应结束后，头孢噻肟（**12-6**）以盐的形式存在，通过加入酸使体系呈酸性，并加入少量晶种诱导结晶。一般控制结晶体系的pH值在2～3，因为pH值在2.5左右时，最接近头孢噻肟（**12-6**）的等电点，结晶效果好。

2. 头孢噻肟钠（12-31）的制备

（1）工艺原理。以制得的头孢噻肟（**12-6**）为原料，通过其与异辛酸钠在水中作用，生成溶于水的头孢噻肟钠（**12-31**，图12-15）。由于头孢噻肟钠（**12-31**）在有机溶剂中的溶解度较低，可通过加入可溶于水溶液的有机溶剂，并在晶种的诱导下逐步使头孢噻肟钠（**12-31**）析出，再经过过滤、洗涤、干燥后得到纯品。

图12-15　头孢噻肟钠的制备

（2）工艺过程。在搪玻璃反应罐中，加入亚硫酸和异丙醇，搅拌均匀后，将溶于水中的异辛酸钠加入反应罐。0℃下，加入头孢噻肟（**12-6**），搅拌1h至反应体系基本澄清。加入活性炭脱色，抽滤除去不溶物。20℃下，向滤液中滴加异丙醇至溶液呈微浑浊，再加入少量头孢噻肟钠（**12-31**）晶种，搅拌约1h。随着较多的晶体析出，继续滴加异丙醇约2h。在20℃下静置3h，抽滤，晶体分别用异丙醇和丙酮洗涤，于35～45℃内真空干燥，最终得白色晶体。

（3）工艺条件及影响因素

① 反应温度对反应的影响。在成盐反应时，应保持体系的温度较低，较佳的反应温度在20℃。温度偏低，反应速率缓慢，反应时间长，且易发生已溶清的头孢噻肟钠（**12-31**）提前析晶的现象；若温度偏高，产品的色级也会逐渐升高。

② 结晶溶剂的选择与用量对产品的影响。常用的结晶溶剂有乙醇、丙酮、异丙醇等，通常选用异丙醇。随着异丙醇用量的增加，产品收率随之提高，但生产成本也会随之增加。一般情况下，异丙醇的用量是头孢噻肟（**12-6**）的10~12倍。

③ 成钠剂的选择对产品的影响。采用三水合乙酸钠、碳酸氢钠、甲酸钠、异辛酸钠等均可使头孢噻肟（**12-6**）转化为相应的头孢噻肟钠（**12-31**）。经研究发现，使用乙酸钠-异辛酸钠作为混合成钠剂制得的头孢噻肟钠（**12-31**）含量最高，且收率也比较理想。

三、"三废"处理

在采用AE活性酯法制备头孢噻肟（**12-6**）的过程中，主要副产物是2-巯基苯并噻唑，其对人体和环境有一定的危害，已被美国食品药品监督管理局（FDA）认定为严禁超标的杂质，必须从原料药中除去并达标。在头孢噻肟（**12-6**）经过滤分离后，所剩滤液可进行常压蒸馏，回收二氯甲烷与水的共沸液后，残留液冷却至室温，调节pH值至析出固体，过滤并精制后可得副产物2-巯基苯并噻唑。

思考题

1. 头孢菌素类抗生素与青霉素类抗生素相比，其结构和性质分别有何不同？
2. 结合文献检索，分别以7-ACA和GCLE为原料，对头孢地尼的合成路线进行设计。
3. 采用含磷活性酯法制备头孢噻肟的过程中，制备活性酯DAMA时为何要加入DABCO？

参考文献

［1］ 元英进. 制药工艺学. 第2版. 北京：化学工业出版社，2017.
［2］ 孟现民，董平，姜旻等. 头孢菌素类抗菌药物的开发历程与研究近况. 上海医药，2011，32（5）：218-221.
［3］ 隋妍蕾，邱伟杰，邱凤玲等. 第五代头孢菌素类药物的药理学特点及临床应用. 中国实用医刊，2016，43（10）：125-126.
［4］ 郑光辉. 头孢菌素类抗生素合成工艺的研究进展. 河北化工，2010，33（7）：31-32.
［5］ 万冬，王静康. 7-ACA的制备及结晶工艺. 化学工业与工程，2003，20（6）：506-510.
［6］ 胡文滨. 头孢噻肟酸的合成. 河北化工，2010，33（9）：40-41.

第十三章

地塞米松生产工艺

第一节　甾体药物概述

一、甾体药物的结构及其临床应用

甾体化合物（Steroids）又称为类固醇，是一类分子结构中含有氢化程度不同的 1，2-环戊烯并菲甾核的化合物。甾体化合物具有十分重要的生物学功能，其天然产物及合成衍生物可用于多种治疗冠心病、心绞痛、心肌缺血、脑动脉硬化和脑血栓后遗症、慢性肺源性心脏病等疾病的药物，市场上有如地奥心血康胶囊（有效成分：黄山药中的甾体皂苷）、乙氧黄酮（有效成分：蒺藜果实中的甾体皂苷）、盾叶冠心宁（有效成分：盾叶薯蓣根茎中的水溶性皂苷）等。目前，全世界生产的甾体药物品种已达 400 余种，其中最主要的为甾体激素药物，如常用的几种代表性人工半合成的甾体激素类药物——倍他米松（Betamethasone）、地塞米松（Dexamethasone）、泼尼松（Prednisone）、氢化可的松（Hydrocortisone）等。

激素（Hormeones）是由内分泌腺以及体内具有内分泌功能的一些组织所产生的微量化学信息分子，对生物体产生重要的生理作用。甾体激素（Steroid Hormone）是一类具有甾核的激素，其结构主要为环戊烷多氢菲核，由三个六元环和一个五元环组成，分别称为 A、B、C 和 D 环（图 13-1）。其中，母核的第 10 位和第 13 位有角甲基（—CH₃），第 3、11、17 位可能有羟基（—OH）或羰基（—C（=O），A、B 环可能存在部分双键，第 17 位有长短不同的侧链。按环戊烷多氢菲核中 C10、C13 和 C17 位上取代基情况的不同，甾体激素可分为雌甾烷类、雄甾烷类和孕甾烷类。其中 C13 位仅有 18-甲基的是雌甾烷，C13 和 C10 位有 18-甲基、19-甲基的是雄甾烷，C10、C13 和 C17 位分别具有 19-甲基、18-甲基和 20-乙基、21-乙基的是孕甾烷（图 13-2）。

图 13-1　甾体化合物的环戊烷多氢菲核结构

图 13-2 雌甾烷类、雄甾烷类和孕甾烷类甾体激素结构

甾体激素是人们在研究哺乳动物内分泌系统时发现的内源性物质，其广泛存在于动、植物组织或某些微生物细胞中，在调节性功能、促进机体发育、免疫调节、皮肤疾病治疗及生育控制方面具有明确的作用。自 20 世纪 50 年代以来，随着立体化学的迅速发展，甾体激素药物已成为临床上使用的一类重要药物，在世界范围内的产量仅次于抗生素。根据不同的药理作用，甾体激素类药物主要包括肾上腺皮质激素、性激素和蛋白同化激素三大类。

1. 肾上腺皮质激素（Adrennocroticosteroids）：又称为皮质激素，是肾上腺皮质受脑垂体前叶分泌的促肾上腺皮质激素的刺激而产生的一类激素。目前，肾上腺皮质激素药物用于临床的有醋酸可的松（Cortisone Acetate）、氢化可的松（Hydrocortisone）、醋酸地塞米松（Oexamethasone Acetate）、醋酸氟轻松（Fluocinonide）等，其主要功效为抗炎、解毒、抗过敏等，对风湿性关节炎、类风湿性关节炎、红斑狼疮等胶原性疾病有较为明显的治疗作用，同时对支气管炎、哮喘、严重皮炎、阿狄森内分泌疾病及过敏性休克也有独特疗效。

2. 性激素（Sexsteroids）：目前，性激素类药物主要有黄体素（Progesterone）、雌酮（Oestrone）、睾丸素（Testosterone）、炔诺酮（Norethisterone）等，临床上主要用于治疗两性性机能不全所导致的各种疾病，如男性器官衰退和某些妇科疾病等。此外，性激素也是治疗乳腺癌、前列腺癌的辅助治疗药物，是近年来口服避孕药的主要成分。

3. 蛋白同化激素（Anabolicsteroids）：此类药物主要用于促进蛋白质合成和抑制蛋白质异化、恢复和增强体力等，临床使用的药物主要有 17α-甲基去氢睾丸素（17α-methyldehydro-testosterone）、苯丙酸诺龙（Nandrolone Phylpropionate）等。

二、甾体药物的生产工艺路线

1. 甾体药物的研究历程

甾体药物的研究历程经历了四个阶段。

（1）认知阶段（20 世纪 20 年代前）。早在 100 多年前，甾体化合物所具有的特殊生理活性就引起了人们的注意。但一直到 20 世纪 20 年代，人们对甾体化合物的研究仍停留在发现活性甾体物质的阶段。

（2）分离提取阶段（20 世纪 30 年代）。20 世纪 30 年代以后，人们成功从肾上腺、性腺等腺体中提取分离出多种天然甾体激素，如雌酮（1932 年）、雌二酮（1932 年）、睾酮（1935 年）和皮质酮（1939 年）等结晶，并确定了它们的化学结构，促使甾体化学和甾体药物化学加快了发展的脚步。

（3）化学合成及应用阶段（20 世纪 40 ~ 50 年代）。1937 年，Reichstein 成功合成了第一个肾皮质激素——去氧皮质酮（Desoxycorticosterone），开启了人工合成甾体化合物的时代。最初，化学家们将希望寄托于对甾体化合物进行化学全合成，但甾体化合物结构复杂，不仅属于多碳环稠合，而且具有多个手性中心。此外，甾体化合物的活性高低多取决于连

接在甾核上功能基的类型、数量、区域、立体位置以及甾环的氧化态。如 C-11β 位氧功能基的存在对于炎症活性是至关重要的，C17-β 羟基和 A 环芳构化分别决定其雄性化及雌性化性质等。这些特点给化学全合成法带来了很大的困难，不仅合成步骤繁多，产品收率极低，且反应的立体选择性较差，尤其是在甾体母核的 C-11β 位引入甾体活性必需的氧原子极其困难。

20 世纪 50 年代，自在墨西哥发现薯蓣皂素可作为甾体药物生产的工业原料，甾体药物的研究进入了实用化阶段。除某些特殊激素类药物需从动物尿液中提取外，几乎所有的甾体药物都可以以薯蓣皂素为起始原料进行生产。

（4）引入微生物转化阶段（20 世纪 50 年代至今）。由于化学全合成甾体化合物十分困难，人们将目光开始转向微生物转化法领域。1952 年，美国普强（Upjohn）公司的 Peterson 和 Murray 发现了少根霉菌（*Rhizopus arrhizus*），随后又使用黑根霉菌（*Rhizopus nigricans*）成功使黄体酮（**13-1**）一步转化为 11α-黄体酮（**13-1**）（图 13-3），转化率高达 90% 以上，且立体选择性好，从而开辟了甾体化合物合成的新途径，使微生物转化法开始应用于甾体药物的合成中。

图 13-3　黄体酮的微生物转化

微生物对甾体化合物的转化方式多种多样，它们可以对甾体的每一个位置（包括甾体母核与侧链）所具有的原子或基团都进行生物转化，如氧化、还原、水解、酯化、酰化、异构化、卤化、A 环开环、侧链降解等，有时一种微生物还可对某种甾体化合物同时产生数种不同的转化反应。对于甾体化合物的转化，羟化反应是最重要的反应。化学合成法仅对 C-17 位引入羟基较为容易，而微生物转化法能在甾体化合物的任何位置进行羟化反应。

2. 甾体药物的合成

甾体药物的合成方法主要有：化学半合成法、化学全合成法和微生物转化法。目前，甾体药物的合成主要集中在以具有甾体母核结构的天然产物为原料，采用化学合成法和微生物转化法相结合的方式来合成甾体类药物。此外，甾体药物的化学全合成虽然难度较大，但随着甾体化学与合成化学的快速发展，甾体药物的化学全合成已实现了工业化，所生产的抗早孕甾体药物左旋炔诺酮（Levonorgestrel）、米非司酮（Mifepristone）等已成为我国重要的计划生育药品（图 13-4）。

左旋炔诺酮　　　　米非司酮

图 13-4　左旋炔诺酮和米非司酮

目前，国内甾体药物生产的工艺路线主要有两种。

（1）以薯蓣皂素（**13-3**）、番麻皂素和剑麻皂素等皂素为起始原料，将其转化为双烯醇酮醋酸酯（简称双烯，**13-4**）等核心原料后（图13-5），用于生产甾体药物。

图13-5　以薯蓣皂素为原料制备双烯醇酮醋酸酯

2000年前后，薯蓣皂素（**13-3**）是我国生产甾体药物的主要起始原料，占总量的95%。薯蓣皂素（**13-3**）的主要来源是黄姜，国内黄姜的人工种植始于20世纪80年代，人工栽植的黄姜中的薯蓣皂素（**13-3**）平均含量约为2%，生产4500吨薯蓣皂素（**13-3**）需要近7万公顷的黄姜种植面积，土地资源消耗巨大。此外，黄姜整体质量参差不齐，下游薯蓣皂素（**13-3**）提取企业的产业化程度较低等因素均加大了资源浪费。生产工艺方面，薯蓣皂素（**13-3**）大多沿用自然发酵、稀盐酸水解、汽油提取的方式生产，因缺乏有效处理薯蓣皂素（**13-3**）废水的技术，经过水解和洗涤排出的废液中含有大量的无机酸和有机物，对当地生活用水和河流水质造成了严重的污染。而国内以黄姜生产薯蓣皂素（**13-3**）的加工区域主要分布于南水北调的中线水源地——丹江口水库的上游，其生产的污染物对进行南水北调的水质影响较大。基于《南水北调工程总体规划》和国内黄淮海地区水资源短缺的严峻形势，国家强制关闭了湖北、陕西等地环保不达标的薯蓣皂素（**13-3**）生产厂家。然而，国内外不断增长的甾体药物市场对相关原料的需求依然旺盛，从而导致双烯（**13-4**）价格不断上涨，促使甾体药物的工业化生产开始转变。

（2）以胆固醇或豆甾醇、谷甾醇和菜油甾醇等植物甾醇为原料，通过微生物转化的方式将其侧链降解后转化为雄烯二酮（雄甾-4-烯-3，17-二酮，AD，**13-5**）、雄二烯二酮（雄甾-1，4-烯-3，17-二酮，ADD，**13-6**）、9-羟基雄烯二酮（9α-OH-AD）等甾体药物的核心原料，进一步生产甾体药物（图13-6）。

雄烯二酮（AD，**13-5**）是一种重要的甾体药物中间体，因其独特的结构，利用它作为起始原料几乎可以合成所有甾体药物，如睾丸素、黄休素、螺甾内酯、氢化可的松等甾体药物。此外，雄二烯二酮（ADD，**13-6**）极易发生芳香重排生成雌酮，而雌酮是合成雌二醇、雌三醇和炔雌醇等重要雌激素甾体药物的关键中间体，如将雌二醇还原，可得19-去甲基睾丸素，由此还可以合成一系列19-去甲甾体药物，如蛋白同化药物和女用口服避孕药炔诺孕酮、孕二烯酮等。目前，国内已逐步以植物甾醇为起始原料生产雄烯二酮（AD，**13-5**）等甾体药物中间体，以取代以稀缺的薯蓣皂素（**13-3**）为起始原料生产双烯（**13-4**）的工业体系（表13-1）。

图 13-6　微生物转化法降解甾醇侧链制备 AD 和 ADD

表 13-1　甾体中间体及其下游甾体药物

甾体中间体	下游甾体药物
雄烯二酮及其衍生产物	氢化可的松系列、泼尼松龙系列、强的松系列等
雄二烯二酮及其衍生产物	睾丸素等雄激素、雌酮和雌二醇等雌激素
9-羟基雄烯二酮及其衍生产物	氢化可的松系列、地塞米松系列、倍他米松系列、泼尼松龙系列、强的松系列、依普利酮等

　　双烯类和雄烯二酮类化合物是生产甾体药物的两大核心原料。我国传统的甾体药物生产主要以薯蓣皂素（13-3）的化学降解制取双烯（13-4）的技术为主，但在生产过程中存在严重的资源浪费和环保问题。近年来，甾体药物原料药生产企业逐渐开始采取微生物发酵植物甾醇的生物技术路线生产雄烯二酮（AD，13-5）类产物。与传统工艺相比，植物甾醇来源广泛，且工艺过程对环境污染小，减轻了行业的资源浪费问题，消除了环保压力，有利于推动行业的可持续性发展。国外对采用微生物转化方式制备雄烯二酮类化合物的研究始于 20 世纪中后期，而我国直到 20 世纪 90 年代才开始对相关领域进行研究，在微生物转化技术和优良菌种的选育等关键生产技术、新产品的研发能力等方面与国外先进企业仍存在一定差距。

第二节　地塞米松的生产工艺设计

一、地塞米松的理化性质及其临床应用

　　地塞米松（Dexamethasone，13-7，图 13-7）又名氟美松、氟甲强的松龙、德沙美松，化学名称为 16α-甲基-11β，17α，21-三羟基-9α-氟-孕甾-1，4-二烯-3，20-二酮，英文名称为 16α-methyl-11β，17α，21-trihydroxy-9α-fluoro-pregna-1，4-diene-3，20-dione。本品为白色粉末，无臭，味微苦，性状稳定，略溶于甲醇、乙醇、丙酮或二氧六环，微溶于氯仿，不溶于水。熔点为 255 ~ 264℃，比旋光度为 +72° ~ +80°（$c = 1$，二氧六环）。

　　地塞米松（13-7）是一种人工合成的肾上腺皮质激素，是甾体激素药物的代表品种之一。自从 20 世纪 50 年代研制成功后，由于其抗炎作用强大，用量较少，水钠潴留和排钾作用轻微，能减轻机体组织对损害性刺激所产生的病理反应，被广泛应用于临床，现已经

成为治疗脑水肿、休克、过敏性疾病、减少炎症等方面的一线用药，被誉为"皮质激素之王"。目前，地塞米松（**13-7**）已被列入世界卫生组织（World Health Organization，WHO）推荐的基本药物目录和我国《国家基本医疗保险药品目录》，成为基础公共卫生体系必备药物之一。

图 13-7　地塞米松结构式

相比于可的松（Cortisone）与氢化可的松（Hydrocortisone），地塞米松（**13-7**）于甾环16α 位引入甲基可增加其代谢的稳定性，改善生物利用度，提高与激素受体的亲和力，继而增强抗炎活性，且水钠潴留副作用显著减少。地塞米松（**13-7**）与氢化泼尼松龙的临床生物等效剂量比为 0.75∶5，半衰期为 36～54h，属于长效糖皮质激素。此外，地塞米松（**13-7**）的抗炎、抗过敏和抗休克作用比泼尼松龙（Prednisone）更显著，而对水钠潴留和排钾作用轻微，对垂体-肾上腺抑制作用较强。不仅如此，地塞米松（**13-7**）还可制成多种衍生物，如醋酸地塞米松（Dexamethasone Acetate，**13-8**）、地塞米松磷酸钠（Dexamethasone Sodium Phosphate，**13-9**）等（图 11-8），前者可用于口服给药，后者因其有水溶性而具有起效快的特点。目前，已上市的地塞米松（**13-7**）衍生物已超过 12 种。在原料药不断拓展的同时，片剂、注射剂、软膏剂等多种地塞米松（**13-7**）剂型也得到了开发，在临床上发挥了其影响糖代谢，抗炎、抗过敏、抗毒等多种作用机制。

图 13-8　醋酸地塞米松和地塞米松磷酸钠

二、地塞米松的工艺路线的设计与评价

1958 年，Arth 与 Oliveto 等分别合成了地塞米松（**13-7**），开启了人们对地塞米松（**13-7**）的合成研究。1960 年，默克（Merck）公司开始生产地塞米松磷酸钠。当时，地塞米松（**13-7**）的合成单纯采用了化学全合成技术，反应步骤多、工艺过程复杂、合成效率低下，导致地塞米松（**13-7**）的收率很低、价格昂贵。随着薯蓣皂素（**13-3**）被工业化应用于制备甾体药物，人们开始改用化学半合成的方式生产地塞米松（**13-7**），即从天然产物中提取含有甾体基本骨架的化合物作为原料，再通过化学的方法将其改造。

如前所述，目前全世界用于制备地塞米松（**13-7**）的原料有两大类：一类是从植物中提取的天然甾体皂素，包括薯蓣皂素（**13-3**）、剑麻皂素和番麻皂素；另一类是从制糖、食

用油精炼等工艺产生的工业废料中提取的豆甾醇、β-谷甾醇等植物甾醇。我国的相关制药企业仍主要以薯蓣皂素（**13-3**）为半合成原料合成地塞米松（**13-7**），采用剑麻皂素和番麻皂素制备地塞米松（**13-7**）的工艺仍不成熟，与国外相比差距较大。近年来，随着甾醇 C-17 侧链微生物降解工艺的不断成熟，以豆甾醇、β-谷甾醇等植物甾醇作为原料生产地塞米松（**13-7**）的比例不断加大。

1. 以薯蓣皂素（13-3）为原料的合成路线

相比于番麻皂素和剑麻皂素，薯蓣皂素（**13-3**）的结构与地塞米松（**13-7**）最为接近，其通过裂解、氧化、水解等一系列步骤转化为双烯醇酮醋酸酯（**13-4**，图 13-5）后，再经过如下步骤：① A 环碳-碳不饱和双键的形成；② C-11β、C-17α 和 C-21 端基位羟基的引入；③ C-9α 位氟元素的引入；④ C-16 位的甲基化等结构修饰完成地塞米松（**13-7**）的制备。

（1）首先进行 D 环修饰的合成路线。该路线的特点是：① 首先进行甾体母核中 D 环的修饰。以薯蓣皂素（**13-3**）为原料制得双烯（**13-4**）后，与甲基亚硝基脲反应生成 16α，17α-二氢吡唑环化合物（**13-10**），经脱氮后完成 C-16 位甲基的引入（**13-11**）；② 通过环氧化、开环、加氢还原和水解，完成 C-17α 位羟基的生成，得 16α-甲基-17α-羟基中间体（**13-16**）；③ 通过氧化反应，构筑 A 环的 Δ^4-3-酮骨架，并通过碘代修饰 C-21 位导入羟基，得乙酰基保护的 C-21 羟基化合物（**13-19**）；④ 通过微生物氧化，得到 C-11 位羟基中间体（**13-20**）。需要指出的是，由于所使用的黑根霉菌（*Rhizopus Nigricans*）缺乏选择性，引入 C-11 位羟基的同时能脱去保护 C-21 位羟基的乙酰基，故需再次对 C-21 位羟基进行保护；⑤ 将 C-11 位羟基磺酰化后消除，得到 C-9，11 位双键，再利用二氧化硒脱氢，完成制备修饰 A 环的化合物（**13-23**）；⑥ 利用底物中相邻手性中心的诱导效应，将 C-9，11 位双键打开，完成 C-9 和 11 位手性中心的构建，并得到相应的碳-碳双键加成产物（**13-24**）；⑦ 经过环氧化、氟代完成 B 环和 C 环的修饰，先得到前体醋酸地塞米松（**13-8**），并最终水解得到地塞米松（**13-7**，图 13-9）。

目前，该路线仍然在生产上广泛应用，是国内企业改进和优化地塞米松（**13-7**）工艺路线借鉴的范例。但是，这条工艺路线仍存在一些缺陷：首先，整条工艺路线步骤较多，过程复杂，仅为完成 A 环和 D 环的修饰已使用了十几步反应；其次，用于引入 C-16 位甲基的甲基亚硝基脲与 D 环碳-碳双键反应的同时，也可与 B 环的双键作用，且价格昂贵，易燃易爆，不利于工业化生产；第三，用于引入 C-11 位羟基的黑根霉菌发酵收率不高，仅为 50% 左右，且有较多副产物生成。

（2）首先进行 A 环修饰并经四烯物的合成路线（图 13-10）。这条路线是我国研究人员设计并完成的一条目前最好的地塞米松（**13-7**）合成路线，总收率可达 30%。该路线的特点是以四烯物（**13-31**）为关键中间体，且在该四烯物（**13-31**）的合成过程中，利用 Oppenauer 氧化反应完成了 A 环的 Δ^4-3-酮骨架的构筑，避免了三氧化铬的使用；此外，采用两步可连续进行的微生物转化蓝色犁头霉菌（*Absidia coerulea*），不仅引入了 C-11 位的羟基，而且通过脱氢完成了 A 环的修饰。随后，该四烯物（**13-31**）可经一步格氏反应得到 17α-羟基-16α-甲基孕甾-1，4，9（11）-三烯-3，20-二酮（**13-32**），从而完成 D 环的修饰。与先进行 D 环修饰的合成路线相比，本工艺大大缩短了 A 环和 D 环的修饰步骤。

图 13-9　首先进行 D 环修饰的地塞米松合成路线